“十四五”时期国家重点出版物出版专项规划项目

智慧养殖系列

引领生猪养殖业数智化转型

◎ 齐景伟　王步钰　著

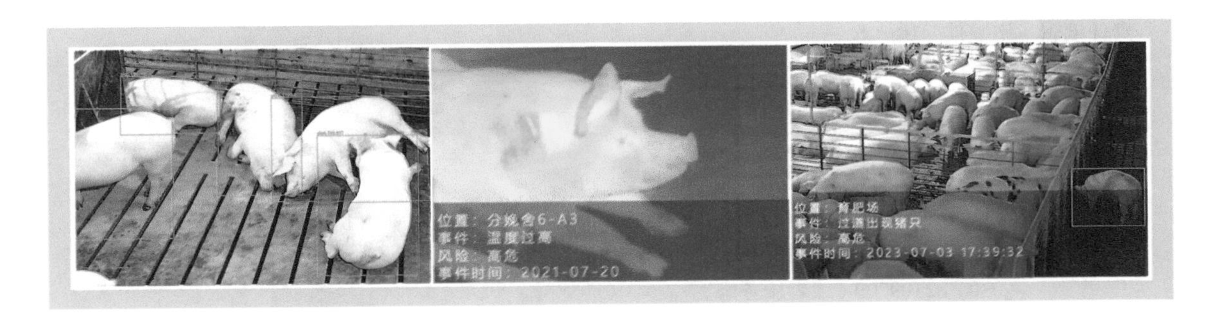

中国农业科学技术出版社

图书在版编目(CIP)数据

引领生猪养殖业数智化转型／齐景伟，王步钰著．--北京：中国农业科学技术出版社，2023.7
ISBN 978-7-5116-6177-7

Ⅰ.①引…　Ⅱ.①齐…②王…　Ⅲ.①养猪学-数字化-研究-中国　Ⅳ.①S828-39

中国版本图书馆 CIP 数据核字(2022)第 248617 号

责任编辑　施睿佳　姚　欢
责任校对　王　彦
责任印制　姜义伟　王思文

出 版 者　中国农业科学技术出版社
　　　　　北京市中关村南大街 12 号　　邮编：100081
电　　话　(010) 82106631（编辑室）　(010) 82109702（发行部）
　　　　　(010) 82109709（读者服务部）
网　　址　https://castp.caas.cn
经 销 者　各地新华书店
印 刷 者　北京建宏印刷有限公司
开　　本　185 mm×260 mm　1/16
印　　张　18.5
字　　数　422 千字
版　　次　2023 年 7 月第 1 版　2023 年 7 月第 1 次印刷
定　　价　78.00 元

《引领生猪养殖业数智化转型》

著作委员会

主　著：齐景伟　王步钰

参　著：安晓萍　段卫军　王　园　刘淑英　刘　娜

前　言

猪肉是我国大多数居民最主要的肉食品，养猪业是关乎国计民生的重要产业。近些年，养猪业面临着环境压力加大、资源约束趋紧、国际竞争加剧、疫病风险持续存在、生产行情信息缺乏等问题，对生猪养殖技术和管理水平提出了更高的要求，养殖结构与模式也发生了变化。以物联网、大数据、人工智能为代表的信息技术不断融合，其在优化生猪养殖生产效率的作用逐渐被认识，生猪智慧养殖已成为行业发展的必然。

为了适应我国生猪智慧养殖发展的需要，我们组织编写了《引领生猪养殖业数智化转型》，本书以实际案例为基础，系统地介绍了智慧养猪的相关技术、应用和实践，并以云著作的理念提供所有内容线上沉浸式交互体验。全书共分为十二章，涵盖了智慧养猪的各个方面。第一章介绍了最先进的云边端协同架构下智慧化猪生产的现状；第二章沉浸式介绍了智慧化猪场的整体画像，为读者提供了现代化猪场的总览；第三章重点讲述了四维实景数据管理；第四章详细介绍了智慧养猪 AI 技术，包括目标视觉检测和行为视觉识别等；第五章介绍了基于区块链技术的可信追溯体系构建；第六章着重分析了人、物及车等的生物安全管控系统；第七章介绍了智能生产管理系统的标准管理、智能生产预警、自动化任务工单、养殖过程管理、物料管理、设备安全、实景监控和物流管控等；第八章主要阐述了产品安全追溯系统的可信数据采集、存储、通信和查验；第九章是智能监管决策系统的内容，包括生产监管决策、成本效益分析和风控预警等；第十章是云诊疗系统，包括自诊断、在线问诊、远程会诊和诊疗见习等；第十一章介绍了云培训系统，包括在线学习、四维实景培训、直播培训、在线考试、虚拟仿真培训和模拟养殖等；最后一章是面向新零售领域提供云商城系统，主要包括实景溯源云商城、VR 远程种猪销售、拍卖商城和精液商城等。

本书既可以作为新农科背景下高等农林院校和高职院校智慧牧业科学与工程等专业的畜牧相关专业教材，也可以作为现代化猪场智慧养猪培训资料，帮助相关从业人员和研究者深入理解智慧养猪的概念、技术和应用。相信本书的出版对提高养猪生产管理水平，促进智慧生猪养殖业的发展具有重要意义。

全书共分为十二章，第一章至第五章由王步钰所著，第六章至第十二章由齐景伟所著，参著的有安晓萍、段卫军、王园、刘淑英、刘娜。

著者

2023 年 5 月

目　录

第一章　云边端协同

1.1　智慧化猪生产现状

智慧养猪，是当前智慧农业 4.0 的最高阶段。猪规模化养殖当前在所有养殖业中发展最快，集约化程度、自动化程度及智能智慧化程度也最高，特别是我国在该领域的发展走在了世界前列。智慧化猪生产管理系统主要呈现以人工生产为主、以信息采集分析为辅，以单场数字化生产管控为主，以及以云服务方式生产为主 3 种形态。

1.1.1　纸质记录生产数据，二次录入信息系统

猪生产企业在数字化转型过程中，由于前期场舍基础设施建设等原因，信息化生产网络未实现场舍全覆盖，很难打通最后一公里，但还需要对生产数据进行采集、分析，发现问题，指导生产。因此，采用了生产过程纸质记录，生产结束后专人汇总，网络正常时录入服务端系统的方式进行生产。

存在问题：纸质记录及二次录入易出错、数据采集和录入时间成本高、无法实现实时监控及预警等。

1.1.2　以局域网为生产单元进行数字化生产

生产系统部署在猪生产企业局域网中，采用传感终端和移动生产终端进行辅助生产，传感终端与移动生产终端采集数据到局域网生产系统，所有生产过程由局域网生产系统进行分发和调度。

存在问题：数据存储在生产场局域网中，无法满足集团化多场整体管理需求、无法实现场外监控预警、生产单元生产数据无法实现最优化的智慧化生产决策。

1.1.3　采用终端接入云服务进行生产

猪生产企业采用第三方提供的 SaaS（软件即服务）云服务，使用终端直接与云服务端交互的方式进行生产。

存在问题：网络异常或网络中断后生产中断或不中断生产但停止了生产数据和传感数据采集，云端无法实现对生产过程的分发和调度，无法提供全面实时有效的生产数据，系统无法反馈真实有效的生产决策信息，系统实际不可用。

以上 3 种主流模式存在诸多的问题，无法建立可运营、可推广的智慧养猪生产及监管体系。

1.2 云边端协同架构

随着云计算从起初的新兴理念逐渐成为成熟应用，我国云计算产业已经成为经济增长、产业转型的重要支撑力量。当前，消费互联网呈现饱和态势，产业互联网成为下一个发展的焦点，很多企业都将“云”作为转型的抓手。云计算堪称是基础设施的基础设施，不只是计算的中心化，也是技术资源的中心化，AI（人工智能）、大数据、IoT（物联网）、元宇宙等技术落地到各行各业都需要云计算作为基础支撑。然而，当面对海量数据云端计算、数据实时处理与反馈、云与端通信异常等方面的挑战，云计算模式存在天然瓶颈，需要建立新的模式来突破。

随着万物互联时代到来，计算需求出现爆发式增长。越来越多的设备开始连接到网络，传统云计算架构无法满足这种爆发式的海量数据计算需求，将云计算的计算、存储能力下沉到边缘侧、设备侧，并通过中心进行统一交付、运维、管控，将是重要发展趋势。未来，很大部分数据将在边缘侧进行分析、处理与存储，这为边缘计算的发展带来了充分的场景和想象空间。

边缘计算（edge computing），是指在靠近物或数据源头的一侧，部署边缘节点，采用网络、计算、存储、应用核心能力为一体的开放平台，就近提供最近端服务，核心理念是将数据的存储、传输、计算和安全交给边缘节点来处理，其应用程序在边缘侧执行服务，可以实现更快的网络服务响应，具备更优的数据吞吐能力，提供更高的网络可靠性，满足各行业在实时业务、应用智能、安全与隐私保护等方面的需求。

边缘节点连通着云端与终端，由“云、边、端”3个部分组成云边端协同架构：“云”是传统云计算的中心节点，也是边缘计算的管控端；“边”是云计算的边缘侧，分为基础设施边缘（infrastructure edge）和设备边缘（device edge）；“端”是终端设备，如智能终端、网络终端、各类传感器、摄像头等。随着云计算能力从中心下沉到边缘，将推动形成“云、边、端”一体化的协同计算体系（图1-1、图1-2）。

可以说，云边端协同架构是云计算架构的延伸，两者各有其特点：云计算能够把握全局，处理大量数据并进行深入分析，在产业决策等非实时数据处理场景发挥着重要作用；边缘计算侧重于局部，能够更好地在小规模、实时的智能分析中发挥作用，如满足局部企业的实时需求。因此，在智能应用中，云计算更适合大规模数据的集中处理，而边缘计算可以用于小规模的智能分析和本地服务。边缘计算与云计算相辅相成、协调发展，将在更大程度上助力行业的数字化转型。

虽然云边端协同架构目前主要应用在制造、零售、物流、交通、养殖等特定行业中，由嵌入式物联网系统提供离线或分布式能力，但随着边缘计算拥有越来越成熟和专业的计算资源及越来越多的数据存储，未来云边端协同架构或许将成为主流部署。具体来看，云边端协同架构的优势及相应的应用场景主要有以下3点。

1.2.1 数据处理与分析的快速、实时性

边缘节点距离数据源更近，数据存储和计算任务可以在边缘计算节点上进行，更加

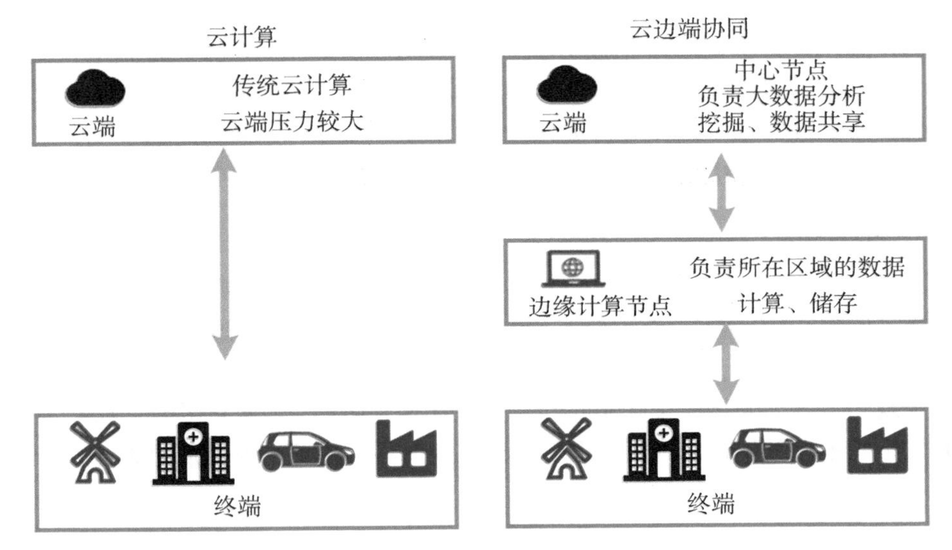

图 1-1　云计算架构与云边端协同架构对比

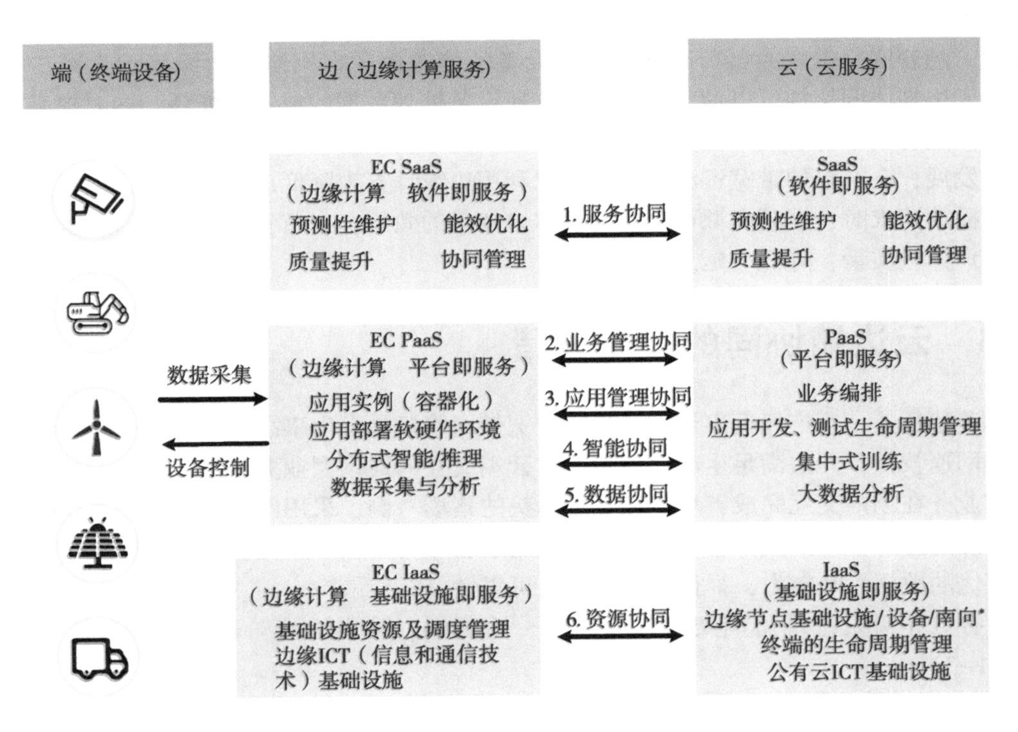

图 1-2　云边端协同架构

*：南向（southbound）一般指网络架构的下层接口或协议，用于连接网络设备、基础设施和终端设备等底层物理设备。南向接口主要负责数据包的转发和管理，实现底层网络设备和上层网络应用的通信和交互。具体包括：设备发现和注册、资源分配和配置、状态监控和管理、安全保障和审计。

贴近用户，减少了中间数据传输的过程，从而提高数据传输性能，保证实时处理，减少延迟时间，为用户提供更好的智能服务。在自动驾驶、智能制造等位置感知领域，快速反馈尤为重要，云边端协同架构可以为用户提供实时性更高的服务。云边端协同架构的实时性优势对于预测性维护也有重要价值，有助于通过分析设备实时监测数据，预测设备可能出现的故障，提出故障原因和解决方案，使维护更加智慧化。

1.2.2 安全性

由于边缘节点只负责自己范围内的任务，数据的处理基于本地，不需要上传到云端，避免了网络传输过程带来的风险，因此数据的安全可以得到保证。一旦数据受到攻击，只会影响本地数据，而不是所有数据。学术界对边缘节点在安全监视领域中的应用持比较乐观的态度，安全监视在实时性、安全性等方面都有较高的要求，必须及时发现危险并发出警报。基于边缘计算的图像处理在实时性要求高、网络质量无法保证、涉及隐私的场景中可以提供更好的服务。

1.2.3 低成本、低能耗、低带宽成本

由于数据处理不需要上传到云计算中心，云边端协同架构不再需要使用太多的网络带宽，随着网络带宽的负荷降低，智能设备的能源消耗在网络的边缘将大大减少。因此，云边端协同架构可以助力企业降低本地设备处理数据的成本与能耗，同时提高计算效率。随着云计算、大数据、人工智能、区块链等技术发展，视频直播等高带宽应用的迅猛发展，在有限的带宽资源面前，可以利用边缘计算来降低成本，例如，当用户发出视频播放请求时，视频资源可以实现从本地加载的效果，在节省带宽的同时，也能够提高用户体验质量，降低时延。

1.3 云边端协同的智慧养猪

养猪行业，生产场远离市区，光纤及宽带网络极易发生事故性中断，普遍网络质量差、网速较低，无法满足生产过程中实时云端交互的通用型业务需求。由于养猪过程大多数业务在场内交互完成，所以在数据源头的猪场一侧，采用网络、计算、存储、应用核心能力为一体的开放平台，就近提供最近端服务，可以产生更快的网络服务响应，具备更优的数据吞吐能力，提供更高的网络可靠性。

智慧养猪云边端协同架构包括云端、边缘端、采集终端、业务终端和管理体系（图 1-3）。

云端：以租用云服务和自建云服务的方式提供基础计算、存储、网络及安全服务，提供智慧养猪数据中台及业务中台服务；提供针对云边交互的数据同步服务、数据分析服务、数据管控服务、数据 ETL（数据仓库技术）服务、流数据接入服务以及元数据构建服务；提供针对云端交互的数据接口服务、数据检索服务、智能计算服务、业务分析服务、业务推送服务、数据加密服务、可视化服务、流媒体服务等，对外提供云服务安全认证及标准化资源访问接口。

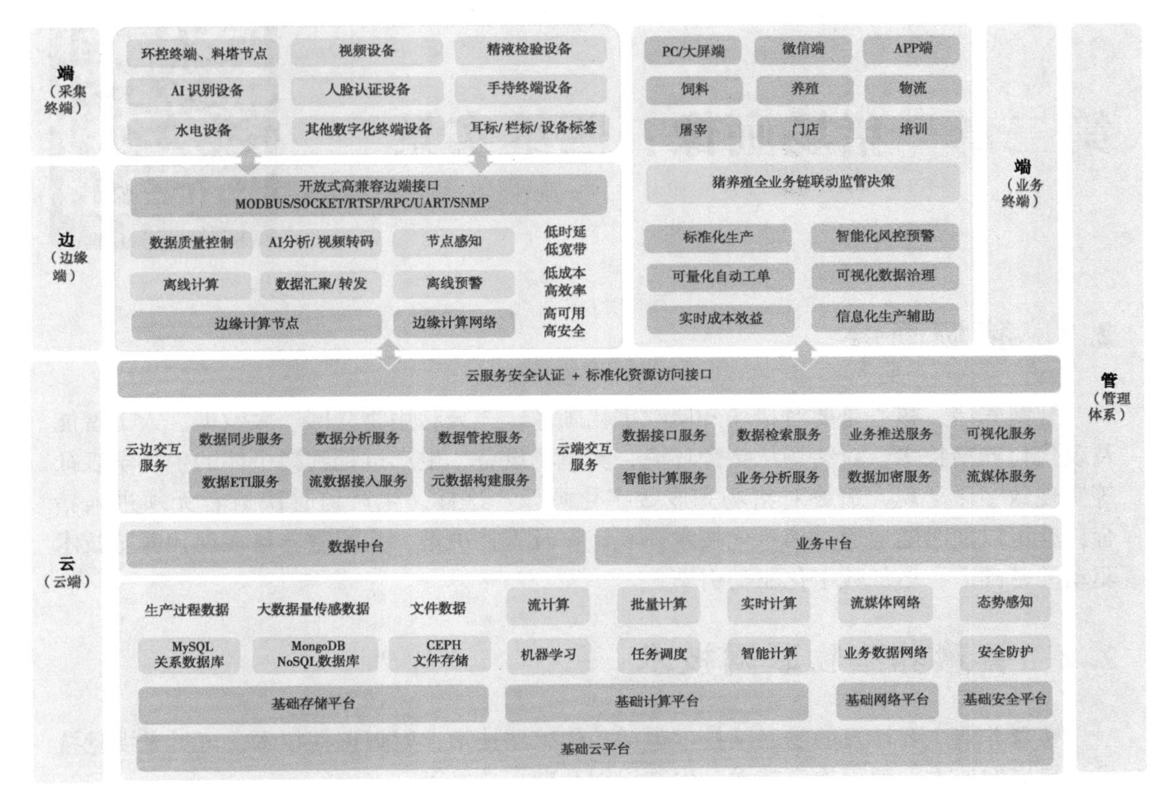

图 1–3　云边端协同智慧养猪

边缘端：在实际生产单位如养殖场、洗消中心、预处理中心、屠宰场等部署边缘计算节点及边缘计算网络，实现数据质量控制、AI 分析、视频转码、节点感知、离线计算、数据汇聚/转发、离线预警等，针对终端设备提供开放式高兼容数据及控制接口，实现低时延、低带宽、低成本、高效率、高可用、高安全的边缘计算服务。

终端包括养殖场采集终端以及场内外的业务终端。

采集终端包括智慧养猪环控终端、料塔节点、视频设备、精液检验设备、AI 识别设备、人脸认证设备、手持终端设备、水电设备、数字化终端设备。

业务终端包括 PC/大屏端、微信端、APP 端，以及饲料、养殖、物流、屠宰、门店、培训等业务终端。场内的业务终端与边缘计算节点交互，场外的业务终端与云平台直接进行业务交互。

管理体系：即平台监管，"智慧养猪平台"通过云边端协同，实现"云、边、端"多级预测性维护、能效优化和协同管理。

第二章　猪场画像：四维实景

2.1　猪场画像

智慧养猪，核心是要对猪场开展数字化画像。充分利用物联网、大数据、人工智能及现代化养猪技术，对猪场从猪舍环境、养殖场设备、生产过程到猪个体的生物学表征等实现数字化呈现，最终对猪场完成数字化画像。这样，生产监管决策者无须进入猪舍，就可以随时随地通过信息化技术开展计算及管控决策，为智慧养猪在现代养殖技术驱动的基础上，增加数字化驱动引擎。

2.2　智慧养猪物联网技术

智慧养猪主要涉及的物联网技术包括：传感器技术、射频识别技术、可见光视觉技术、热成像技术、超声检查技术、生物识别及准入技术等。

2.2.1　传感器技术

环境变化对猪的生长和发育有很大的影响，其中影响猪生长的关键环境因素包括温度、湿度、二氧化碳浓度和氨气浓度。以氨气为例，当猪舍中氨气浓度达 49.42 mg/m^3 时，猪开始出现呼吸道疾病；当猪舍中氨气浓度达 57.02 mg/m^3 时，猪开始出现萎缩性鼻炎，并且随着氨气浓度升高两者发病率都急剧上升。

为了保证猪的正常生长，降低人力成本，采用智慧化环控系统是首要选择。现代化智能环控系统的设计集合了电气自动化、空气动力学、热力学、流体力学、畜牧学等不同学科内容，由智能环境中心控制单元、传感数据采集单元、温度传感器、湿度传感器、二氧化碳传感器、氨气传感器、风机、加热设备、湿帘及各种进风设备（如卷帘、滑帘、通风小窗）等组成。猪舍内大多采用负压通风换气的模式，即通过风机往舍外抽取空气，在舍内形成负压，新鲜空气由湿帘或者各种自动控制或手动调节的进风口通过一定的路线进入舍内，进行气体的交换。而传感器作为感知端，实时精准的传感数据是实现智能环控的基础和核心。

相较于传统的环境传感器应用场景，传感器技术在智慧养猪应用场景下，需要针对以下场景进行重点优化。

（1）智慧化养猪场是个全封闭，接近恒温、高湿的生产场景，出于生物安全考虑，在猪断奶/出栏后都会对猪舍进行全舍范围内的高压水枪冲洗，传感器及部署在猪舍内的传感数据采集单元也不例外，所以采用防水性能好的传感器及电路设备至关重要，同时需要处理好线路接口处的防水。

（2）猪舍内的有害气体与高湿度的环境结合会对舍内设备产生高腐蚀性影响，传感器及部署在猪舍内的传感数据采集单元本身和对应的配套强弱电是重点防护设备，所以采用防水、抗腐蚀的传感器及电路设备能极大地提升设备的使用年限，降低后续的运维成本。

（3）猪舍一般面积较大，一个点位的传感数据无法真实反映该舍内的实际环境状况，同时传感器在恶劣环境长时间使用存在发生故障的可能性，可能会出现数据误报。所以，环境传感器一般悬空吊装在舍内，以尽可能靠近猪群且不能被啃咬为前提，尽量部署在舍内的中心位置，多套传感器分散部署，远离墙壁、出入口、加热器、水帘、通风口等设备设施。

随着现代化养猪场规模的不断扩大，传感器在越来越多的位置替代人工成为不可或缺的核心应用。除环控外，目前应用较广的还包括：监测个体体温的体温传感器、监测个体行为的加速度传感器、料塔或猪称重的称重传感器等。随着传感器技术的持续进步，未来的智能猪场，传感器将越来越多地甚至全面替代人工感知。

2.2.2 射频识别技术

射频识别技术（radio frequency identification，RFID）是自动识别技术的一种，可通过无线射频方式进行非接触双向数据通信，利用无线射频方式对记录媒体（电子标签或射频卡）进行读写，从而达到识别目标和数据交换的目的，被认为是21世纪最具发展潜力的信息技术之一。

射频识别设备按其使用频率可以分为低频、高频和超高频3种类型。

（1）低频射频识别设备的工作频段范围为0.01～1.00 MHz，一般使用较多的是0.125 MHz和0.135 MHz两种规格。低频射频识别标签通常是无源标签，依靠电感耦合的方式完成阅读器与电子标签之间的信号传输。低频射频识别标签的优点是通信抗干扰能力强，缺点是不支持同时读取多个标签、读取距离较短以及信息存储容量较低。鉴于低频射频识别设备的特性，畜牧行业常常将其用作短距离、阅读器与标签一对一等场景下的畜禽信息采集。

（2）高频射频识别设备使用的频段范围为1～400 MHz，最常使用的是13.56 MHz这个频段。与低频射频识别设备相比，高频射频识别设备可实现更高速率的数据传输，同时引入了防撞机制，可实现同时多个标签的读取，传输速率能达到100 kbps左右。电子标签内存储容量一般为0.256～8 kbps字节，并且有较高的安全性，读取距离一般小于1 m，常应用于多目标、快速识别的场景。

（3）超高频射频识别设备使用的频段范围为400～1 000 MHz。超高频射频识别设备一般可用于远程信息采集和识别，读取范围为几十厘米到几米，有的可达十几米。超高频天线可采用印刷或蚀刻的方式进行制造生产，生产成本相对较低。由于信息读取距离远并且可实现多标签同时读取和识别，超高频射频识别设备比较适用于较远距离的标签数据采集和盘点。

射频识别技术在现代生猪养殖行业的个体识别、设备巡检、溯源追踪、物料管理等方面有着广泛的应用。射频识别系统通常由射频识别标签、射频识别阅读器和射频识别主机3个部分组成。射频识别系统的基本工作过程是由射频识别阅读器内置的天线向四周发射一定频率的射频信号，带有射频识别标签的目标物体进入射频信号的可识别区域后，标签通过内置发送天线将自身编码等信息发送出去；射频识别阅读器内置的天线接收到从标签发来的载波信号，对载波信号进行解码，然后将信息发送到射频识别主机系统处理；射频识别主机系统判断该射频信号的合理性并做出相应的处理和控制，发出指令信号，控制并执行相应的功能。

在智慧养猪过程中，射频识别技术使用范围最广的当属个体识别，通常采用打电子耳标的方式进行（注射式射频识别芯片使用较少），推荐使用超高频射频识别芯片。

射频识别标签作为智慧养殖的数字化基础，需要兼顾生产和数字化需要。目前以美国为首的发达国家动物电子耳标相关标准规定使用低频射频识别芯片，但低频射频识别标签有以下缺点。

（1）必须近距离读取标签，在实际生产环境下需要阅读器贴靠到耳标上才能读取数据，对于限位栏内的猪耳标很难读取，因为猪会受惊后退、躲避。

（2）低频射频识别阅读器一般以独立设备的形式存在，与射频识别主机之间无通信，或与射频识别主机之间通过有线连接通信或无线通信的方式进行交互。独立设备的低频阅读器与业务终端无耦合，只能读取出标签内的耳号等唯一标识信息，还需要手动输入其他智能终端查询；通过有线或无线方式与设备识别主机之间通信，需要同时手持低频射频识别阅读器和设备识别主机两个设备，很难开展生产。

（3）要实现较好的识别效果，低频射频识别阅读器天线一般较大，不管是以独立设备形式存在，还是以集成智能终端形式存在，生产上携带都很不方便。

标签读取距离除了与频率相关，还与标签是否有源、射频识别阅读器功率、射频识别阅读器天线大小、标签固定介质、读取方向等都有很大的关系。采用超高频射频标签作为智慧养猪全业务流识别阅读标签有以下优势。

（1）超高频射频识别阅读器一般与智能终端设备集成销售，生产过程只需携带一个手持智能终端即可。

（2）可通过降低射频识别阅读器的天线大小和功率来降低标签读取距离，在减少功耗和手持终端体积的同时，降低/杜绝串标情况的发生。同时具备安全性高、保密性强的优势。

（3）超高频射频标签相较低频射频标签有一定价格优势。

（4）超高频射频标签数据记忆容量相对较大，能适用于需要标签进行数据记录的应用场景。

（5）能实现多个对象的同时识别，如猪在场盘点、销售盘点、猪场物料盘点等业务场景。

在实际使用测试中发现，将射频识别标签固定在不同介质上对读取距离有很大影响，特别是金属材质能极大削弱标签读取距离，所以如在金属表面固定需采购抗金属标签。

2.2.3 可见光视觉技术

可见光视觉技术，俗称视频监控，在传统应用场景中，可见光视觉技术主要用来实现对覆盖区域的监控。如果发生异常，视频监控作为事后原因排查和责任认定的主要依据。

智慧养猪可见光视觉技术在承担传统监控任务的同时，还承载着智能视觉识别及应用的前端信息采集作用，如人脸识别、猪行为识别、AI 计数、入侵检测、越界检测、工装检测、人行为检测、猪只视觉估重等。

2.2.4 热成像技术

近年来，非洲猪瘟、猪瘟、猪繁殖与呼吸综合征等重大疫病不断暴发，对生猪养殖业造成了巨大的经济损失，直接影响了我国猪肉产品市场的有效供给，致使猪肉及其制品价格波动较大，给人民生活造成很大影响。为确保猪肉及其制品的有效供给和养猪行业的健康发展，在加强进场人员、物资、车辆生物安全检测的同时，加大对猪健康和疫情发生的日常监测，做到疫情早发现、早消除，避免大范围暴发对降低养猪损失、稳定市场具有重要意义。

基于个体采样测定，既耗费人力、物力和财力，且花费时间较长，因此目前包括传染性疫情以及常规疾病的检测多数情况下均为基于症状的检测，即等猪表现出明显症状时才能发现，一般等到表现出症状时疾病已经较为严重。无论猪只是因为细菌还是病毒感染发病，机体对疾病的反应首先表现在体温的变化上，所以进行日常的体温监测能很好地对疾病进行预测。

利用以红外热成像技术研制的检测设备，可以实现针对养猪场 24 h 不间断的热成像扫描，监测个体体温变化，然后再对可疑个体进行重点筛查。红外热成像技术对了解猪只的健康状态、预警猪只疾病、减少疾病的蔓延和避免大范围暴发等都有非常重要的意义。

目前市面上可适用于智慧养猪的热成像体温检测设备较少。通常先采用顶部轨道机器人或通道地面自巡检机器人进行辅助运动巡检，检测耳根/脸部最高温度，然后需结合实际生产环境温湿度及空气流动速率等数据进行综合分析建模，生产可用数据，最后与智慧化生产系统对接，实现猪体温异常预警。

2.2.5 超声检查技术

超声检查技术主要应用于育种检测和生产检测，育种检测包括背膘检测及眼肌面积检测，生产检测主要是种猪妊娠检测。采用的设备一般为兽用 B 型超声波（B 超）检查设备。

育种检测：种猪场使用兽用 B 超检查可在活体无损状态下准确测定猪的背膘厚度和眼肌面积，能极大地降低育种成本、提高育种选育的科学性和准确性。背膘厚度和眼肌面积的测定主要用于猪品种的选育和改良，是种猪选育的两个重要指标。背膘厚度指脊背部特定部位脂肪层厚度，也可用 A 型超声波进行测定。背膘厚度的测定还可应用于胴体品质等级鉴定及大腿、腰部、肩部和腹部等主要可食胴体部位的瘦肉率的检测。

眼肌面积指背最长肌的横断面积，眼肌面积性状与家畜产肉性能有强相关关系，主要用B超进行测定。当向活体动物特定部位发射超声波时，通过皮肤、脂肪层（背膘）、肌内层（眼肌）等向机体内部传播，并在不同组织间发生反射，通过收集反射数据，将结果以可测量的图像或数字形式显示出来。

生产检测：妊娠诊断是猪场管理的一项重要工作，母猪配种后的妊娠检查在提高母猪繁殖率、增加猪场经济效益等方面具有重要的作用。母猪妊娠诊断常用的方法有外部观察法、超声波诊断法和激素诊断法，当前智慧化猪场主要采用B超检查法，该方法操作简便、结果准确。妊娠早期诊断可以最大程度地减少母猪非生产天数、提升养殖效率、避免经济损失。

2.2.6 生物识别及准入技术

目前人脸识别技术已较为成熟，人脸识别技术在智慧养猪场也开始应用，人脸识别技术的应用能极大地提升养猪场生物安全，提高养殖管理效率。人脸识别可以实现无接触、高安全、高效率的识别准入，在智慧养猪场中主要应用包括识别准入、入侵检测、异常预警以及事故排查。

识别准入：目前识别准入的主要方式包括钥匙开锁进入、刷卡验证准入、密码验证准入、指纹识别准入以及人脸识别准入。在养猪场这种生物安全要求较高的应用场景下，人员从预处理中心、洗消中心、猪场隔离区、猪场生活区、猪场生产区，使用钥匙开锁进入和刷卡验证准入需要将钥匙或卡从外部一直携带至猪舍，不符合生物安全要求。密码和指纹验证每个人每次都需接触相同的部位，也存在生物安全隐患，而且密码有借用风险，指纹在手指沾水或污损的情况下难以完成识别。人脸识别具有无接触、高安全性的特点，是相对最佳的识别准入认证方式。

入侵检测：进场的所有人员均需要通过人脸识别准入，只有通过人脸认证后方能进入养殖场，如果在场内识别到未经认证准入的人脸，“智慧养猪平台”将自动启动入侵预警，通知干系人进行处理，能有效提升养猪场远程管理能力。

异常预警：对未按规定落实洗消隔离时间进场的、未按要求进舍工作的人员，系统根据人脸识别结果进行自动判断和预警，能有效提升猪场自动化管理能力。

事故排查：通过人脸识别准入，能清晰界定目前人员所处位置，结合生产数据及视频监控能有效进行事故排查和责任认定同样能提升猪场远程管理能力。

2.3 四维实景

通过猪场数字画像为智慧养猪提供的数据载体即为实景。从数据划分的角度，将猪场数据从环境、场景、过程及个体体征4个维度进行划分，形成猪场四维实景，为智慧养猪提供数据支撑。

环境实景。从触觉角度思考，将猪舍、养殖单元及限位栏舍的温湿度、二氧化碳浓度、氨气浓度及硫化氢浓度等环境属性数据称为环境实景。实时采集各类环境实景数据，用于环境控制及生产应激处理。

场景实景。从视觉角度思考，将猪场关键空间场景视频数据称为场景实景。实时采集抽取各类场景数据，用于养猪场生产监管、猪行为分析及异常行为、疾病预警。

过程实景。从生产过程流程的角度思考，将生物安全、营养、生产养殖、育种、加工、仓储物流、营销、零售到餐饮全过程实现信息化生产管理，获得的数据称为过程实景。采集过程实景数据，开展智慧养殖，便于企业开展智能监管及决策。

个体体征实景。从个体猪只角度思考，将猪的谱系信息及全生命周期的过程信息数据称为个体体征实景。利用耳标等非接触式自动检测技术手段，实时采集猪只个体数据，用于猪只的健康管理及大数据育种。

以上4个维度，从个体到群体，从视觉触觉到过程，采集由结构化数据、半结构化数据到非结构化数据构成的四维实景数据，从数据角度实现了猪场画像的划分覆盖。

2.4 数字孪生技术

目前数字孪生的定义尚未在标准组织之间达成共识，一种比较通用的定义为：充分利用物理模型、传感器更新、运行历史等数据，集成多学科、多物理量、多尺度、多概率的仿真过程，在虚拟空间中完成映射，从而反映相对应的实体装备的全生命周期过程。数字孪生是一种超越现实的概念，可以被视为一个或多个重要的、彼此依赖的装备系统的数字映射系统。

数字孪生包含5个维度：物理实体（PE）、虚拟实体（VE）、连接（CN）、数据（DD）和服务（Ss）（图2-1）。

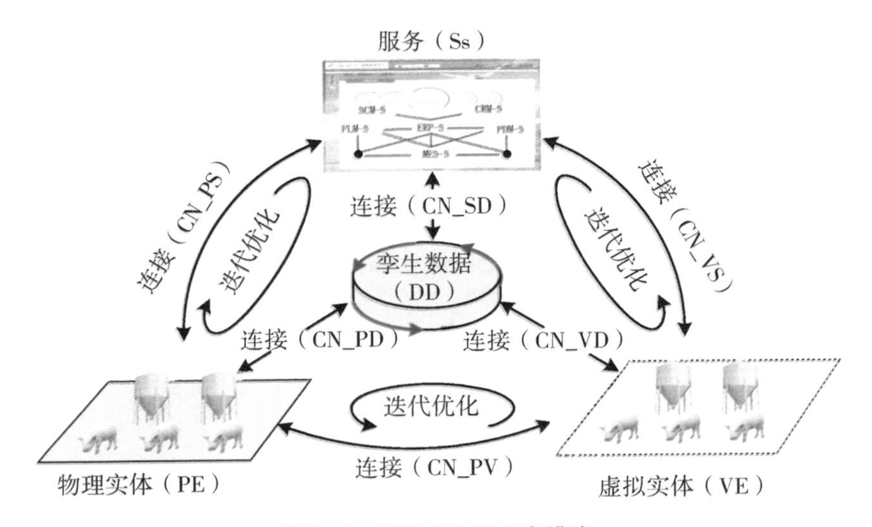

图2-1 数字孪生的5个维度

物理实体：即进行数据孪生的物理实体部件，在智慧养猪数字孪生系统中，包括猪场、猪舍、栏位、人员、车辆、猪只、料塔、能源设备、实景设备、识别设备、机电设备、物料、边缘计算节点、智能终端、网络节点、其他场内设施等。

虚拟实体：对于每个数字孪生的物理实体，都有一个对照物理实体的存在于数字世界中的“数字镜像”，因此，虚拟实体即为物理实体在全生命周期中同步以镜像形式的存在。数字孪生中的虚拟实体，不仅仅是简单的静态3D模型，3D模型只是虚拟实体的一部分，除视觉上的3D模型以外，还包括物理实体的属性数据、传感数据、行为数据等，物理实体与虚拟实体之间具有实时同步、可靠映射和高保真等特点。在智慧养猪数字孪生系统中，每一个物理实体均存在虚拟实体，通过各种形式的数据采集进行数据交互。

连接：在数字孪生中的连接，既包括物理实体与虚拟实体之间的连接，也包括各部分之间的双向交互连接。智慧养猪数字孪生系统的连接由系统连接器、连接适配器、数据解析服务构成，实现各部分间的实时连接和数据交互。

数据：数字孪生数据包括5个方面。

（1）物理实体数据，主要包括物理实体的实时状态工作条件。

（2）虚拟实体数据，主要包括虚拟模型参数和虚拟模型运行数据。

（3）服务应用数据，主要包括描述服务的封装、组合、调用的数据。

（4）领域知识数据，主要包括从收集的历史数据中挖掘或从已有的领域知识数据库中获取的领域知识。

（5）融合数据，为以上4类数据通过融合处理得到的基础数据，以及检测、判断和预测的过程和结果数据。

在智慧养猪数字孪生系统中，物理实体数据包括养殖场景数据、生产过程数据、生产环境数据、生产个体体征数据以及其他设备设施基础数据和状态数据。虚拟实体数据包括各实体的虚拟模型、模型参数以及模型运行时的数据。服务应用数据包括智慧养猪服务的封装、组合、调用的数据。领域知识数据包括已有的养殖历史数据、养殖标准数据、疾病治疗数据等。融合数据主要包括生产预测模型和预测结果等数据。

服务：服务包括面向物理实体的服务和面向虚拟实体的服务两种。这些服务通过实时调节使物理实体按预期工作，并通过物理实体与镜像模型的关系校准以及模型参数校准保持虚拟实体的高保真度。面向物理实体的服务主要包括监测服务、故障预测与健康管理（PHM）服务、状态预测服务、能耗优化服务等；面向虚拟实体的服务主要包括模型的构建服务、标定服务和测试服务等。

第三章　四维实景数据管理

为了对快速变化的基础架构需求迅速反应，实现 IT 系统的高扩展性和灵活性，虚拟化、私有云、容器技术在 IT 基础设施中正在得到广泛应用，企业数据中心架构随之日益复杂，传统的 SAN（存储区域网络）+NAS（网络附属存储）的存储方案已经无法应对复杂的应用需求。传统存储是软硬件紧密耦合的单体架构，专有硬件和软件捆绑销售，不仅带来高昂的建设和维护成本，更因为平台各应用和各存储子系统的烟囱式架构，子系统间数据不共享，业务难以联动协同，云和容器带来的灵活性也给存储和数据管理带来了沉重的负担。

针对智慧养猪建设可以同时支持各种数据库负载、虚拟化应用和云原生应用，满足关键业务和形态各异的众多应用的不同存储需求的统一数据管理和数据存储平台显然代价太大，后期的管理及运维成本也很高。如何利用现有云计算、云存储、云数据库平台以及自建数据存储服务，建立更高效、可靠、低成本以及适用智慧养猪业务的数据存储、管理及自动化运维机制尤为重要。

智慧养猪业务数据主要是四维实景数据，包括结构化数据和非结构化数据两种。结构化数据也称行数据，是由二维表结构来逻辑表达和实现的数据，主要通过关系数据库进行存储和管理，环境实景数据、大多数过程实景数据、部分个体体征实景数据为结构化数据。非结构化数据是数据结构不规则或不完整、没有预定义、不方便用数据库二维逻辑表来表现的数据，场景实景数据、少部分过程实景数据（图片、文档等）、部分个体体征实景数据（图片、音频、视频等）为非结构化数据。

3.1　结构化数据管理

结构化数据主要通过关系型数据库进行存储管理，辅助采用 NoSQL 数据库进行存储管理。主要涉及云端数据存储、边端数据存储、终端数据存储以及数据缓存。

本章所有软件均使用 Docker 容器技术进行安装部署，Docker 部署详见 Docker 官网（https：//docs. docker. com/engine/install/）。书中出现的以 192. 168. 10 开头的 IP 均为演示地址。

3.1.1　云端数据存储管理

云端数据存储可购买云数据库 RDS（关系型数据库服务）或自建数据库服务。云数据库 RDS 可直接在线购买阿里云、华为云及腾讯云等云服务商的云数据库服务；自建数据库服务直接在云服务器上安装数据库产品即可。具体数据库产品选择：常规业务数据主要是养猪生产过程数据，可采用 MySQL、SqlServer、PostgreSQL 等数据库存储；高并发时序数据主要包括养猪场各类传感器数据，传感器数据具有数据来源广、数据采集频率高、数据时序性强等特征，可采用 InfluxDB、阿里云 TSDB 等数据库。

本章以基于容器技术的自建 MySQL 数据库、InfluxDB 数据库及 MongoDB 数据库为例进行说明。

3.1.2 云端关系数据库 MySQL 管理

3.1.2.1 MySQL 数据库介绍

MySQL 是一个关系型数据库管理系统（relational database management system），是目前最流行的关系型数据库管理系统之一，由瑞典 MySQL AB 公司开发，属于 Oracle 旗下产品。在 WEB 应用方面，MySQL 是最好的应用软件之一。MySQL 为开源软件，分为社区版和商业版，采用了双授权政策。由于其体积小、速度快、总体拥有成本低，再加上开放源码这一特点深受用户青睐。

智慧养猪基础生产过程数据推荐使用 MySQL 进行存储，如猪基础信息数据、猪采精数据、猪配种数据、猪分娩数据、猪免疫数据、猪出栏数据、猪疾病及治疗数据、基础报表数据等一系列常规数据。智慧养猪生产过程中的常规数据存在数据量相对较少、符合关系型数据库存储特征、数据读写频率较低等特性，使用 MySQL 完全可以胜任。

3.1.2.2 云端 MySQL 数据库部署

利用 Docker 可以方便地完成 MySQL 数据库的安装及管理，特别是针对服务器端多版本 MySQL 数据库需要并存的情况，能有效杜绝版本冲突。同时配置主从同步，能有效保障系统数据安全。

使用 Docker 自带的搜索命令进行查找，获取 MySQL 镜像信息（图 3-1）。

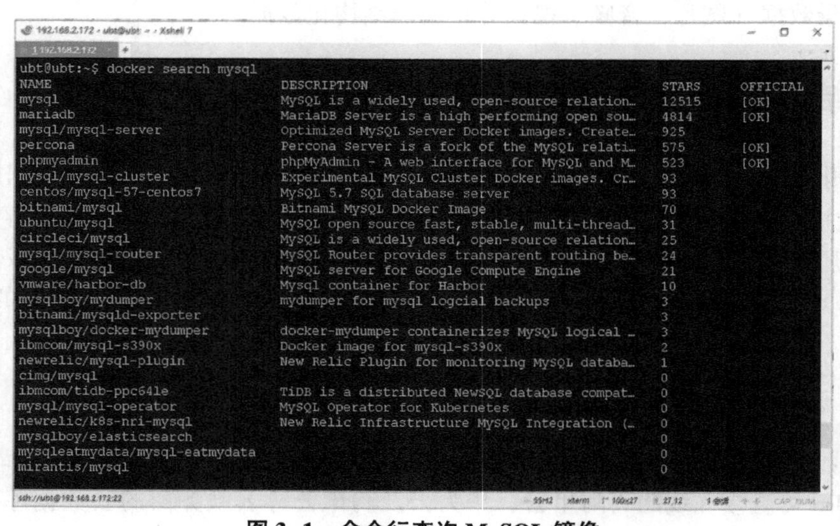

图 3-1 命令行查询 MySQL 镜像

也可以通过访问 DockerHub 网站图形化的查看 MySQL 发行版本（DockerHub 网站地址，https：//hub. docker. com），搜索“MySQL”关键词，可以看到前两个分别是 Oracle 官方版本的 MySQL 以及开源社区的 MariaDB（图 3-2）。

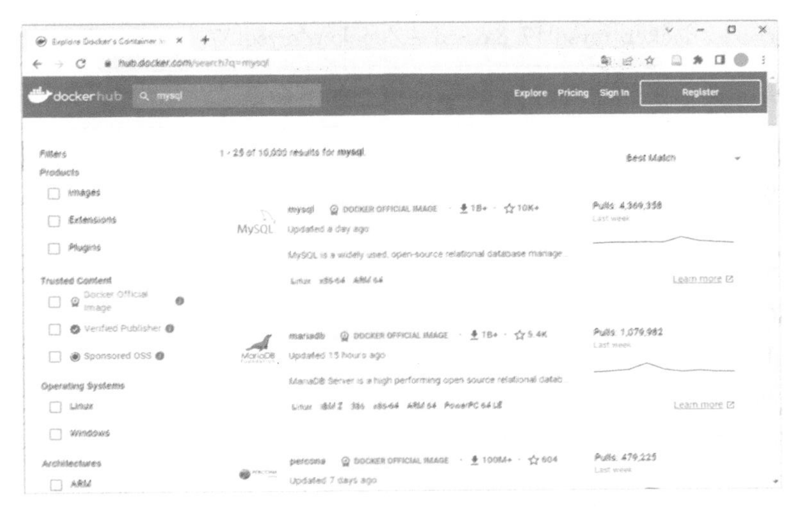

图 3-2　DockerHub 查找 MySQL 镜像

我们选用 Oracle 官方的 MySQL 镜像，点击“查看详情”，并切换至“Tags”标签，查找对应版本。本章以 MySQL 5.7.29 版本为例说明，搜索所需的版本（5.7.29），确定存在对应版本。

（1）拉取指定版本镜像：使用“docker pull mysql：5.7.29”命令来拉取（图 3-3）。

注：如果不进行版本选择，可直接用“docker pull mysql”命令安装，安装的 MySQL 为当前操作系统支持的最新版本。

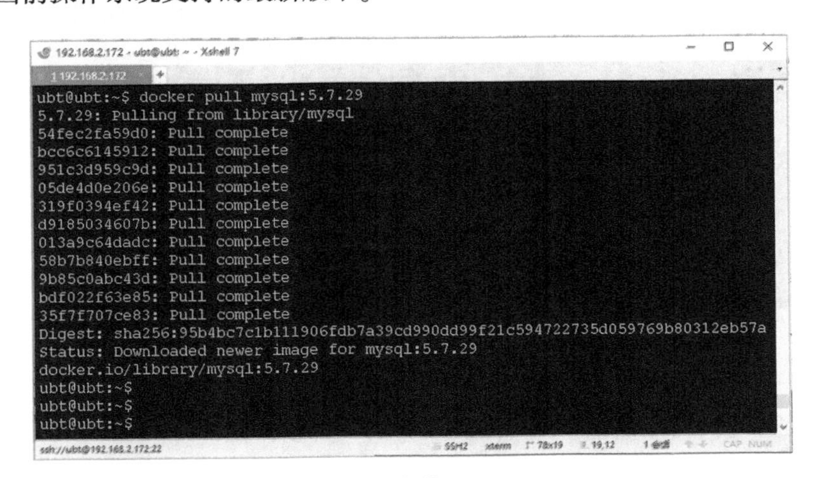

图 3-3　安装 MySQL

使用“docker images”命令查看已成功拉取了 MySQL 5.7.29 的 Docker 镜像。

（2）启动 MySQL 服务：在启动 MySQL 服务前，要先创建 MySQL 实例的挂载目录，该目录用于存放 MySQL 配置文件、日志文件和数据文件。

在 home 目录下创建一个 Docker 文件夹用来存储 Docker 相关的数据，在 Docker 下创建 mysql57 目录用来存储 MySQL 数据，创建成功切换到该目录，执行如下命令。

```
$ mkdir-p~/docker/mysql57 && cd ~/docker/mysql57
```

使用 Docker 命令来创建 MySQL 容器，执行如下命令。

```
docker run-p 3306:3306 --name mysql57 \
-v $ PWD/conf:/etc/mysql/conf.d \
-v $ PWD/logs:/var/log/mysql \
-v $ PWD/data:/var/lib/mysql \
-e MYSQL_ROOT_PASSWORD=MysqlRootPwd \
-d mysql:5.7.29 \
--character-set-server=utf8mb4 \
--collation-server=utf8mb4_unicode_ci
```

其中 mysqlRootPwd 为 MySQL 实例 root 用户密码，查看是否执行成功，执行如下命令。

```
$ docker ps
```

执行结果如图 3-4 所示。

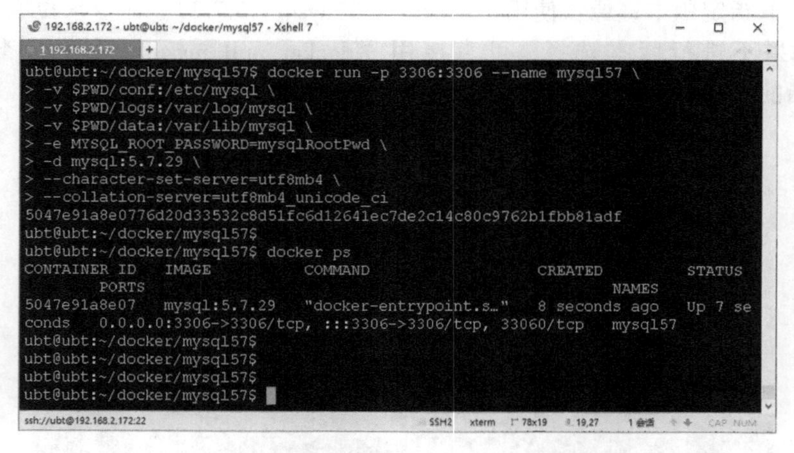

图 3-4　启动并查看 MySQL Docker 进程

（3）验证安装结果：采用命令行连接 MySQL 服务，验证是否安装成功，执行如下命令。

```
$ mysql-h192.168.2.172-uroot-p
```

其中 192.168.2.172 为服务器 IP 地址，uroot 为 MySQL 用户名，回车后输入密码

（密码不回显）（图 3–5）。

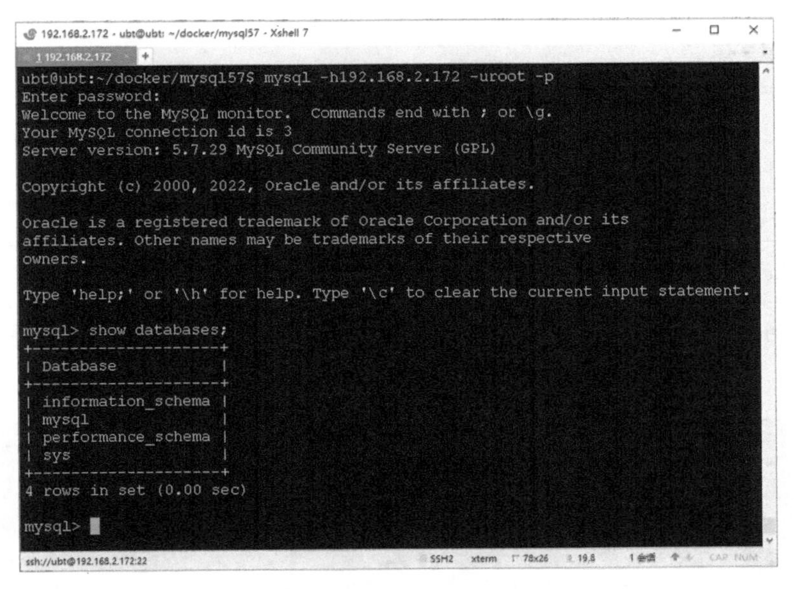

图 3–5　登录 MySQL 并查看数据库

（4）配置 MySQL 主从复制架构：实际生成环境中，MySQL 一般会搭建一套主从复制的架构，同时基于高可用框架实现高可用。如果有读写分离需求，还需要基于一些中间件实现读写分离架构。

MySQL 的主从复制架构，一般部署在两台及以上服务器上，主从复制架构是实现业务高可用的基础。要实现主从复制架构，每台服务器上首先要安装 MySQL，将其中一个 MySQL 配置为 master 节点（主节点），另外一个或多个 MySQL 配置为 slave 节点（从节点）。通常应用系统连接 master 节点进行读写操作，连接 slave 节点进行读操作，针对 master 节点的读写操作由 MySQL 自动复制到 slave 节点，保持两个节点的数据一致性。当 master 节点宕机后，高可用应用架构自动将数据库连接切换至 slave 节点，并对管理用户进行预警。修复 master 节点后，可手动或自动切换回 master 节点读写数据。接下来以 2 个节点，一个 master 节点和一个 slave 节点为例说明 MySQL 主从复制架构的配置方法。

分别在 2 台服务器上按照前述方法安装 MySQL。

①MySQL 主服务器配置。

将其中一台服务器中的 MySQL 配置为主服务器。配置方法，在主服务器的挂载目录下执行如下命令。

```
$ vim conf/mysqld.cnf
```

然后在打开的文件中新增如下内容。

```
[mysqld]
server_id=1
log_bin=mysql-bin
```

server_id 定义了本节点的 id，log_bin 表示启用二进制日志。修改完成后重启 MySQL 服务，使用 MySQL 容器 id 替代命令中的 containerid。

```
$ docker restart containerid
```

重启服务后查看 MySQL 设置是否已经生效。登录 MySQL 后查看日志是否开启（图 3-6）。

```
mysql> SHOW GLOBAL VARIABLES LIKE '%log_bin%';
+---------------------------------+----------------------------------+
| Variable_name                   | Value                            |
+---------------------------------+----------------------------------+
| log_bin                         | ON                               |
| log_bin_basename                | /var/lib/mysql/mysql-bin         |
| log_bin_index                   | /var/lib/mysql/mysql-bin.index   |
| log_bin_trust_function_creators | OFF                              |
| log_bin_use_v1_row_events       | OFF                              |
+---------------------------------+----------------------------------+
5 rows in set (0.00 sec)

mysql>
```

图 3-6　查看 MySQL 日志

查看 log_bin 的 Value 值是 ON 就表示已经开启了日志。

查看 server_id 是否配置成功如图 3-7 所示。

```
mysql> SHOW GLOBAL VARIABLES LIKE '%server_id%';
+----------------+-------+
| Variable_name  | Value |
+----------------+-------+
| server_id      | 1     |
| server_id_bits | 32    |
+----------------+-------+
2 rows in set (0.01 sec)

mysql>
```

图 3-7　查看 MySQL server_id

查看 server_id 的 Value 值已经是 1 了，表示 server_id 也已经设置成功。

创建一个新的用户 slave 给 MySQL 从服务器（slave）使用，并设置用户权限。

```
mysql>CREATE USER'SLAVE'@'%'IDENTIFIED BY'yourslavepwd';
mysql>GRANT REPLICATION SLAVE,REPLICATION CLIENT ON *.* TO'slave'
@'%'IDENTIFIED BY'yourslavepwd';
mysql>FLUSH PRIVILEGES;
```

从 master 节点 MySQL 命令行查看 master 节点状态信息，并记录 file 和 position 字段的值，用于配置 slave 节点（图 3-8）。

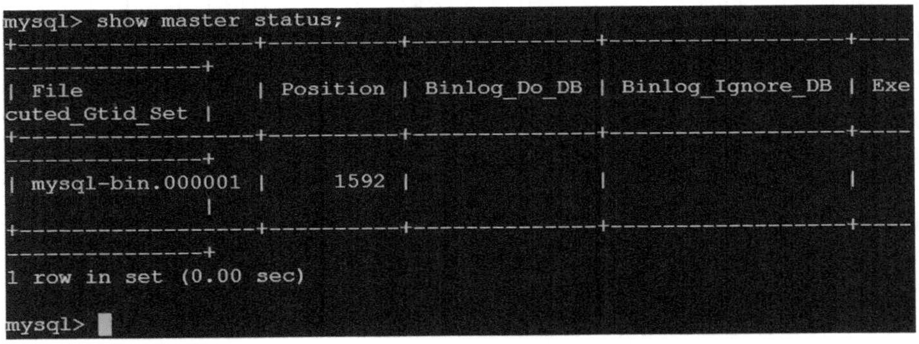

```
mysql> show master status;
+------------------+----------+--------------+------------------+----
---------------+
| File             | Position | Binlog_Do_DB | Binlog_Ignore_DB | Exe
cuted_Gtid_Set |
+------------------+----------+--------------+------------------+----
---------------+
| mysql-bin.000001 |     1592 |              |                  |
               |
+------------------+----------+--------------+------------------+----
---------------+
1 row in set (0.00 sec)

mysql> 
```

图 3-8　查看 master 节点状态

②MySQL 从服务器配置。

进入从服务器的挂载目录下，修改从服务器配置文件。

```
$ vim conf/mysqld.cnf
```

然后在打开的文件中新增如下内容。

```
[mysqld]
server_id=2
log_bin=mysql-slave-bin
relay_log=edu-mysql-relay-bin
```

server_id 定义了本节点的 id，与 master 节点 id 不能重复。log_bin 表示启用二进制日志，日志文件前缀为 mysql-slave-bin。修改完成后重启 MySQL 服务，使用 MySQL 容器 id 替代命令中的 containerid。

```
$ docker restart containerid
```

重启服务后参考 MySQL 主服务器配置章节确定设置是否已经生效。然后登录 MySQL 从服务器中配置 MySQL 主服务器信息，执行如下指令。

```
mysql> change master to master_host="192.168.2.171",master_user="slave",master_password="yourslavepwd",master_port= 3306,master_log_file="mysql-bin.000001",master_log_pos=1592,master_connect_retry=30;
```

其中，master_host 为 MySQL master 节点 IP 地址，此处为 192.168.2.171；master_user 为 MySQL master 节点为 slave 节点预留的用户名，此处为 slave；master_password 为 MySQL master 节点为 slave 节点预留用户的密码，此处为 yourslavepwd；master_port 为 MySQL master 节点的服务端口，此处为 3306；master_log_file 以及 master_log_pos 分别为 MySQL master 节点状态信息中记录的 file 和 position 字段，此处分别为：mysql-bin.000001 和 1592。master_connect_retry 为连接中断的重试次数，此处为 30。

从 slave 节点启动主从复制，执行如下指令。

```
mysql> start slave;
```

查看主从状态，执行如下指令。

```
mysql> show slave status\G;
```

可以看到 Slave_IO_Running 和 Slave_SQL_Running 的值都是 Yes，则表示主从服务启动正常（图 3-9）。

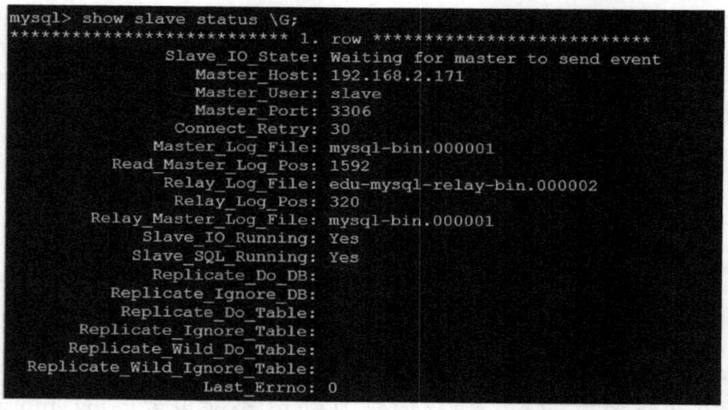

```
mysql> show slave status \G;
*************************** 1. row ***************************
               Slave_IO_State: Waiting for master to send event
                  Master_Host: 192.168.2.171
                  Master_User: slave
                  Master_Port: 3306
                Connect_Retry: 30
              Master_Log_File: mysql-bin.000001
          Read_Master_Log_Pos: 1592
               Relay_Log_File: edu-mysql-relay-bin.000002
                Relay_Log_Pos: 320
        Relay_Master_Log_File: mysql-bin.000001
             Slave_IO_Running: Yes
            Slave_SQL_Running: Yes
              Replicate_Do_DB:
          Replicate_Ignore_DB:
           Replicate_Do_Table:
       Replicate_Ignore_Table:
      Replicate_Wild_Do_Table:
  Replicate_Wild_Ignore_Table:
                   Last_Errno: 0
```

图 3-9　显示 slave 节点状态

③测试主从同步是否正常。

在 MySQL 主节点中创建一个数据库 pigInfo。

```
mysql> create database pigInfo;
```

在 MySQL 从节点中查看是否已经完成同步 pigInfo 到从节点（图 3-10）。

```
mysql> show databases;
```

```
mysql> show databases;
+--------------------+
| Database           |
+--------------------+
| information_schema |
| mysql              |
| performance_schema |
| pigInfo            |
| sys                |
+--------------------+
5 rows in set (0.00 sec)

mysql>
```

图 3-10　查看 slave 节点数据库同步结果

发现已经有 pigInfo 数据库出现在从库，则表明主从工作正常。

3.1.2.3　MySQL 图形化管理

MySQL 图形化管理工具有很多，phpMyAdmin 是最常用的 MySQL 维护工具之一。phpMyAdmin 是一个使用 PHP 语言编写，以 WEB 应用的方式在主机上部署管理 MySQL 数据库的管理工具，phpMyAdmin 与 MySQL 支持部署在不同的主机上。得益于 WEB 应用的免安装、兼容性强、随时随地访问以及支持大多数 MySQL 功能的特性，phpMyAdmin 深受用户青睐。本节以 phpMyAdmin 为例完成 MySQL 的图形化管理。

为了方便操作和减少冲突，采用 Docker 方式在 linux 下安装 phpMyAdmin。首先通过 DockerHub 网站获取 phpMyAdmin 的可用版本（图 3-11）。

我们采用 phpMyAdmin 5.1.3 版本做安装示范。

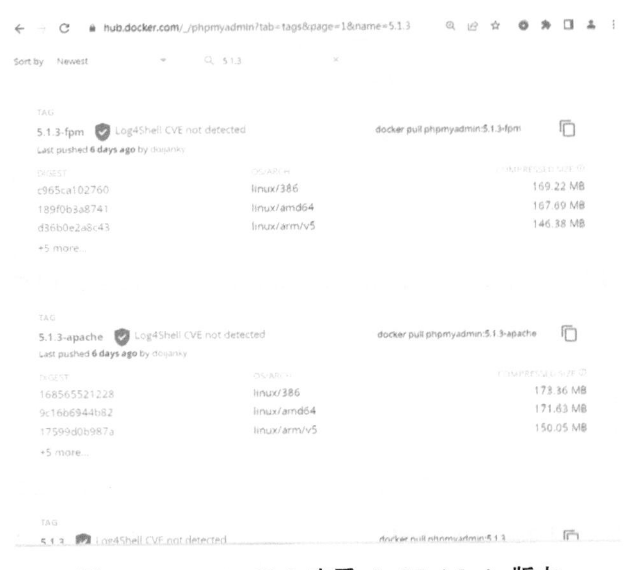

图 3-11　DockerHub 查看 phpMyAdmin 版本

拉取 5.1.3 版本的 phpMyAdmin 镜像。

```
$ docker pull phpmyadmin:5.1.3
```

成功拉取镜像后，使用 Docker 命令安装 phpMyAdmin。

```
$ docker run --name phpmyadmin -d --link mysql57:db -p 10800:80 phpmyadmin:
5.1.3
```

其中，--name 为 phpMyAdmin 的容器名称，--link mysql57 为连接 mysql57（之前装好的 mysql 容器名）这个容器，10800 为对外访问端口，80 为容器内部访问端口，phpMyAdmin:5.1.3 为使用的镜像名称。

命令执行后，将会自动创建并启动容器，可以通过实体机的 ip 地址和映射端口来进行访问，以本示例为例，实体机的 ip 地址是 192.168.2.171，访问 192.168.2.171:10800 进入 phpMyAdmin 登录界面（图 3-12）。

图 3-12　phpMyAdmin 登录页

（1）数据库、数据表创建及数据插入。

输入 MySQL 的用户名密码，登录 phpMyAdmin，左侧列出该用户所有有权限管理的数据库（图 3-13）。

新建数据库：通过“新建数据库”功能，可以创建新的数据库，只需要输入数据库名称，选择字符集，点击“创建”即可完成数据库创建（图 3-14）。本例新建了一个基础数据库，数据库名称是 pigInfo，字符集是 utf8_general_ci，创建成功后左侧出现 pigInfo 数据库。

在数据库中新增数据表：点击左侧 pingInfo 数据库，填写数据表的名称，以及数据表中的字段个数，点击“执行”即可创建一个数据表。

本例创建一个 pig_base_info 数据表，该表中含有 4 个字段，分别为 id、ear_

图 3-13　phpMyAdmin 数据库列表

图 3-14　新建数据库

number、age、create_time。输入表名和字段数后点击“执行”后显示如图 3-15 所示界面，分别输入字段名和字段类型等点击“保存”即可完成数据表创建。

填写所有数据后，点击“保存”即可创建一个数据表。

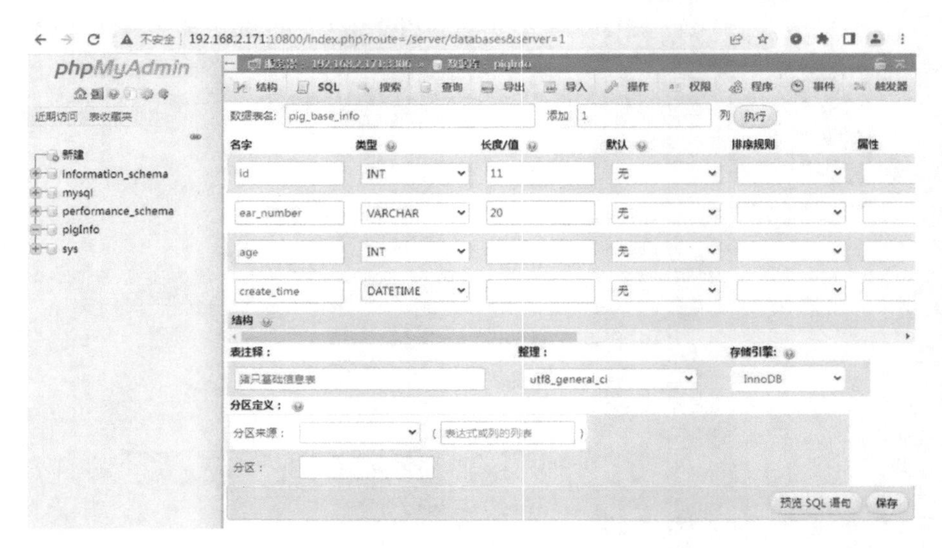

图 3-15 新建数据表

创建完成后，可以使用图形用户界面、写 SQL 以及导入 3 种方式添加表数据。插入 2 条数据的 SQL 以及执行结果如图 3-16 所示。

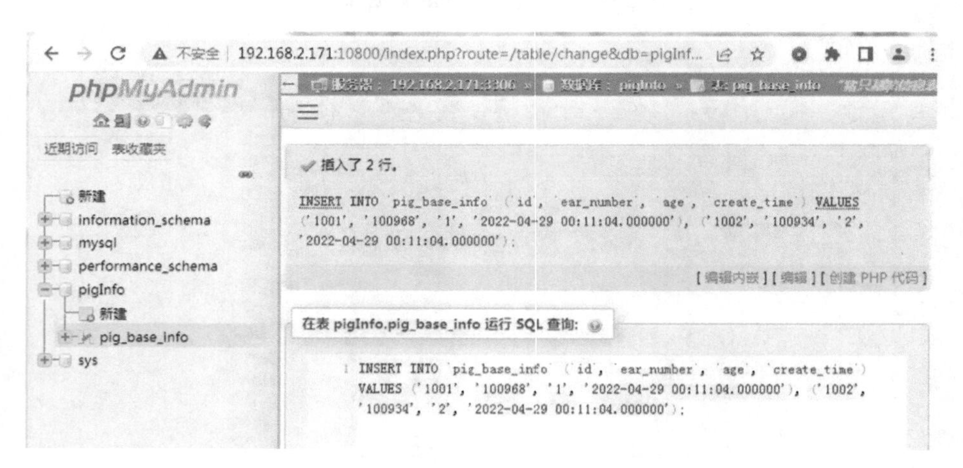

图 3-16 插入数据

（2）创建用户并分配权限。

创建新用户，点击“权限”按钮，进入用户管理界面，默认有 root 用户存在，具备所有主机（%）访问权限和本机（localhost）访问权限，是数据库的超级管理员，有全部权限（图 3-17）。

点击“新增用户账户”来创建 MySQL 新用户，在跳转的界面中输入用户名，指定主机名，输入密码。然后按需勾选“创建与用户同名的数据库并授予所有权限”和

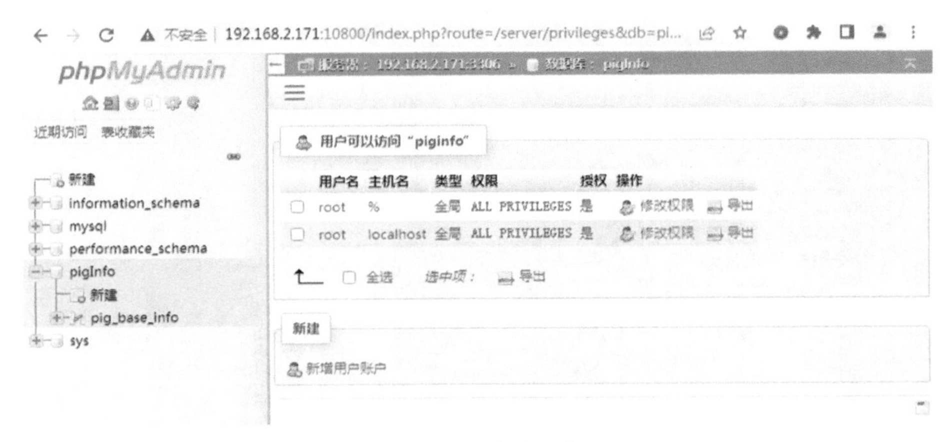

图 3-17　默认用户

“给以用户名_开头的数据库（username_%）授予所有权限”，可以方便地进行权限授权。全局权限为管理权限，即针对全部数据库的权限，一般普通用户不予授权，填写/勾选完成后，点击“执行”完成用户创建（图 3-18、图 3-19）。

图 3-18　新增 MySQL 用户账户（1）

修改密码：点击要修改密码的用户，选择“Change password”，输入 2 次密码（或者使用系统自动生成密码），然后点击“执行”完成密码修改（图 3-20）。

图 3-19　新增 MySQL 用户账户（2）

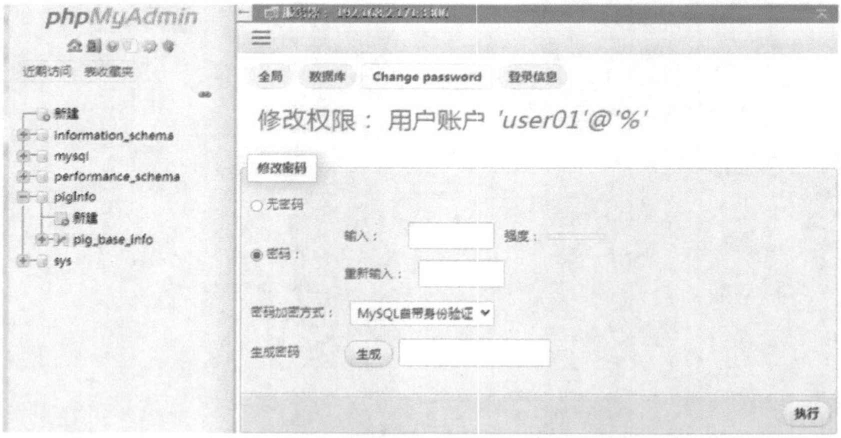

图 3-20　修改密码

修改权限与修改密码过程基本一致。点击要修改权限的用户，勾选相应的权限，点击“执行”即可。

数据导入：点击“数据表”，再点击“导入”，就会将数据导入选定的数据表中，如果没有选定数据库，需要导入的 SQL 文件中最开始为 use database 语句（图 3-21）。

进入导入界面，选择准备好的数据，然后点击“执行”将会进行数据导入，执行结果如图 3-22 所示。

192.168.2.171:10800/index.php?route=/table/import&db=pigInf...

phpMyAdmin

近期访问　表收藏夹

新建
information_schema
mysql
performance_schema
pigInfo
新建
pig_base_info
sys

正在导入到数据表 "pig_base_info"

要导入的文件：

文件可能已压缩 (gzip, bzip2, zip) 或未压缩。
压缩文件名必须以 .[格式].[压缩方式] 结尾。如：.sql.zip

从计算机中上传：　选择文件　未选择任何文件　(最大限制：2,048 KB)

您可在各页面间拖放文件。

文件的字符集：　utf-8

部分导入：

在导入时脚本若检测到接近PHP超时时限（即需要花费很长时间）则允许中断。(这在导入大文件时是个很好的方法，不过这会中断事务)

从第一个开始跳过这些数量的查询（对于SQL）：　0

其它选项：

启用外键约束

格式：

SQL

图 3-21　导入 SQL 文件

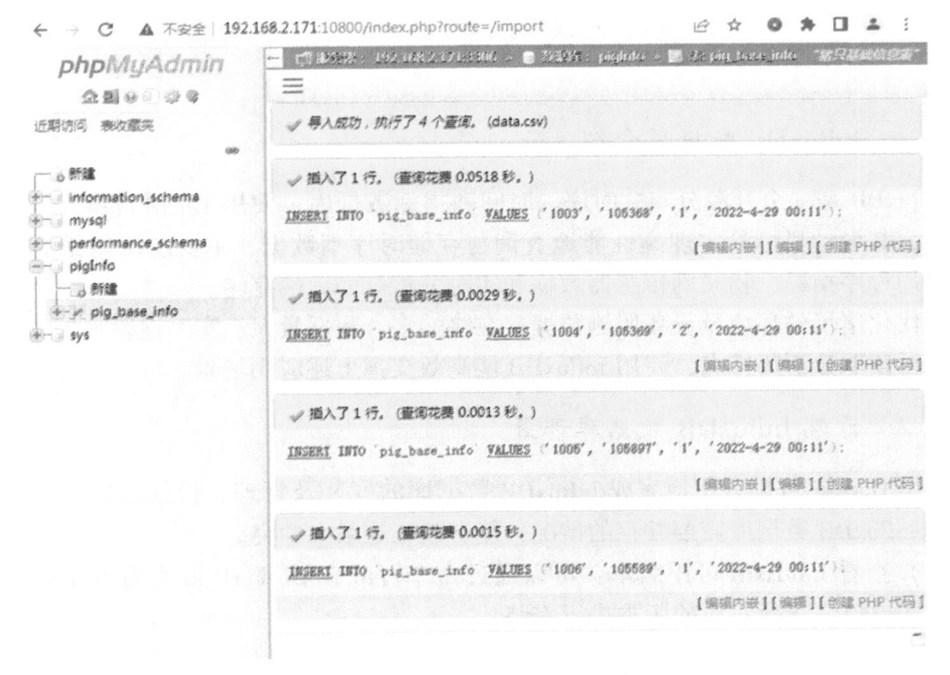

图 3-22　导入 SQL 文件执行结果

(3) 数据备份及恢复。

选择数据库后，点击“导出”即可对数据库进行备份（图 3-23）。

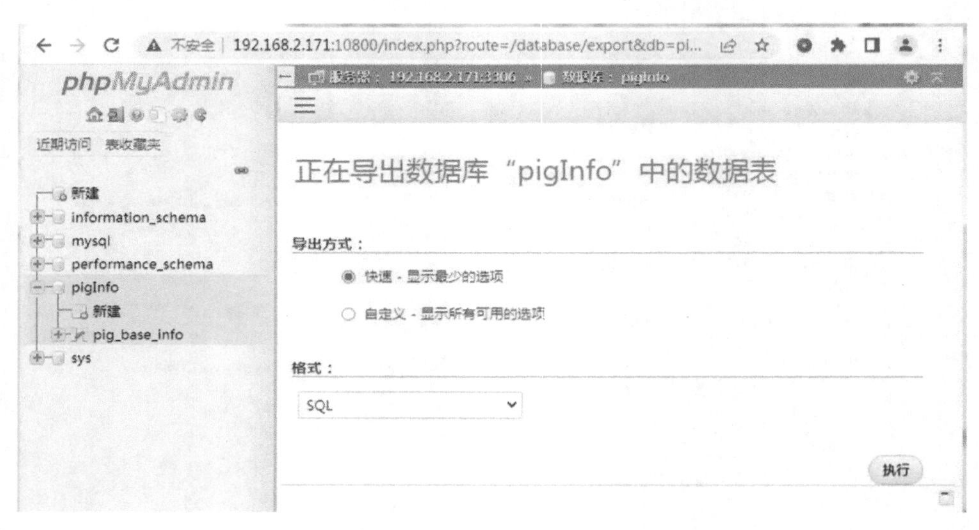

图 3-23 导出数据库

选择好要备份的格式，点击“执行”就会对数据库中的数据进行备份，保存成一个文件下载到本地。要进行数据恢复时，选择要导入的数据，点击“执行”即可进行数据恢复。

3.1.3 云端时序数据库 InfluxDB 管理

3.1.3.1 InfluxDB 数据库介绍

InfluxDB 是一个开源分布式时序、时间和指标数据库，使用 Go 语言编写，无须外部依赖，其设计目标是实现高性能地查询与存储时序型数据，主要应用场景为性能监控、应用程序指标、物联网传感器数据和实时分析等的后端存储。

现代化猪场的环境及设备监测数据存在终端多、数据量大、实时性要求较高、需大批量实时读取分析等特点，使用 InfluxDB 能高效支撑上述应用场景。

3.1.3.2 云端 InfluxDB 数据库部署

利用 Docker 可以方便地完成 InfluxDB 数据库的安装及管理，特别是针对服务器端多版本 InfluxDB 数据库需要并存的情况，能有效杜绝版本冲突。

(1) 查看 InfluxDB 可用版本：可以通过命令行或者 DockerHub 查看 InfluxDB 的版本（图 3-24），选择对应的版本进行安装。

查看命令如下。

```
$ docker search influxdb
```

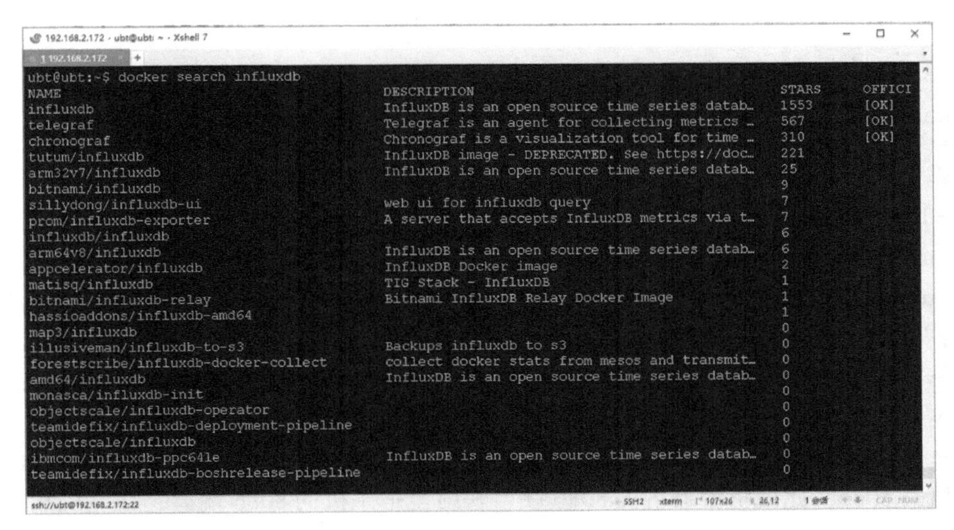

图 3-24 查看 influxdb 版本

（2）拉取指定版本镜像：本章以 2.2.0 版本为示例说明，拉取镜像命令如下。

```
$ docker pull influxdb:2.2.0
```

拉取完成后查看本地镜像，可以看到 InfluxDB2.2.0 镜像已经存在（图 3-25），执行命令如下。

```
$ docker images
```

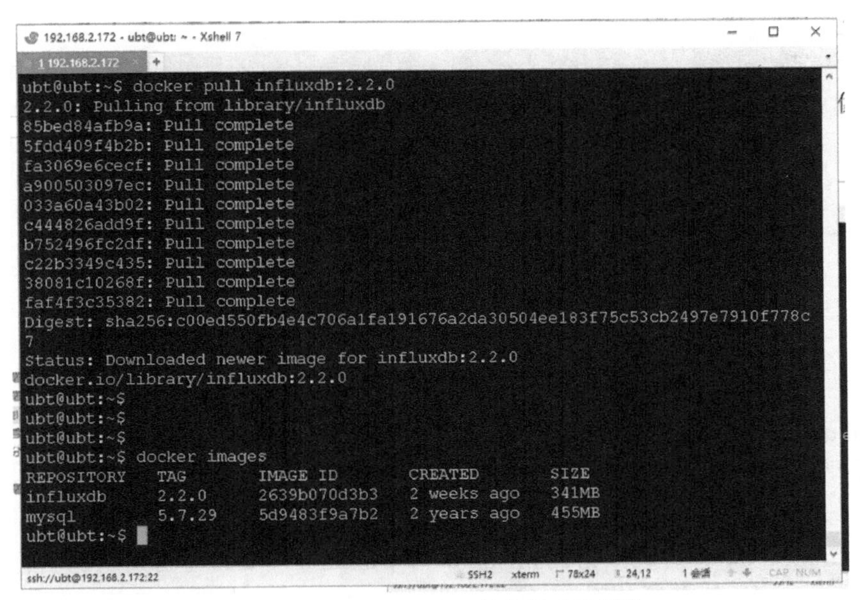

图 3-25 拉取 InfluxDB 并查看本地镜像

（3）启动 InfluxDB 服务：使用 docker run 命令启动 InfluxDB 服务。

```
$ docker run-d--name influxdb--restart always-p 8086:8086-v ~/influxdb/data:/var/lib/influxdb2 influxdb:2.2.0
```

参数说明：

-d 启动后在后台运行，不打印日志；

-name 容器名，给容器命名，方便管理，此处命名容器名为 influxdb；

-restart always 不管容器因为何种原因宕机，docker run 命令将自动重新启动此进程；

-v 宿主机路径：容器内路径将容器内指定路径挂载出来到宿主机中，此处是把数据库本地存储的目录挂出来，保证容器销毁以后数据库数据还存在于宿主机硬盘；

-p 宿主机端口：容器内端口映射容器内指定端口到宿主机的指定，InfluxDB 的默认端口是 8086，此处将容器内的 8086 端口映射至宿主机的 8086 端口，宿主机端口非必须 8086，可按需调整。

（4）验证安装结果：InfluxDB 有自带的可视化 WEB 管理系统，直接用浏览器访问（http://宿主机 IP:8086/）就可以登录系统对数据库进行操作（图 3-26）。

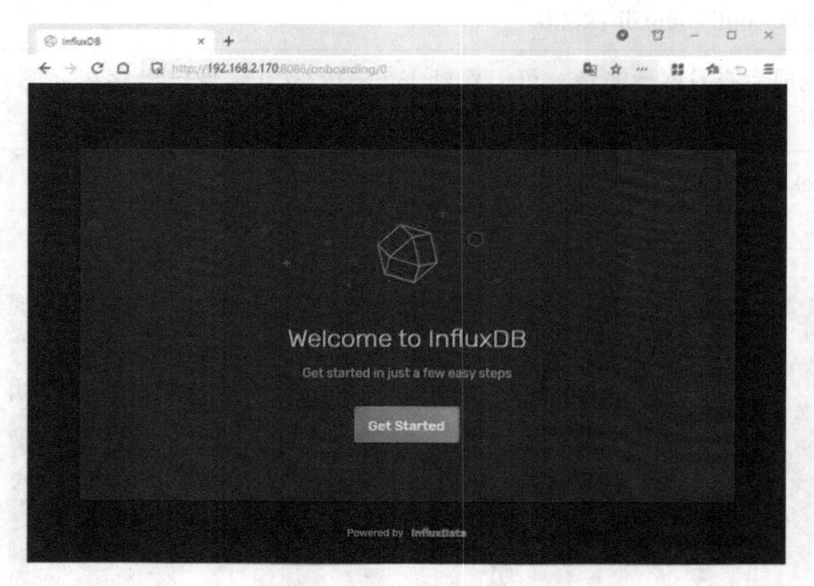

图 3-26　首次登录 InfluxDB

①InfluxDB 图形化管理。

初始化用户：首次登录使用 InfluxDB，需要初始化用户，点击上一步中的“Get Started”（开始）按钮，进入设置初始页面，填入 Username（用户名），Password（密码），Confirm Password（确认密码），Initial Organization Name（初始组织名称），Initial Bucket Name（初始储存桶名称），然后点击“Continue”（继续）按钮（图 3-27）。组织是一组需要访问时间序列数据、仪表板和其他资源的用户的工作区，可以为不同的职能组、团队或项目创建组织。存储桶是时间序列数据与保留策略一起存储的位置。

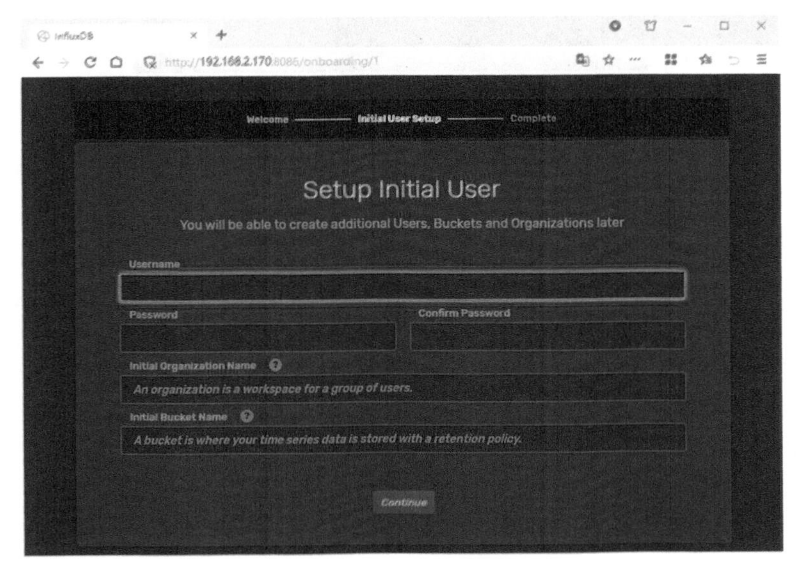

图 3-27　初始化用户

②数据管理及权限分配。

创建 Bucket（储存桶），所有 InfluxDB 的数据都存储在 Bucket 中，Bucket 结合了数据库的保存期限（每条数据都有保留时间）的概念，如图 3-28、图 3-29 所示，点击"Create Bucket"（创建储存桶）按钮，填写"Bucket Name"（储存桶名称）选择"Delete Date"（删除日期）完成创建。

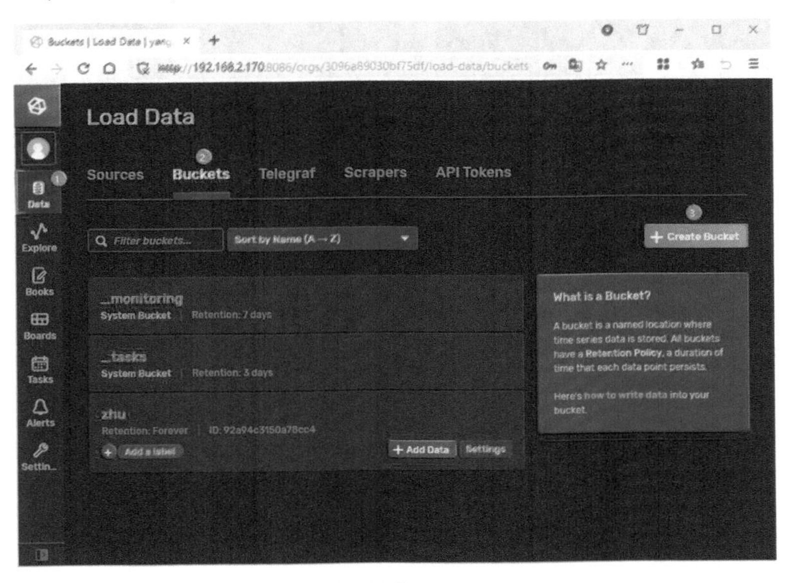

图 3-28　创建 Bucket（1）

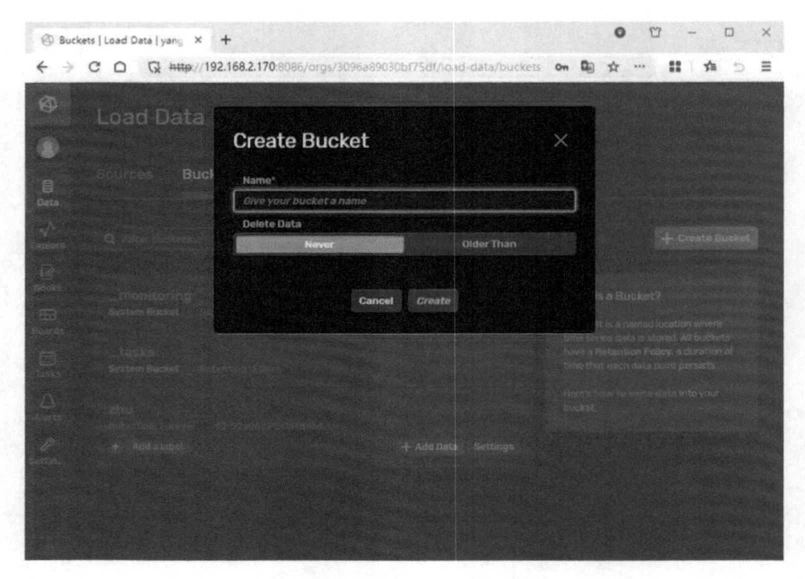

图 3-29　创建 Bucket（2）

API Token 申请：客户端（如 Node. js、Python、PHP 等）要连接 InfluxDB 需要使用 API Token，首先需要在 InfluxDB 后台申请 token。点击“Data”下的“API Tokens”选项卡，可以选择创建“Read/Write API Token”或者“All Access API Token”（图 3-30）。

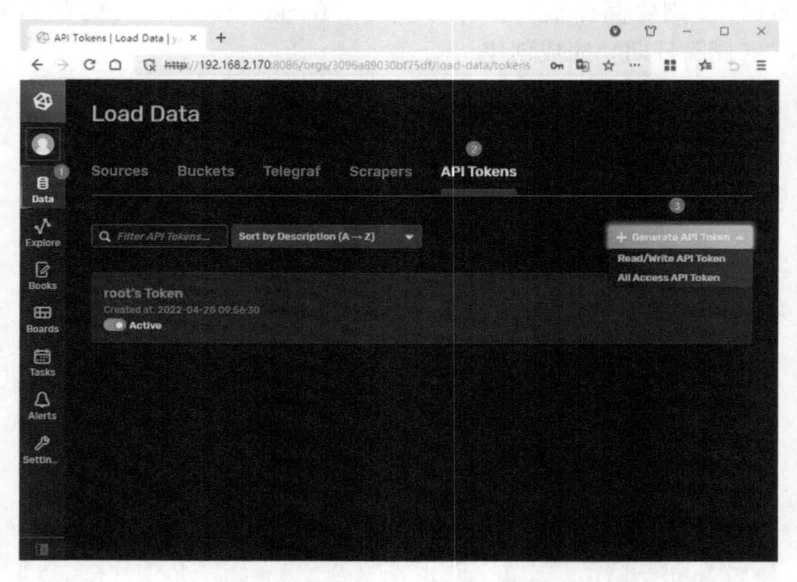

图 3-30　API Token 申请界面

Read/Write API Token 只有拥有指定数据库读或写权限，可以按需进行配置(图 3-31)。

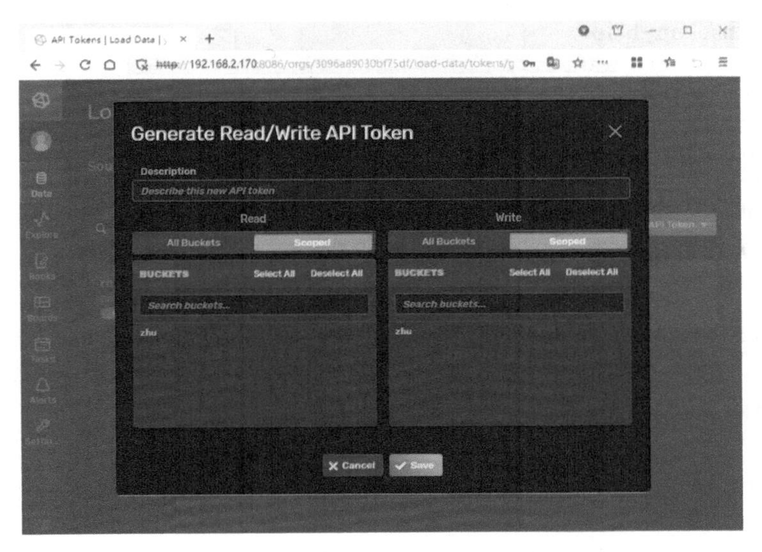

图 3-31　创建 Read/Write API Token

All Access API Token 能够创建、更新、删除、读取和写入此组织中的任何内容（图 3-32）。

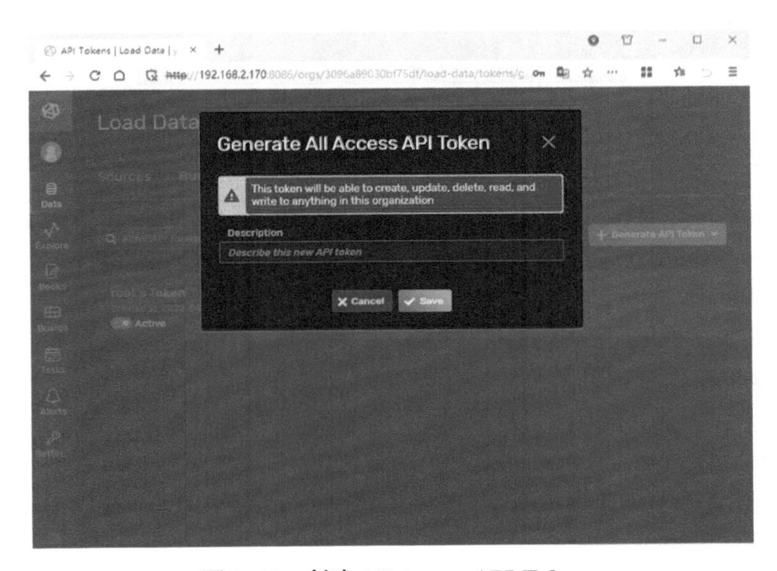

图 3-32　创建 All Access API Token

③数据归档及删除。

进入 InfluxDB 容器，使用以下命令。

```
$ docker exec-it [容器 id/名称] /bin/bash
```

数据备份，可以备份已有数据库数据，可查看备份命令的使用帮助，使用以下命令。

```
$ influx backup-help
```

示例备份命令如下。

```
$ influx backup-b < bucket-name> <backup-path>-t < token>
```

其中 bucket-name 为要备份的数据库名称，不带传出参数即备份所有数据库；backup-path 为数据备份路径；token 拥有所述 bucket-name 读权限的用户的 API Token。

```
$ influx backup path/to/backup _ $ ( date" +% Y -% m -% d _% H -% M") - t P75B9WeTH5EFXpjnDxHGgEbAIGVuuDoWaUpCSmwLj6A109fJxXrNBi-BNbqAKFxkq1AJ2-nk_kW2cQ51MmoE9iw==
```

数据恢复：使用 influx restore 命令恢复 backup 备份的数据文件，可以先使用 influx restore-help 查看命令使用帮助。

恢复所有时间序列数据执行如下命令。

```
$ influx restore-b < bucket-name> <back-path>-t < token>
```

其中 bucket-name 为要恢复数据至的那个 bucket 名称；back-path 为要恢复的备份路径。

恢复数据可以使用 bucket 名称或者 bucket id 来指定 bucket。

按照 bucket 名称进行恢复。

```
$ influx restore/backups/2020 - 01 - 20 _ 12 - 00/- - bucket bucket - name P75B9WeTH5EFXpjnDxHGgEbAIGVuuDoWaUpCSmwLj6A109fJxXrNBi-BNbqAKFxkq1AJ2-nk_kW2cQ51MmoE9iw==
```

按照 bucket id 进行恢复。

```
$ influx restore/backups/2020 - 01 - 20 _ 12 - 00/- - bucket - id 000000000000 P75B9WeTH5EFXpjnDxHGgEbAIGVuuDoWaUpCSmwLj6A109fJxXrNBi-BNbqAKFxkq1AJ2-nk_kW2cQ51MmoE9iw==
```

数据库删除：可以使用命令查看删除帮助。

```
$ influx bucket delete-help
```

通过 bucket 名称删除。

```
$ influx bucket delete-n <bucket-name>-o <org-name>-t < token>
```

通过 bucketid 删除。

```
$ influx bucket delete-i <bucket-id>-t < token>
```

3.1.4　云端文档数据库 MongoDB 管理

3.1.4.1　MongoDB 数据库介绍

MongoDB 是一个开源、高性能、分布式的文档型数据库，其设计初衷就是为了简化开发和方便扩展，属于 NoSQL 数据库产品中的一种。MongoDB 是最像关系型数据库的非关系型数据库，支持的数据结构非常松散，是一种类 JSON 的 BSON 格式，所以既可以存储比较复杂的数据类型，又相当的灵活。

MongoDB 中的记录是一个文档组成的数据结构，即认为一个文档就是一个对象。字段的数据类型是字符型，它的值除了使用一些基本的类型外，还可以包括其他文档、普通数组和文档数组。

传统的关系型数据库（如 MySQL），在处理高并发读写、海量数据的高效率存储以及数据库的高扩展性和高可用性的需求上显得越来越不具备优势。

MongoDB 在智慧养猪场景中，可以用来高效处理物流数据、物联网数据以及养殖培训等数据。

3.1.4.2　云端文档数据库 MongoDB 部署

利用 Docker 可以方便地完成 MongoDB 数据库的安装及管理，特别是针对服务器端多版本 MongoDB 数据库需要并存的情况，能有效杜绝版本冲突。

使用 DockerHub 网站查找 MongoDB 的 Docker 镜像（图 3-33）。

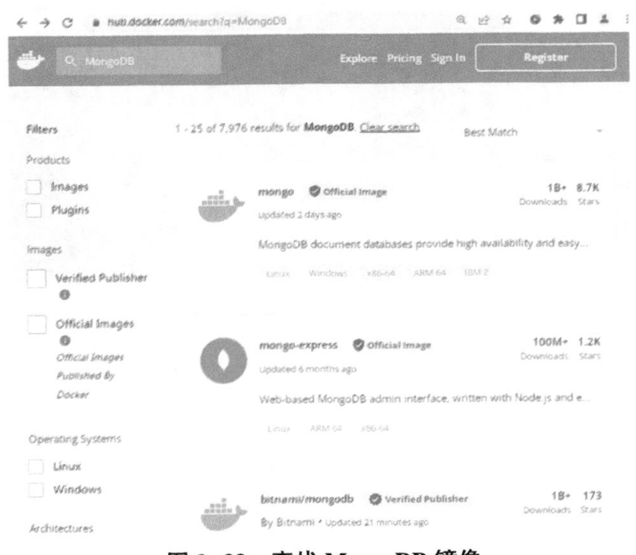

图 3-33　查找 MongoDB 镜像

点击进入 MongoDB 的 DockerHub 官方镜像中，查看 MongoDB 版本信息（图 3-34）。

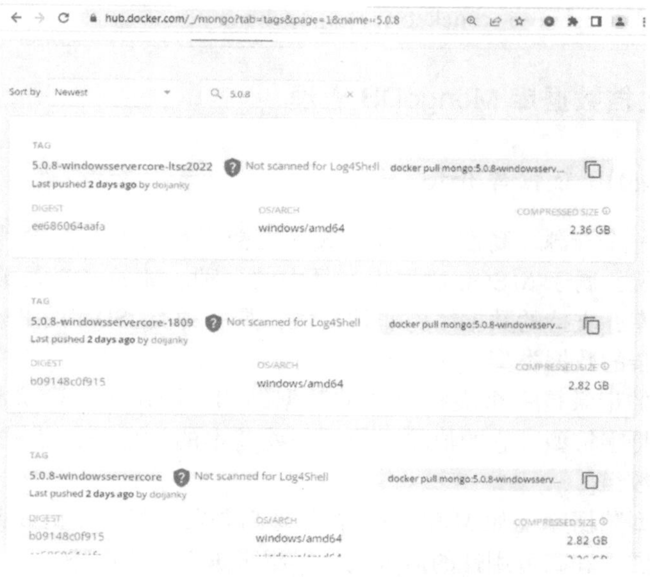

图 3-34 查找 MongoDB 版本

根据业务需要搜索所需版本，此处采用 5.0.8 版本为例进行说明。

拉取 MongoDB 5.0.8 版本 Docker 镜像文件到本地（图 3-35）。

```
$ docker pull mongo:5.0.8
```

```
ubt@ubt:~$ docker pull mongo:5.0.8
5.0.8: Pulling from library/mongo
8e5c1b329fe3: Already exists
1a3a1df854b8: Pull complete
0a0a2dae0995: Pull complete
a418b0c4e4fa: Pull complete
0b5ea9c2d40e: Pull complete
f494f5d4b55a: Pull complete
b969a6b5e755: Pull complete
ce7a92e6baaa: Pull complete
40c44fa8dc96: Pull complete
168667f55eef: Pull complete
Digest: sha256:958b87477e36b8a304bc514c59b791126c9407047c1154becbec7b
5ff31abb4a
Status: Downloaded newer image for mongo:5.0.8
docker.io/library/mongo:5.0.8
ubt@ubt:~$
```

图 3-35 拉取 Docker 镜像文件到本地

查看是否执行成功，如果镜像已经存在了，表明拉取成功。

```
$ docker images | grep mongo
```

执行 docker run 命令来启动 Docker MongoDB 服务。

```
$ docker run-name mymongo-e MONGO_INITDB_ROOT_USERNAME=mongo-e MONGO_INITDB_ROOT_PASSWORD=MongoPwd-p 27017:27017-d mongo:5.0.8
```

执行后查看 MongoDB 服务是否启动（图 3-36）。

```
$ docker ps
```

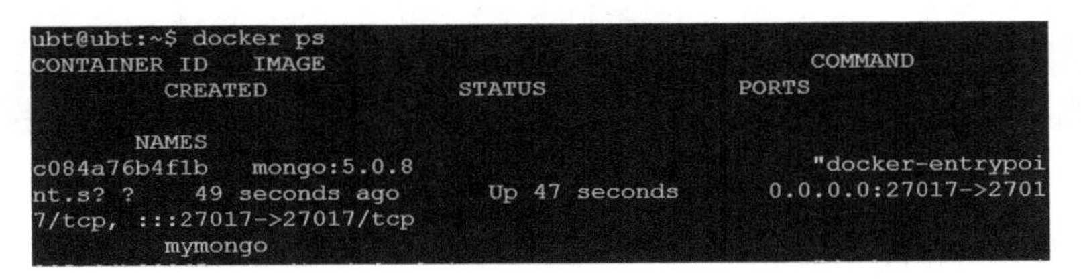

图 3-36 已启动 MongoDB 服务

状态（STATUS）显示 UP 表明 MongoDB 服务已经安装成功并已启动，MongoDB 默认的端口是 27017。

3.1.4.3 MongoDB 图形化管理工具

DockerHub 搜索 mongo-express，获取 MongoDB 管理工具 mongo-express 的镜像（图 3-37）。

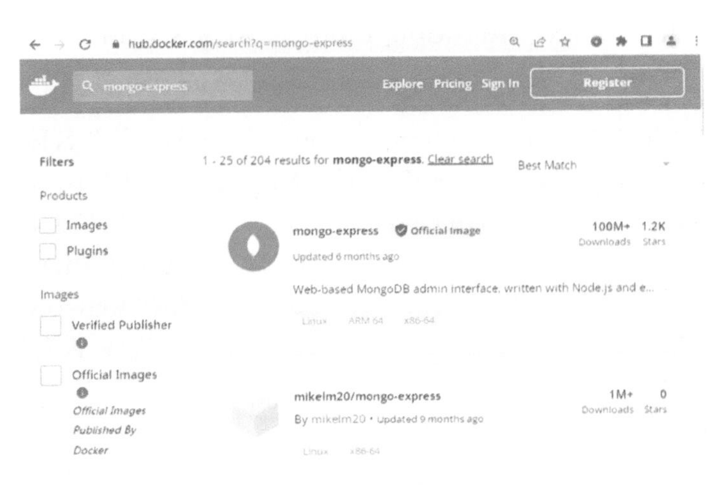

图 3-37 查找 mongo-express 镜像

按需搜索需要的版本即可，本例使用 0.54 版本。使用 docker pull 命令在命令行中拉取 mongo-express 0.54 的镜像（图 3-38）。

```
$ docker pull mongo-express:0.54
```

```
ubt@ubt:~$ docker pull mongo-express:0.54
0.54: Pulling from library/mongo-express
6a428f9f83b0: Pull complete
f2b1fb32259e: Pull complete
40888f2a0a1f: Pull complete
4e3cc9ce09be: Pull complete
eaa1898f3899: Pull complete
598f39ba6bb3: Pull complete
4e9e7ae54dff: Pull complete
72a82e57a7f1: Pull complete
Digest: sha256:6bc39d97568da612e43a677983fa570eb3e7f9babd00e41d904308
ba4bd13fc5
Status: Downloaded newer image for mongo-express:0.54
docker.io/library/mongo-express:0.54
ubt@ubt:~$
```

图 3-38　拉取 mongo-express 0.54 的镜像

查看镜像是否拉取成功。

```
$ docker images | grep mongo-express
```

安装 mongo-express 服务。

```
$ docker run-p 8082:8081-name my-mongo-express-e ME_CONFIG_MONGODB_SERVER="192. 168. 2. 171"-e ME_CONFIG_BASICAUTH_USERNAME="mongo"-e ME_CONFIG_BASICAUTH_PASSWORD="mongoPwd"-e ME_CONFIG_MONGODB_ADMINUSERNAME="mongo"-e ME_CONFIG_MONGODB_ADMINPASSWORD="mongoPwd"-e ME_CONFIG_MONGODB_ENABLE_ADMIN="true"-d mongo-express:0.54
```

其中，8082 为宿主机地址，my-mongo-express 为 docker 实例名称，ME_CONFIG_MONGODB_SERVER 配置 MongoDB 的 IP 地址，ME_CONFIG_BASICAUTH_USERNAME 配置 mongo-express WEB 登录的用户名，ME_CONFIG_BASICAUTH_PASSWORD 配置 mongo-express WEB 登录的密码，ME_CONFIG_MONGODB_ADMINUSERNAME 配置 MongoDB 数据库的用户名，ME_CONFIG_MONGODB_ADMINPASSWORD 配置 MongoDB 数据库的密码，ME_CONFIG_MONGODB_ENABLE_ADMIN 配置是否允许管理员用户管理全部数据库，此处为 true 即允许。

查看容器运行是否运行正常（图 3-39）。

```
$ docker ps
```

状态（STATUS）显示 UP 表示容器已启动，服务安装正常并正常启动，可以通过浏览器登录 Mongo Express 页面对 MongoDB 进行管理。

安装服务时映射的宿主机端口为 8082，使用宿主机 IP 地址加端口 8082 访问 Mongo Express 网页端（图 3-40）。

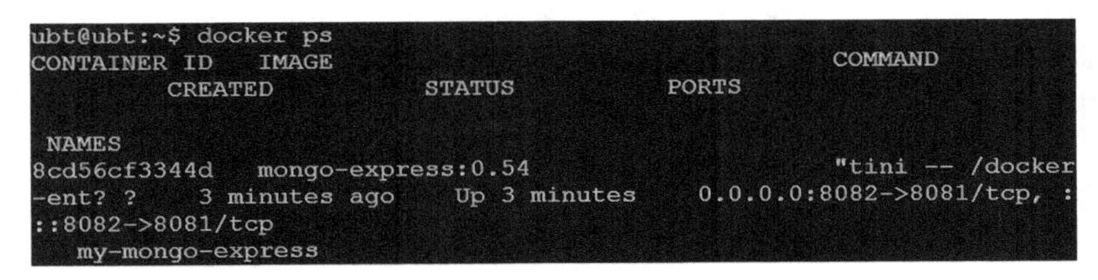

图 3-39　已运行的 mongo-express 镜像

图 3-40　登录 Mongo Express

输入正确的 Mongo Express 的用户名密码登录 Mongo Express 首页（图 3-41）。

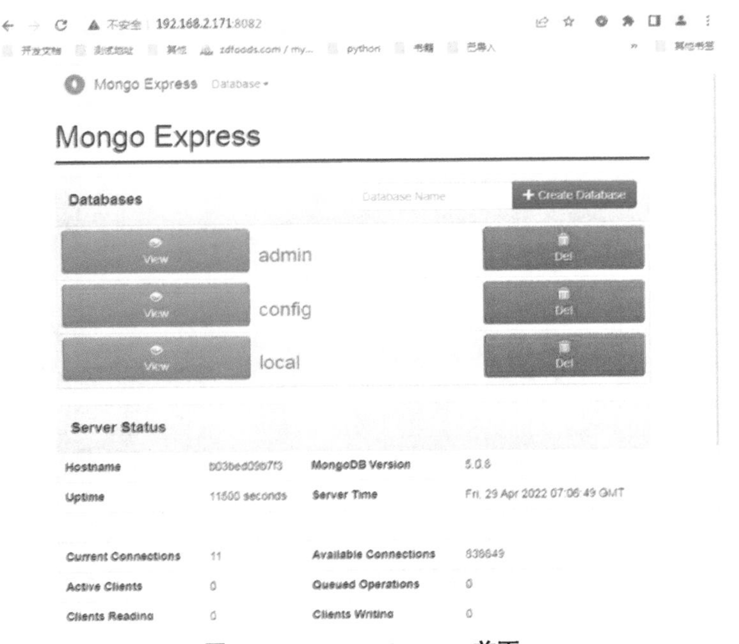

图 3-41　Mongo Express 首页

创建 MongoDB 的数据库：输入数据库名称后点击“Create Database”（创建数据库）即可创建一个新的 MongoDB 数据库。创建好以后将会有一个新的数据库在列表中。本例中创建名为 pigInfo 的数据库（图 3-42）。

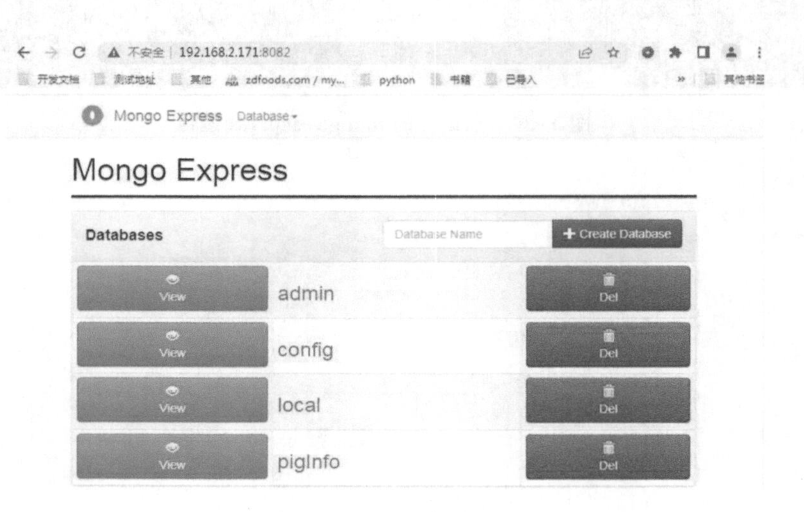

图 3-42　创建数据库

删除数据库：点击创建好的数据库名称的那条数据后的“Del”（删除）可以删除该数据库（图 3-43）。

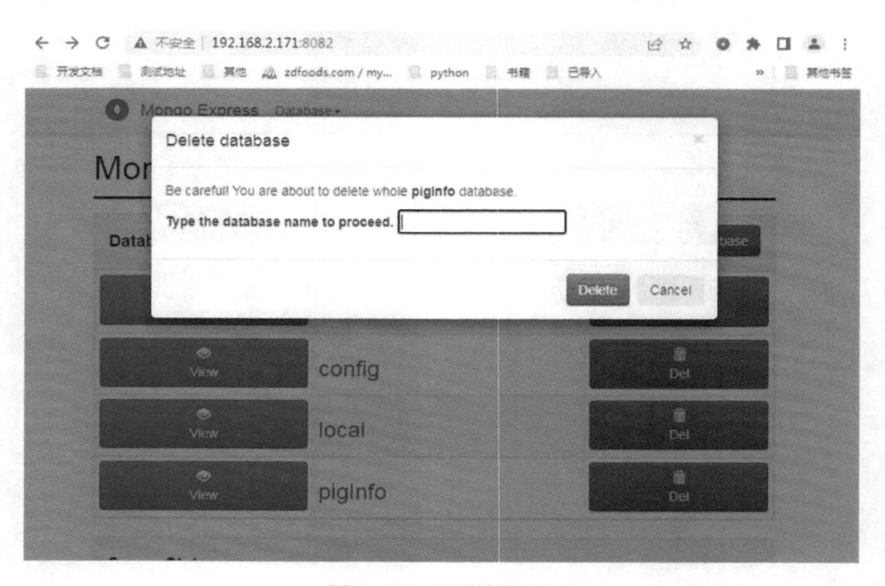

图 3-43　删除数据库

点击“View”（浏览）可以进入数据库管理中（图 3-44）。

图 3-44　数据库管理

输入数据集名称后点击“Create Collection”（创建数据集）创建新的数据集：本例输入 base_pig_info（图 3-45）。

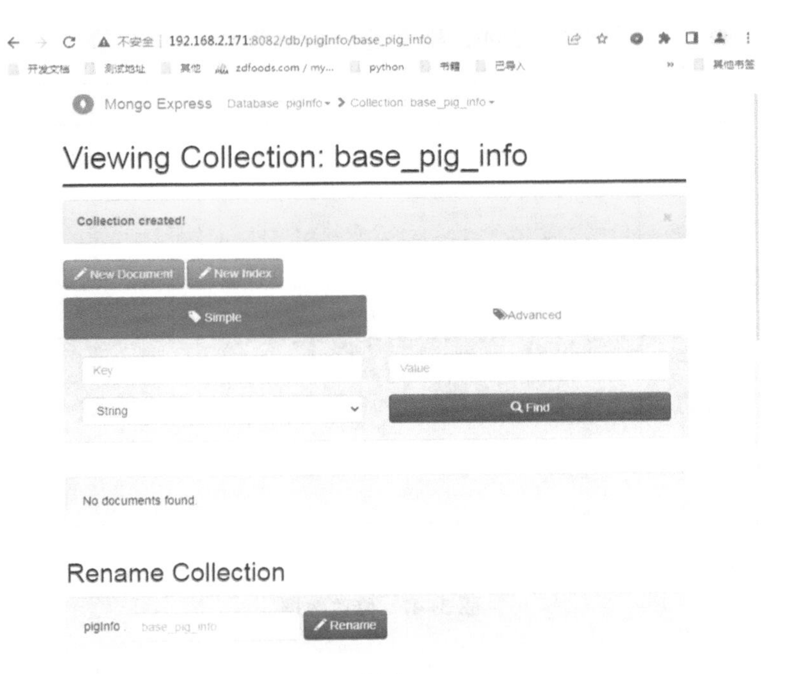

图 3-45　创建 Collection

点击“View”（浏览）查看 collection 内容，并且可以使用“New Document”（新文

档）来创建一个新的文档（图 3-46）。

图 3-46　创建 Document

修改数据：文档为 json 格式，将内容组织成 json，点击“Save”（保存）即可。点击数据即可跳转到修改页面，修改 json，点击“Save”（保存）完成内容修改（图 3-47）。

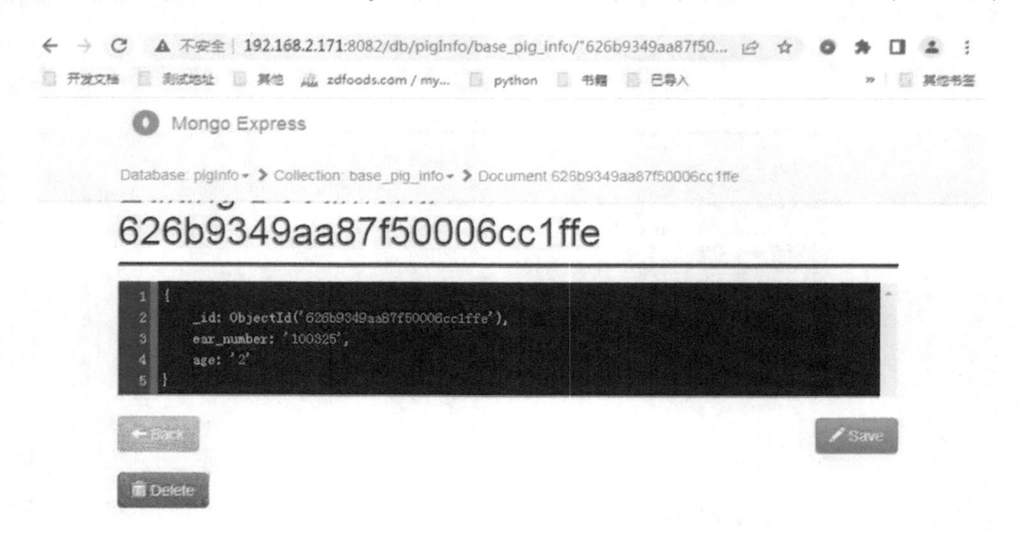

图 3-47　修改数据

删除数据：点击每条数据前面的“Delete”（删除），即可删除该数据。

数据备份：点击数据集的“Export”（导出）则会导出该数据集的内容。

3.1.5　边缘端数据存储管理

不同于集中式高性能的云存储服务，边缘端数据存储将数据存储从物理上远距离的云服务器端迁移到离生产环境更近的边缘存储节点或边缘数据中心，将数据存储下放至边缘端将使业务交互具有更低的网络通信开销、交互延迟以及带宽成本，更高的自适应能力与可扩展性，服务将具有更高的可用性。

边缘端结构化数据采用自建数据库服务的方式存储，自建数据库服务直接在边缘服务器上安装数据库产品即可，具体数据库产品可采用：MySQL、SqlServer、PostgreSQL等。边缘端基于容器技术的自建 MySQL 数据库具体安装部署及使用方式与云端数据存储一致，边缘端因为是单机环境，配置 MySQL 主从服务意义不大，可忽略主从服务配置环节。

3.1.6　终端数据存储

部分智能终端作为数据采集的前哨，必要的小型关系数据库部署能极大地提高数据采集效率、提升终端设备的高可用性。智能终端以使用 SQLite 数据库为主，嵌入式终端以文件存储为主。

3.1.7　数据缓存

使用缓存可以有效地降低访问物理设备的频次，有效地减少并发的压力，提升系统的并发访问能力，同时缓存作为进程间数据交互的手段，可以作为微服务统一登录认证的有效手段。主要缓存数据库产品有 Redis 和 Memcache 等，可选择购买云服务或自建缓存服务。

3.1.7.1　Redis 数据库介绍

Redis（remote dictionary server，远程字典服务）是一个开源的使用 ANSI C 语言编写、支持网络、可基于内存亦可持久化的日志型、Key-Value 数据库，提供多种语言的 API。为了保证效率，数据都是缓存在内存中，有区别的是 Redis 会周期性地把更新的数据写入磁盘或者把修改操作写入追加的记录文件，并且在此基础上实现 master-slave（主从）同步。

在智慧养猪中，应用系统内部数据缓存、不同应用系统间实时数据共享等均可基于 Redis 服务实现。

3.1.7.2　数据缓存 Redis 部署

本章以基于容器技术的自建 Redis 数据库为例进行说明，查看 Redis 可用镜像（图 3-48）。

```
$ docker search redis
```

可用版本包括 latest、bullseye、alpine3.15 等，具体发行版本号可通过 DockerHub 获

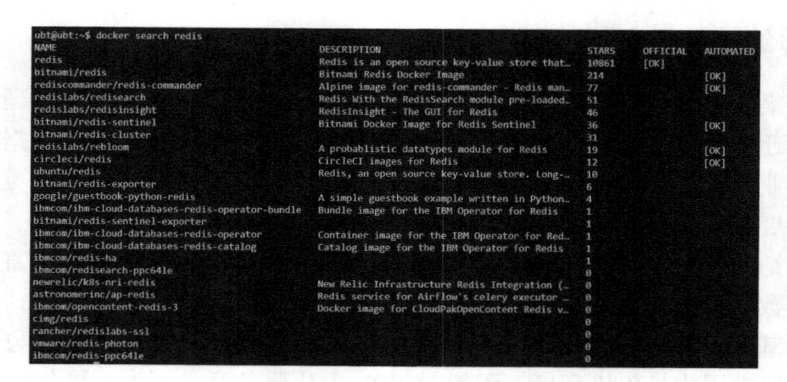

图 3-48　查看 Redis 镜像

得。本章采用 Redis 6.2.7 版本进行示例说明，拉取 Redis 6.2.7 镜像（图 3-49）。

```
$ docker pull redis:6.2.7
```

```
ubt@ubt:~$ docker pull redis:6.2.7
6.2.7: Pulling from library/redis
1fe172e4850f: Pull complete
6fbcd347bf99: Pull complete
993114c67627: Pull complete
ad6629bca03f: Pull complete
9e3dc36c85df: Pull complete
7decb4373297: Pull complete
Digest: sha256:77fbad59063adb2eb9c01e2241b13f4194631d7a9028a36f35852fa626afa433
Status: Downloaded newer image for redis:6.2.7
docker.io/library/redis:6.2.7
```

图 3-49　拉取 Redis 6.2.7 镜像到本地

使用 docker run 命令可以创建 container 并启动。

```
$ docker run-itd--name redis--restart always-p 6379:6379 redis:6.2.7
```

参数说明：

-i 以交互模式运行容器，通常与-t 同时使用；

-t 为容器重新分配一个伪输入终端，通常与-i 同时使用；

-d 后台运行容器，并返回容器 id；

-name 容器名，给容器命名，方便管理；

-restart always 如果容器死掉，Docker 进程会自动重启该容器，保证容器一直处于自动运行状态；

-p 宿主机端口：容器内端口将宿主机端口与容器内端口进行映射。

验证安装结果，执行如下命令。

```
$ docker exec-it[容器名称/id] /bin/bash
```

执行成功后，进入容器 shell，执行命令 redis-cli 后可以进入 Redis 容器命令行交互模式（图 3-50）。

```
ubt@ubt:~$ docker exec -it redis /bin/bash
root@304ec4be5d91:/data# redis-cli
127.0.0.1:6379> keys *
(empty array)
127.0.0.1:6379> 
```

图 3-50　进入 Redis 容器命令行

3.2　非结构化数据

非结构化数据主要通过文件存储和分布式对象存储两种方式进行存储管理，主要涉及云端数据存储和边缘端数据存储。

3.2.1　云端数据存储

云端数据存储包括文件存储和分布式对象存储。

云端文件存储。对于常规、少量临时性文件采用操作系统的文件系统进行存储，比如上传的用户头像、数据导出过程中生成的临时文件等。

云端分布式对象存储。OSS（object storage service，对象存储服务）提供基于对象的海量数据分布式可靠存储服务，具备海量、安全、高可靠、低成本的数据存储能力。对象存储系统和单个桶都没有总数据容量和文件数量的限制，为用户提供了超大存储容量能力，适合存放任意类型的文件。

分布式对象存储服务为面向网络的基础服务，提供基于 HTTP/HTTPS 协议的 RESTFul 服务接口，可方便进行用户业务集成，开发多种类型的上层业务应用。分布式对象存储云服务实现了多区域基础设施部署，具备高度的可扩展性和可靠性，用户可根据自身需要指定使用区域购买服务，由此获得更快的访问速度。

分布式对象存储有如下优势。

（1）文件访问和应用服务分离，能极大地提升应用性能。

（2）提供独立、高效的文件管理机制，方便文件管理。

（3）提供基于 token 的访问认证，保障数据安全。

（4）高可用多节点分布式存储，支持跨地域实时同步，支持异地容灾。

（5）存储成本低，按需付费。

（6）存储空间弹性可伸缩。

智慧养猪业务，针对可靠性要求较高、文件较大、存储周期较长以及访问频次较高的文件可采用分布式对象存储服务，如视频数据、图像数据、AI 识别结果、软件安装包、打包压缩的备份数据等。

3.2.2　边缘端数据存储

边缘端数据存储将数据分散存储在与生产环境邻近的边缘存储节点或数据中心，同时配套边缘计算，能大幅缩短生产数据产生、数据计算和数据存储间的物理距离，可为边缘计算提供高速、高可用、低延迟的数据访问。

边缘端存储对边缘计算的高效数据存储支撑主要体现在以下 3 个方面。

第一，边缘端存储可为边缘计算提供基于云存储的数据预读取和数据缓存服务，能有效解决云存储数据远距离传输可能导致的延迟高、网络稳定性弱等问题。

第二，边缘端存储与云存储配合，可提供邻近生产一线的数据分布式存储服务，通过借助近似存储及数据去重技术，能有效缓解云中心存储的存储压力和带宽压力，同时数据存储在边缘端能有效降低遭受网络攻击风险。

第三，边缘端存储配合边缘端计算，作为独立的分析计算节点，将大量的数据进行本地化分析和计算，只将结果进行云服务器存储，如 AI 视觉识别类应用，能极大地提升系统的可用性，降低云服务端存储和带宽压力。

第四章　智慧养猪 AI 技术

4.1　智慧养猪 AI 技术概述

当前，养猪行业存在以下痛点问题：养猪生产单位远离市区，工作环境相对封闭，集中工作时间长，进出洗消流程烦琐，导致招人难、留人难；通过机械化、自动化辅助手段的应用，人均养猪效率已得到很大提升，但在当前条件下，继续提升人均养猪效率遭遇瓶颈，且投入与产出不成比例；生物安全相关措施的执行与监督主要依赖于人，生物安全管控效率低、风险高、难度大；个体精细化管控困难，养猪已经从之前的粗放式养殖向能取得更高个体附加值的精细化养殖过渡，个体精细化养殖如果不能做到自动化、智慧化，将会极大地抬高人力成本；养猪场远离市区，封闭化管理，针对养殖过程中各环节是否按照标准完成很难做到监管，即便安装监控设备，也需要大量监管人员从海量视频数据中筛选异常画面，远程监管困难。将以往需要人辅助决策、操作实施的内容交由智慧化的机器去完成，才能从根本上解决上述问题。

智慧养猪 AI 支撑架构如图 4-1 所示，物联前端层完成视觉数据和传感数据的采集，将数据通过边缘计算网络发送至边缘 AI 服务器，通过边缘 AI 服务器的实时分析计算，将识别结果存储在边缘存储服务器，同时转发 AI 识别结果及预警信息至云计算服务层。云计算服务层主要负责 AI 业务应用支撑，包括云存储服务、视频流媒体服务、

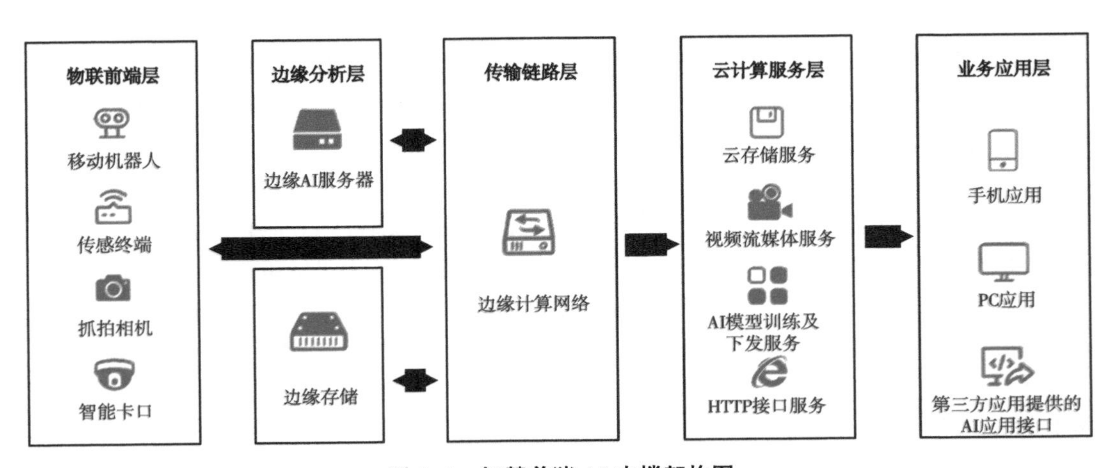

图 4-1　智慧养猪 AI 支撑架构图

AI 模型训练及下发服务、HTTP 接口服务等，其中云存储服务对非结构化视频和图像数据进行存储，视频流媒体服务对养殖场物联前端层的视觉数据进行实时转发，AI 模型训练及下发服务主要负责训练 AI 识别模型并更新模型至各养殖场边缘 AI 服务器。业务应用层包括手机应用、PC 应用和为第三方应用提供的 AI 应用接口。

目前智慧养殖 AI 技术主要应用在以下业务场景：智能巡栏、入侵检测、盘点计数、行为识别、发情监测、疾病监测、生物安全防控、工装检测、火情检测等，以上业务场景可概述为 2 个 AI 技术方向：目标视觉检测和行为视觉识别。

4.2 目标视觉检测

4.2.1 目标视觉检测介绍

目标视觉检测是计算机视觉的核心研究方向之一，也是目前的研究热点，目标视觉检测主要包括 2 个任务：目标定位以及目标分类。

目标定位即从给定的图像中找出目标，最终结果可以是 Box 或者是 Mask 区域范围。由于实际应用时目标视觉检测的视觉场景一般都比较复杂，存在目标背景繁杂、检测目标部分被遮挡、相似度高、目标重叠等问题，所以在实际应用中目标定位难度比较大。

传统的目标视觉检测流程包括区域选择、特征提取、分类器分类 3 个步骤。

（1）区域选择：利用滑动窗机制，在目标视觉检测图像中选择一块区域作为特征提取候选区。

（2）特征提取：针对目标视觉检测图像中提取的特征候选区，进行视觉特征提取（常用的有 Harr 特征、LBP 特征以及 HOG 特征等）。

（3）分类器分类：利用分类器对目标或背景做判定。

传统目标视觉检测算法在一些特定的应用领域已有较好的表现，但仍存在以下 3 个问题：第一，传统目标视觉检测算法需要人为手动提取图像特征，针对特定领域需不断尝试不同提取方法才能获得较好的特征；第二，因为提取的特征是针对某一特定场景，有很强的针对性，在某一场景下提取的特征生成的模型，无法应用于其他场景；第三，有些检测算法还需要用到比较复杂的其他算法，如边缘检测等，处理过程过于复杂导致实际生成的模型检测效率低，无法应用于实际生产。

神经网络具备从大量数据中进行自动特征提取和拟合的能力，近年来基于神经网络的深度学习涌现出很多优秀的算法。基于深度学习的目标检测算法目前可分为 3 类：单阶段（One-Stage）目标检测、双阶段（Two-Stage）目标检测、基于 Transformer 的目标检测。

单阶段（One-Stage）目标检测：直接在神经网络中提取特征来预测物体分类和位置。以 SSD、YOLO 为代表。优点是速度快；缺点是精度相对较低，小物体检测效果欠佳。

双阶段（Two-Stage）目标检测：首先用传统算法检测生成样本候选区域，再通过卷积神经网络进行样本分类。以 R-CNN 系列为代表，如 Faster-RCNN 和 Mask-RCNN 等。优点是精度相对较高；缺点是速度相对较慢。

基于 Transformer 的目标检测：引入注意力机制。以 Relation Net、DETR 为代表。Relation Net 利用 Transformer 对不同目标之间的关系建模，在特征之中加入了目标间的关系信息，达到了增强特征的目的。DETR 基于 Transformer 提出了目标检测的全新架构。

接下来本章将基于云科研平台，分别采用单阶段（One-Stage）目标检测、双阶段（Two-Stage）目标检测两种技术，从实验设计、数据采集及预处理、数据标注、数据集构建、模型训练到模型应用展示猪目标识别全流程实践。其中单阶段（One-Stage）目标检测采用 YOLOv3 框架进行；双阶段（Two-Stage）目标检测分别采用 Faster-RCNN 和 Mask-RCNN 模型分别完成 Box 和 MASK 的猪目标识别实践。

打开云科研平台登录页面（图 4-2），输入云科研平台账号密码以及验证码，点击登录，提示登录成功后将会进入云科研平台首页（图 4-3），点击右上角“实验管理”，进入“我的实验”列表页面。

图 4-2　云科研平台登录页面

图 4-3　云科研平台首页

进入“我的实验”页面，首先需要创建一个新的实验，点击“创建实验”按钮来创建一个新的实验，此处以创建一个“行为视觉识别”实验为例。点击“创建实验”按钮后会弹出创建实验的相关配置（图4-4），在实验名称对应的输入框中输入“行为视觉识别”，在服务器对应的下拉菜单中选择服务器211，在环境模板对应的下拉菜单中选择MMDetection，在显卡对应的多选框中选择0、1，选择完成后点击“创建实验”按钮完成创建实验，创建完成后即可看到实验相关信息（图4-5）。

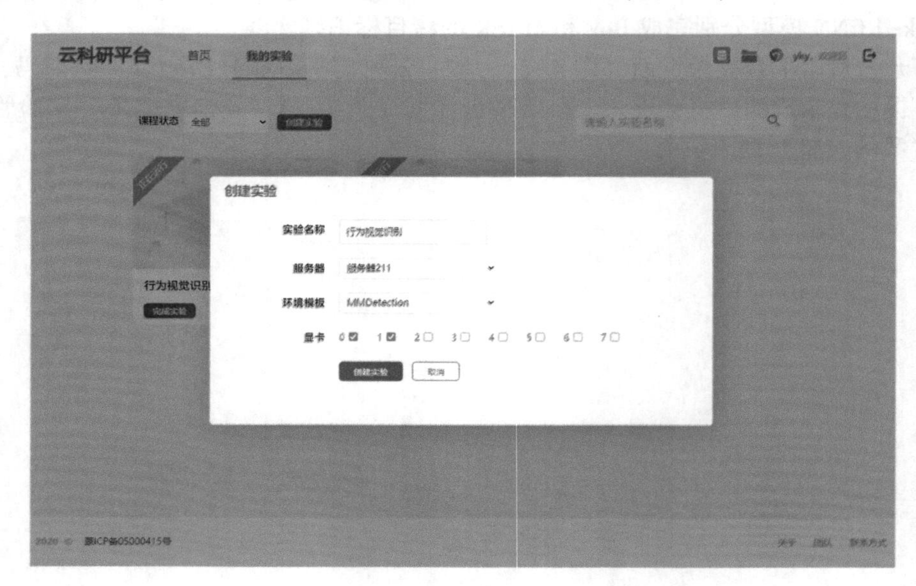

图4-4　创建实验

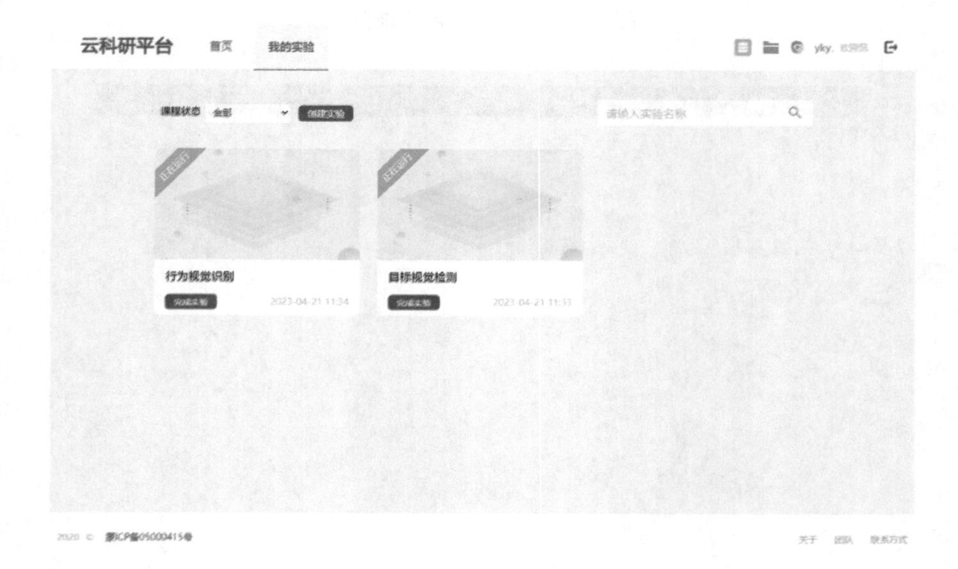

图4-5　创建实验完成页面

4.2.2　实验设计

实验具体内容的设计，包括实验目标、采集图像数量、采集图像角度、采集分辨率、各阶段数量、各场景数量、Box 标注数量、Mask 标注数量、负样本数量、训练集验证集及测试集比例、模型训练次数、模型使用场景及技术手段等。

4.2.3　数据采集及预处理

使用云科研平台配套的线下采集装备进行数据采集，将采集的图像、视频等上载到平台，点击“我的实验”中右上边栏中的文件夹图标（云文件管理），进入云文件管理页面，将采集的图片导入管理后台，如图 4-6 所示。

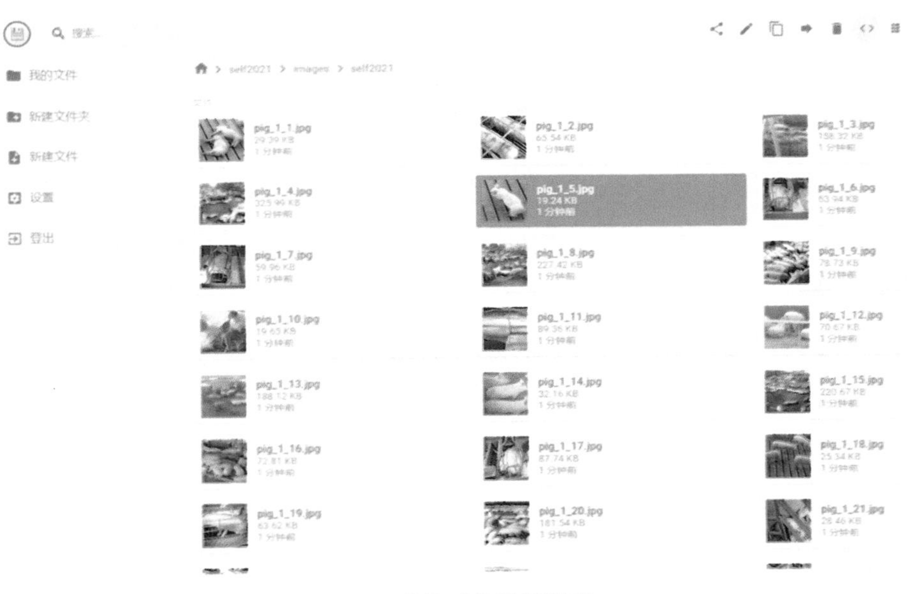

图 4-6　数据采集及预处理

4.2.4　数据标注

建立针对本次实验数据的标注任务，支持将任务自动分配至多个数据标注人员进行数据标注，完成数据标注后，能生成常见标准数据集格式的标注文件。标注效果如图 4-7 所示。

4.2.5　数据集构建

根据实验设计，采用系统提供的数据集构建功能，对标注数据一键划分训练集、验证集及测试集；如需要非标准数据集，需进行数据集转换。

图 4-7　数据标注

4.2.6　模型训练

实现基于 YOLOv3 的猪目标识别模型训练，以及 Faster-RCNN 和 Mask-RCNN 的猪目标识别训练。

4.2.6.1　基于 YOLOv3 的猪目标识别模型训练

基于 YOLOv3 的猪目标识别模型训练过程如图 4-8 所示。

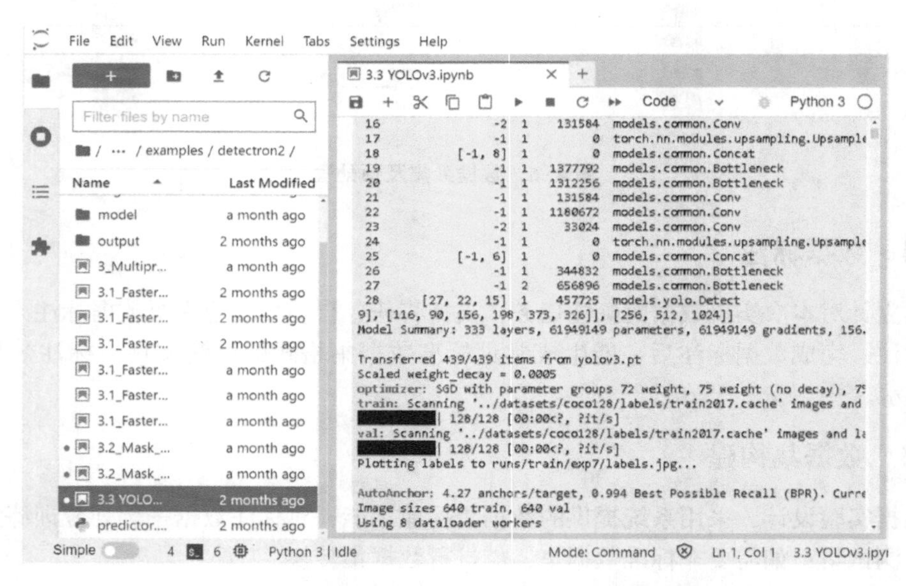

图 4-8　基于 YOLOv3 的猪目标识别模型训练

4.2.6.2　基于 Faster-RCNN 的猪目标识别模型训练

基于 Faster-RCNN 的猪目标识别模型训练过程如图 4-9 所示。

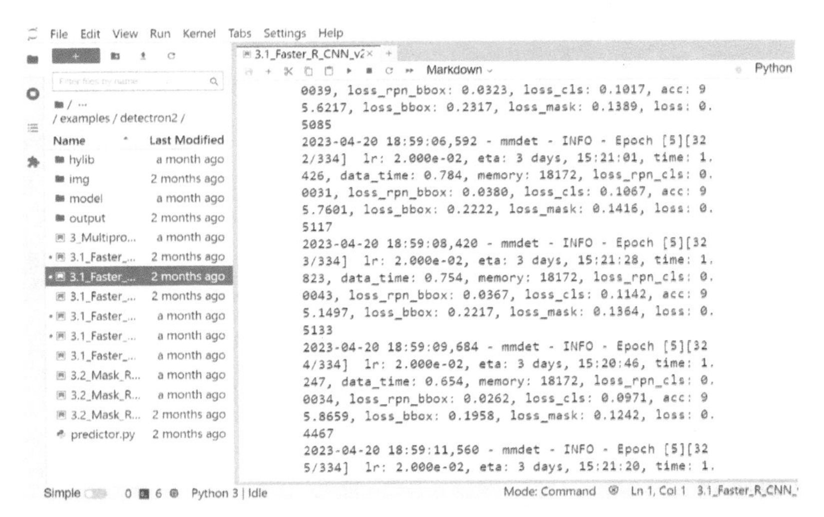

图 4-9　基于 Faster-RCNN 的猪目标识别模型训练

4.2.6.3　基于 Mask-RCNN 的猪目标识别模型训练

基于 Mask-RCNN 的猪目标识别模型训练过程如图 4-10 所示。

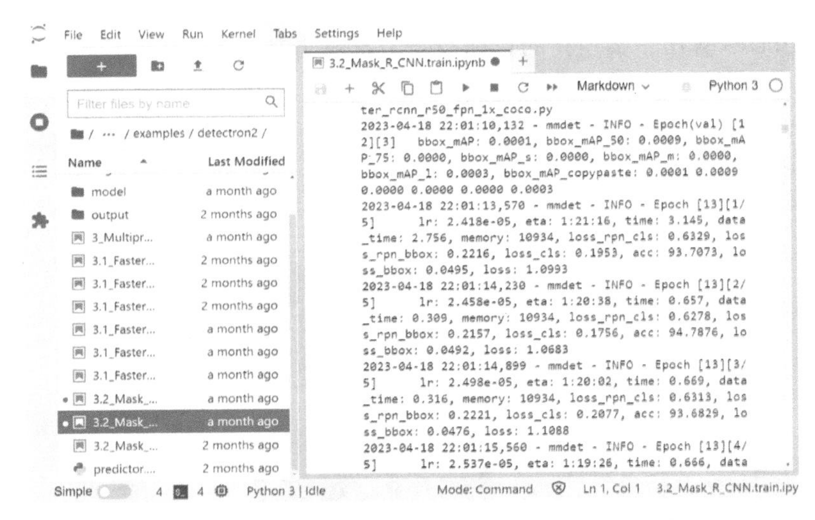

图 4-10　基于 Mask-RCNN 的猪目标识别模型训练过程

4.2.7　训练过程监测

可以使用 TensorBoard 组件进行训练过程监测，效果如图 4-11 所示。

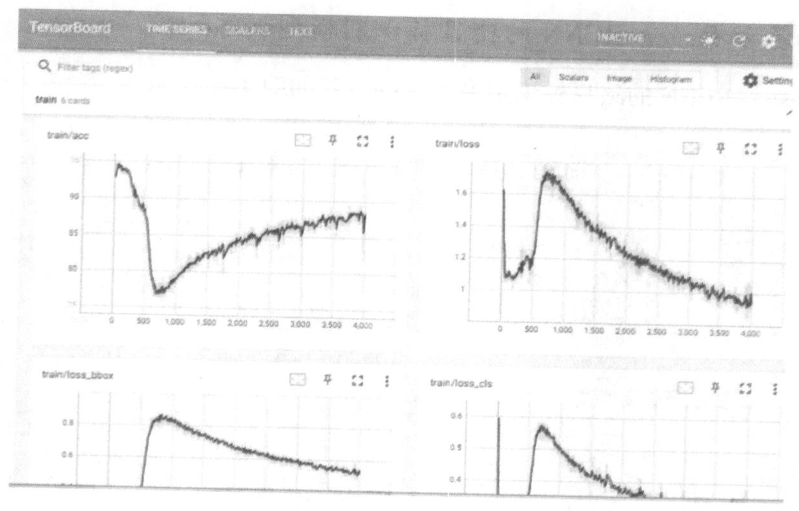

图 4-11　训练过程监测

4.2.8　模型应用

可实现基于图像的目标检测、基于视频文件的目标检测和基于实时视频流的目标检测，配合第三方应用程序，能实现入侵监测、盘点计数、生物安全防控监测、工装监测等实际应用。

4.2.8.1　基于 YOLOv3 的猪目标检测

采用 YOLOv3 算法，实现猪的目标检测，效果如图 4-12 所示。

图 4-12　基于 YOLOv3 的猪目标检测

4.2.8.2　基于 Faster-RCNN 猪目标检测

采用 Faster-RCNN 算法，实现猪的目标检测，效果如图 4-13 和图 4-14 所示。

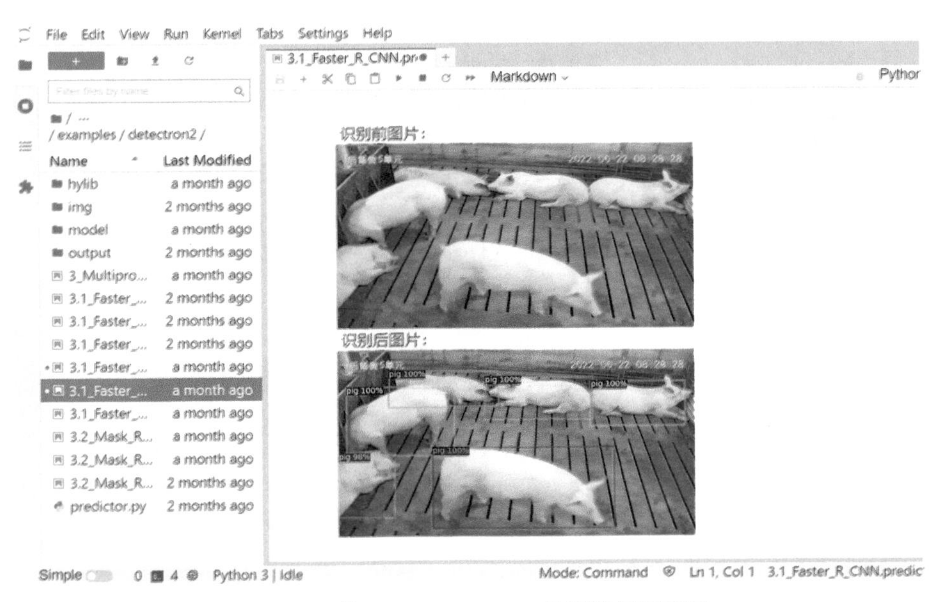

图 4-13　基于 Faster-RCNN 的图像目标检测

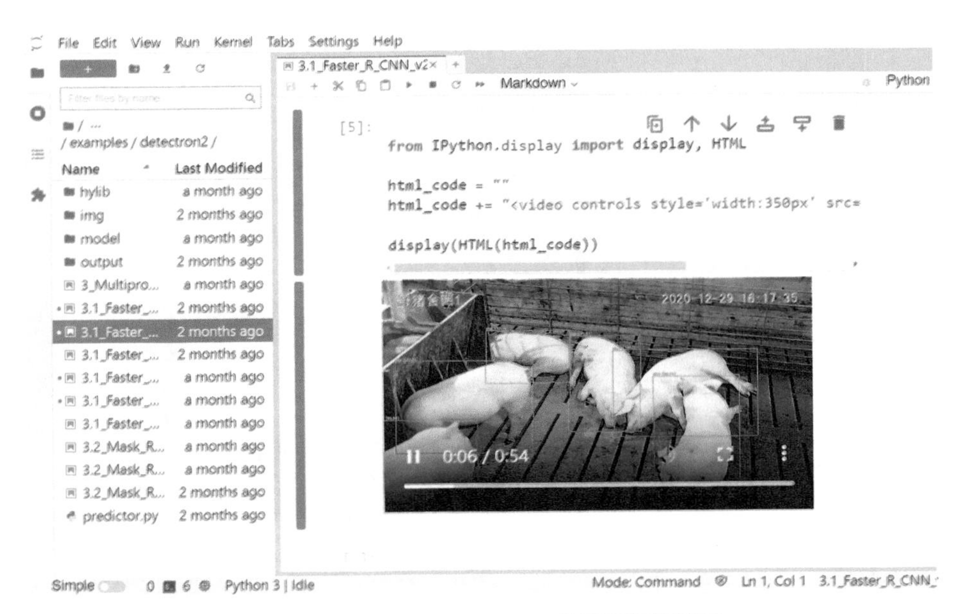

图 4-14　基于 Faster-RCNN 的视频目标检测

4.2.8.3 基于 Mask-RCNN 的猪目标检测

采用 Mask-RCNN 算法，实现猪的目标检测，效果如图 4-15 和图 4-16 所示。

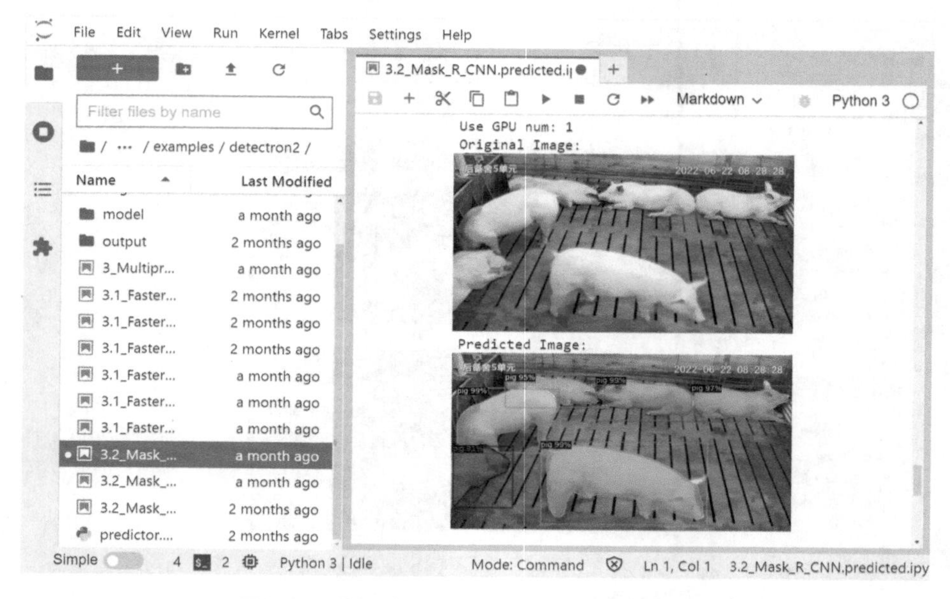

图 4-15 基于 Mask-RCNN 的图像目标检测

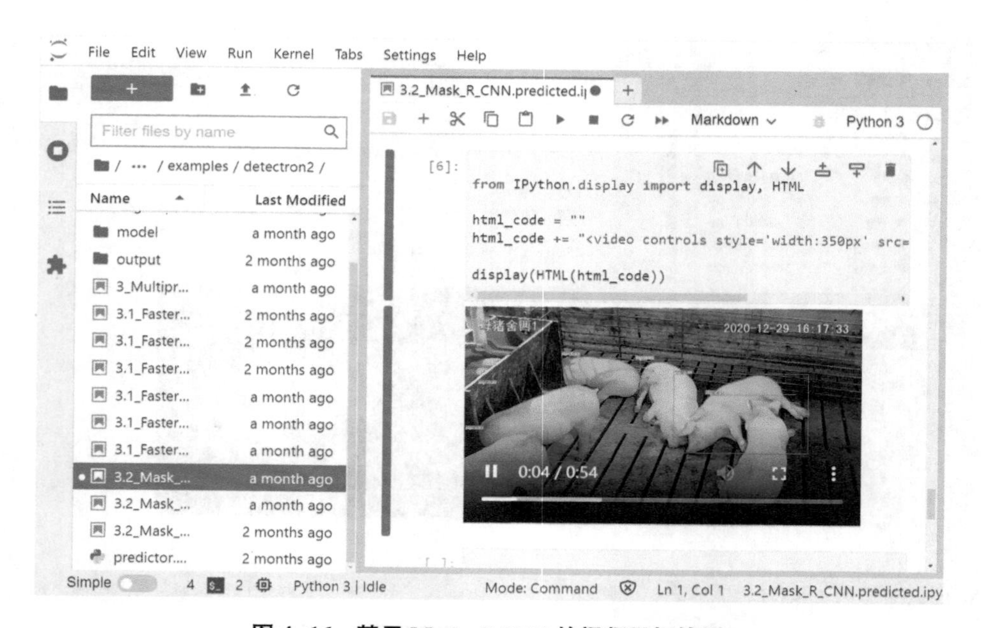

图 4-16 基于 Mask-RCNN 的视频目标检测

4.3 行为视觉识别

4.3.1 行为视觉检测介绍

针对视频的行为识别主要包括两个方面的问题，即视频中的行为定位和视频中的行为识别。行为定位就是找到有行为发生的视频片段，与图像目标检测中的目标定位任务对应。行为识别即对视频片段中检测出的行为进行分类识别，与图像目标检测中的目标分类任务对应。

目前行为识别的研究对象主要为人，其他领域的行为识别研究较少。基于深度学习的行为识别相较于传统算法识别速度快、识别精度高且能实现端到端训练的特点，目前逐渐成为主流的行为识别方法。行为识别根据算法原理的不同目前主要可以分为 3D 卷积网络、双流网络、混合网络等。

接下来本章将基于云科研平台，采用双流网络 SlowFast 技术，从实验设计、数据采集及预处理、数据标注、数据集构建、模型训练到模型应用展示猪行为识别应用全流程实践。

4.3.2 实验设计

实验具体内容的设计，包括实验目标、采集视频数量、采集视频角度、采集分辨率、各阶段数量、各场景数量、训练集验证集及测试集比例、模型训练次数、模型使用场景及技术手段等。

4.3.3 数据采集及预处理

使用配套线下采集装备进行数据采集，将采集的行为视频上载到平台，按需进行文件过滤和视频分割、图片按行为分组提取、图片格式转换、图片大小调整、图片分辨率转换等数据采集后的预处理操作（图 4-17）。行为识别需要在已有二维的图像识别维度上加一个时间维度，所以原始素材均为视频素材，实际训练过程需要将视频按实验设计进行图像提取和视频分割。

4.3.4 数据标注

建立针对本次实验数据的标注任务，支持将任务自动分配至多个数据标注人员进行数据标注，完成数据标注后，支持生成常见标准数据集格式的标注文件。

4.3.5 数据集构建

根据实验设计，采用系统提供的数据集构建功能，对标注数据一键划分训练集、验证集及测试集；将标准数据集转换为 Slowfast 训练所用的行为识别数据集格式。

图 4-17　数据采集及预处理

4.3.6　模型训练

基于 Slowfast 的猪行为识别模型训练过程如图 4-18 所示。

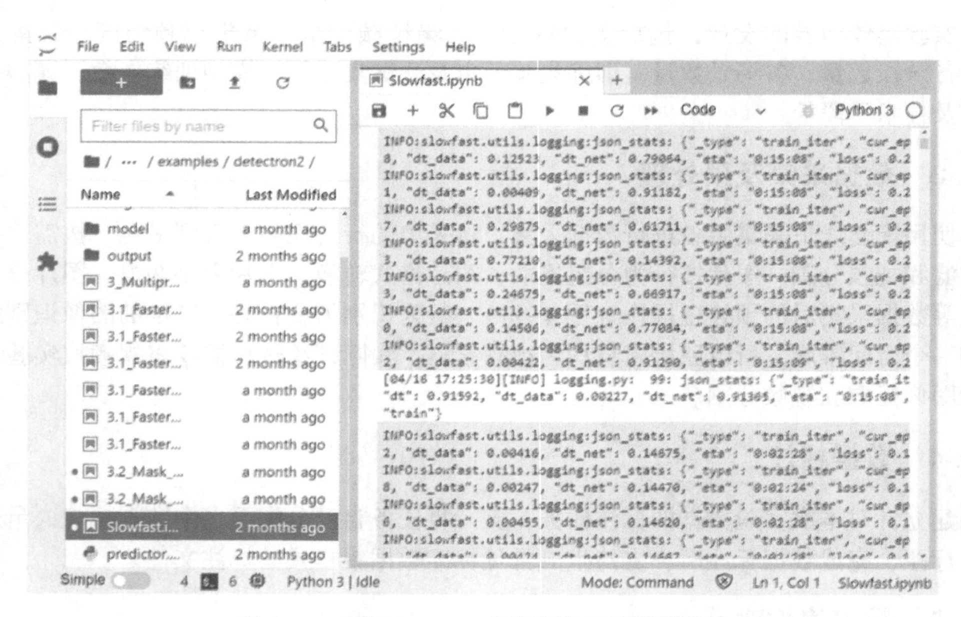

图 4-18　基于 Slowfast 的猪行为识别模型训练

4.3.7　模型应用

可实现基于视频的猪行为识别，配合应用程序，能实现行为识别、发情监测、疾病监测等实际应用。图 4-19 是猪爬跨行为的视觉识别模型的识别效果。

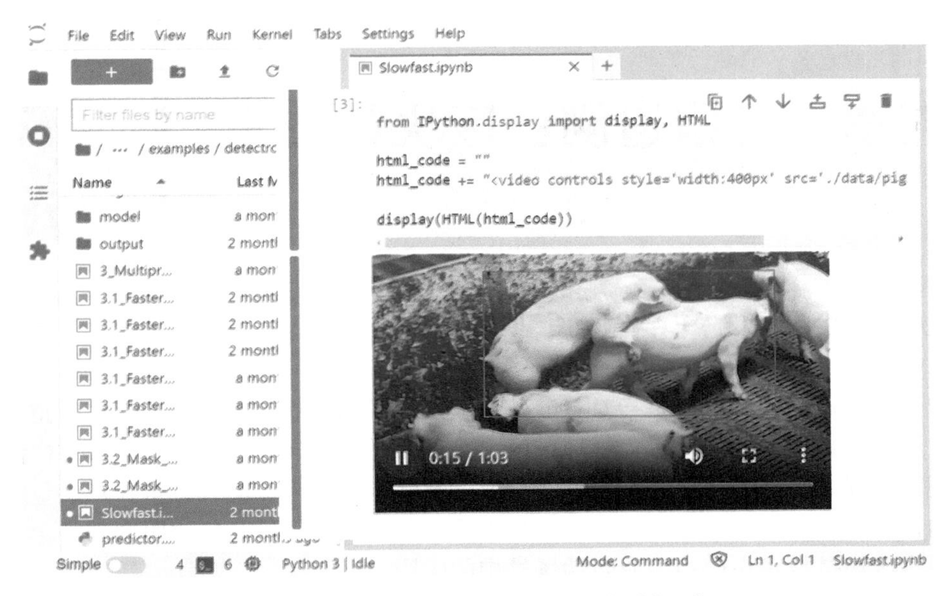

图 4-19　基于 Slowfast 的猪爬跨行为识别

第五章　可信追溯：区块链技术

5.1　种猪/生猪产品溯源现状

智慧养猪产品安全溯源是指对猪养殖过程及形成的产品在原料、药品、疫苗、生产过程、运输、加工、流通、零售等环节的追踪记录，通过产业链上下游的各方广泛参与来实现，对保障食品安全、养猪生物安全保障及疾病防控等方面具有重要意义。在全球范围内，溯源服务应用最为广泛的领域是食品和药品溯源，近几年，国内外多个企业正积极探索区块链技术在产品溯源防伪场景中的应用。

通过分析传统养殖业追溯系统的发展历程，能清楚地看到传统追溯系统存在以下5个问题。

（1）追溯系统数据的真实性难以保证，可信度有待提高。传统追溯系统大多为中心化的管理系统，追溯数据由单一机构或企业掌控，消费者未完全信任由单一企业负责实施的追溯系统所提供的数据，即对数据真实性存疑，认为企业其实完全可以按照需要肆意更改数据，从而丧失了追溯的意义。

（2）企业的参与热情和系统的利用率不高。对于养殖、加工和生产企业而言，要建设和使用追溯系统，需要投入较大的成本，而追溯系统为企业带来的利益和前景不明确，绝大部分企业对参与和使用质量追溯系统没有动力，只是为了应付监管要求上线系统，使用系统的积极性不高。追溯体系面临“建的人看好，用的人糊弄”的尴尬局面。

（3）整个体系的信息获取和信息共享面临挑战。目前整个体系采用的是各参与追溯的主体自建数据库和信息查询平台的方式，这不仅造成重复建设和资金投入的浪费，而且极易出现信息孤岛、技术标准不兼容等问题。多部门、多系统、多渠道分头操作，追溯链条对接困难，追溯信息不共享，难以实现完整的信息跟踪与追溯。

（4）质量安全追溯体系的管理难度大、效率低。畜产品追溯涉事主体不仅包括生产环节的公猪场、种猪场、育肥场和消费环节的门店、超市，还包括加工环节的加工厂，以及流转环节的物流公司等。影响畜产品追溯体系运作效率的不确定因素多、管理难度大。整个体系的管理分为技术管理和制度管理，内容覆盖面大。技术管理主要包括各类标志、数据存储、数据采集和传递等内容，制度管理主要是各监管部门颁布的法规与标准，内容非常繁杂，比如《中华人民共和国农产品质量安全法》《农产品产地安全管理办法》《农产品追溯编码导则》《农产品产地编码规则》《商品条码　128条码》等，还有各类指导意见、暂行条例和试行规范，如果全部以人工参与的方式进行监督和管理，其工作难度和工作量可想而知。

（5）质量安全追溯产业缺少有效的商业模式。商业模式是决定整个产业商业可持续的关键因素，目前农产品质量追溯体系虽然已具雏形，但还没有探索出有效的商业模式。追溯体系的许多细节存在提升质量和价值的空间，公众的不信任和企业增加的高成本，使得产业链上的企业看不到农产品质量追溯体系给自身带来的价值，因此很难形成众志成城的局面。另外，整个产业还没有产生有效大数据，行业附加值没能显现。在缺少内生动力和行业附加值的局面下，不会引起金融机构和场外资金的关注与支持。

5.2　区块链技术在种猪/生猪产品溯源中的应用意义

近年来诞生的区块链技术是基于去中心化的对等网络，用开源软件把密码学原理、时序数据和共识机制相结合，来保障分布式数据库中各节点的连贯和持续，使信息能即时验证、可追溯，但难以篡改和无法屏蔽，从而创造了一套隐私、高效、安全的共享价值体系。

5.2.1　区块链的技术特点

主要体现在以下方面。

（1）分布式，多中心结构。区块链没有一个统一的中心，数据分布式存储，并且每个节点是对等的。

（2）不可篡改，信息真实可靠。区块链数据存储按照特定的时序组织并采用密码学原理加密，这样使得数据不可篡改并可以追溯。

（3）公开透明，数据集体维护。数据的创建和维护由所有参与方共同参与，任何一方的更改都需要通过共识网络对数据进行维护。

以上的技术特性使得区块链技术与种猪/生猪产品追溯结合能够解决目前数据溯源系统存在的一些问题。

5.2.2　区块链技术的优势

与传统的中心化数据追溯技术相比，具有以下的技术优势。

（1）克服中心化系统的弊端，提高系统公信力。作为一个去中心化的分布式账本，分布式的网络天然克服了中心化系统的各种弊端，同时还能回避人为恶意篡改或者数据意外损失的问题。

（2）所有数据共同维护打破信息孤岛。可以有效利用共同维护同一账本的特性，进而打破不同系统间信息孤岛的问题。同时还可以带来支付即结算的清单功能，减少多方重复对账带来的问题和成本，避免溯源过程中成本过高的问题。

（3）以灵活性提高参与主体的积极性。联盟式区块链的分布式台账系统主要由国家政府部门、机构、大型企业各自承担台账存储和管理系统的建设。体量小、成本敏感度高的小企业可以根据自身业务的需求选择本地不存储台账，这种情况可以通过大节点提供的商业 API 和开源的 API 接口，小节点调用 API 后进行区块链的交易写入，同时也可以通过调用 API 获得完整的拷贝，实现每一条记录的可追溯和可验证。

(4) 催生创新商业共信与合作模式。在台账集体维护和加密算法的技术优势下，区块链可以低成本地解决商业活动的信任难题，构建多边的去中心化的信任环境。商业环境的公信力将逐步得到验证并重构社会公众对追溯体系的信任，增加国家工程的社会效应。真正实现农产品“责任主体有备案、生产过程有记录、主体责任可追溯、产品流向可追踪、风险隐患可识别、危害程度可评估、监管信息可共享”的管理理念。当内部协作机制成熟、产业主体共司一事、大数据逐步积累、外部影响力逐渐扩大之后商业模式就会在内外部动力的驱动下迅速成熟。

(5) 能够促成产业数据的统一有效。区块链数据库中的所有数据都会及时更新并存放于参与节点的系统中。全网每一个节点在参与记录的同时也来验证其他节点记录结果的正确性。只有当全网大部分节点（甚至所有节点）都同时认为这个记录正确时，或者所有参与记录的节点比对结果一致通过后，记录的真实性才被全网认可。在此机制下，质量追溯体系的交易信息由各参与主体集体维护，既保证了产业各方共建大数据，也降低了中心化管理系统遭受黑客攻击或者中心数据库造假产生的系统性风险。

综上所述，构建基于区块链技术的种猪/生猪产品追溯平台，积极探索区块链技术与追溯体系的结合是非常必要且意义重大的。

5.3 基于区块链技术的猪产业追溯平台

5.3.1 区块链基础架构子系统

区块链基础架构分为 3 个重要组成部分：基础设施层、TrustChain 联盟链、智能合约执行框架（图 5-1）。

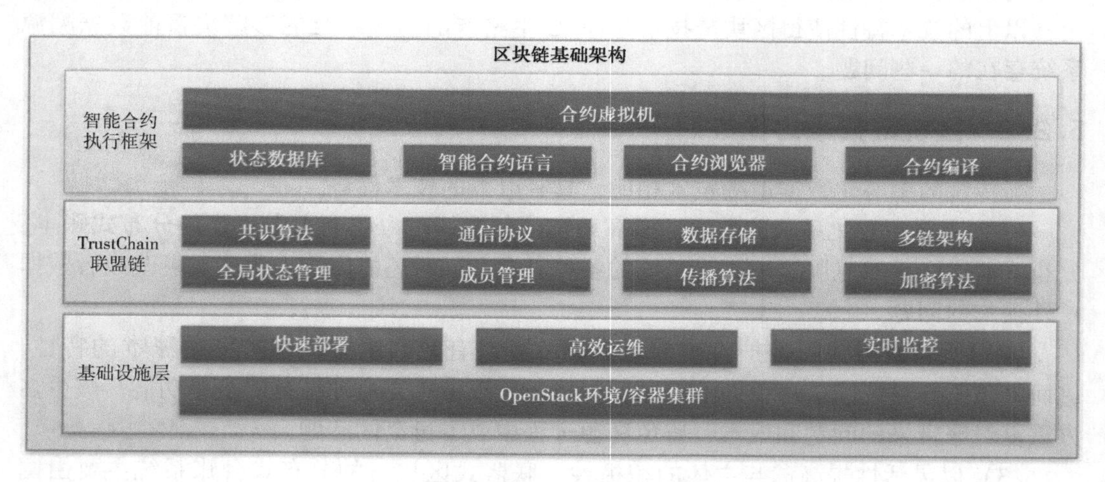

图 5-1 区块链基础架构

5.3.1.1 基础设施层

基础设施层主要面向系统的管理运维人员，解决系统的快速部署、高效运维、实时监控问题。

提供了多种灵活的部署方式，可运行于 OpenStack 等虚拟环境以及容器环境之上，实现无缝对接，系统开箱即用。

面向运维人员提供了大量工具完成日常各项例行运维工作，如完成区块链的日常维护操作，快速完成节点成员的扩充和变更。

实时查看区块链节点及进程运行状态，实现分布式的日志收集，系统性能数据展示，并提供区块链浏览器展示链上的业务数据。

5.3.1.2　TrustChain 联盟链

TrustChain 联盟链需要设计实现成为一个稳定可靠运行、高性能的系统，由于它承载着价值的记账和流动，它的通信、存储、加密、安全、隐私、共识等机制的设计尤为重要，是整个系统的核心组件。TrustChain 联盟链按照模块化设计，可实现关键组件和共识算法的可插拔，为后期扩展业务逻辑实现高可扩展性提供了良好的基础。TrustChain 联盟链需具备以下特性。

（1）完善合理的区块数据结构、数据流图和系统结构。

（2）按时间序列建块存储交易数据、进行数据确权。

（3）成员管理和共识算法。

（4）系统稳定运行和性能保障机制。

5.3.1.2.1　完善合理的区块链数据结构、数据流图和系统结构

区块链是一种按照时间顺序将数据区块以顺序相连的方式组合成的一种链式数据结构，并以密码学方式保证的不可篡改和不可伪造的分布式账本。区块链系统中，交易被收集放入区块中是对交易验证时间与顺序的记录，保证了状态机的可验证性。每个区块都可以由自身的 Hash（哈希）值所指代，一个区块不仅有上一个区块的 Hash、交易的集合，还有包含到本区块为止的区块链状态。通过把上一个区块的 Hash 存放入本区块中，将自身接入链中。区块是一个复制型分布式数据库，由一致性算法保证区块链的分布式一致，这使得区块链具有不可更改性。区块的有效性判断决定了区块链的不可更改性与一致性、系统的安全性。当前对区块链性能提高的研究主要是对共识算法的改进。根据 CAP 理论，分布式系统的数据一致性（consistency）、可用性（availibility）和分区容错性（partition tolerance）只能同时满足两项，区块链系统作为一种典型的分布式系统也适用这个理论。

区块链数据结构主要包括两个部分的内容：第一部分是区块链运行，包含接收交易、一致性算法与同步算法三大部分，其中一致性算法可细分为区块的计算、广播、验证与存储；第二部分是区块链存储，主要有交易缓冲、区块存储与区块链全局状态存储，区块存储可拆分为区块头部与交易的存储，区块链全局状态存储包括 VTXO（存储未花费的交易输出）和基于账户的状态存储。区块链数据层所涉及的技术包括数据区块与链式结构、时间戳、Hash 函数、Merkle 树、全局状态树、数据加密与签名等。

数据区块一般包括区块体（body）与区块头（header）两个部分。区块体一般由应用层发来的交易/数据的列表组成，有的系统通过加密或签名来保证交易/数据的安全与

可信。区块头一般包含了 Merkle 树根、全局状态树根（global state tree root）、时间戳（timestamp）、Nonce、前一个区块 Hash、当前区块 Hash 等字段。Merkle 树根是交易散列生成的 Merkle 树的树根，用于对交易/数据进行验证；全局状态树根是本地数据库当前状态的一个指纹（fingerprint），用于对交易/数据的处理结果进行校验，而有的区块链模型的交易是加密的无法对全局状态进行校验，因此这个字段是可有可无的；时间戳是区块数据写入的时间，加盖时间戳使数据具有公信性；Nonce 是采用 PoW 的一个字段，表明了计算工作量的结果，如果不采用 PoW 则这个字段也不需要；前一个区块 Hash，通过存储前一个区块的 Hash 将本区块与前一个区块链接起来，从而形成了区块的链式结构。数据区块和链式结构如图 5-2 所示。

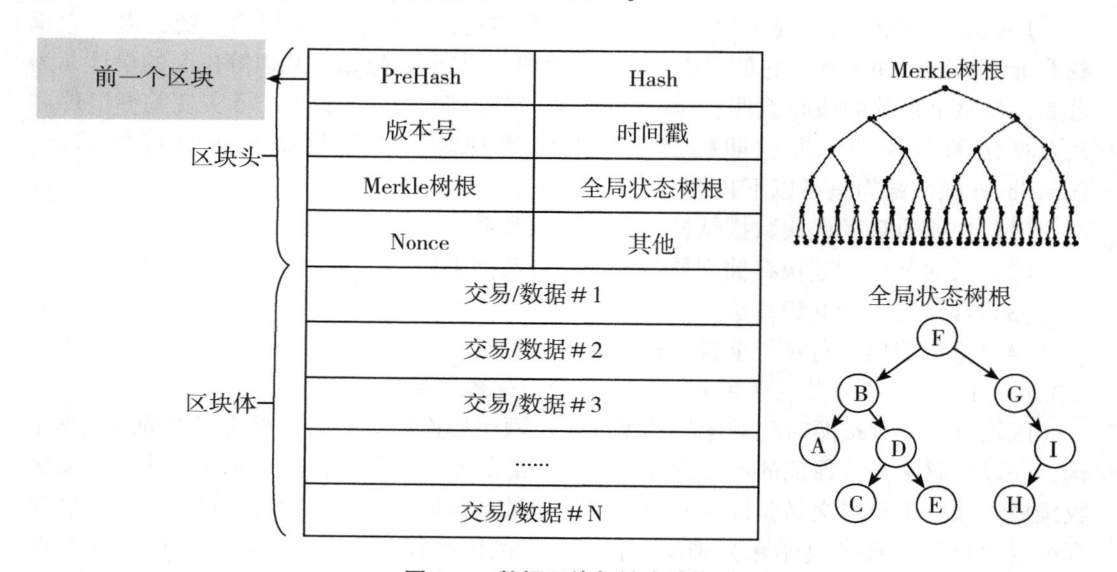

图 5-2　数据区块与链式结构

时间戳：生成区块的节点需要将系统当前时间戳封装到区块中，因此，链上的各个区块是按照时间顺序排列的。时间戳代表了数据打包成区块的时间，是数据的存在性证明（proof of existence），正好满足了公证、知识产权等对时间有特殊要求的领域的需要。

Hash 函数：Hash 函数是将任意长度的数据映射成固定长度的函数。区块链中的交易和数据是多样的，通过 Hash 后，数据的长度是一致的，方便数据的存储和处理。Hash 函数具有单向性，即通过 Hash 值几乎不可能反推出原始数据。Hash 函数生成的结果具有随机性，即使输入仅相差一个字节，输出的结果完全不同，因此采用 Hash 函数对交易/数据进行处理，以及通过存储前一个区块的 Hash，都可以提高系统的安全性。

Merkle 树：Merkle 树也被称为 Hash 树，即存储 Hash 值的一个树形结构。Merkle 树的叶子节点是数据块的 Hash 值，这里的数据块可以是文件、交易或一般的数据块，非叶子节点是子节点进行串联操作而成的字符串采用 Hash 函数处理得到的 Hash 值。Merkle 树一般是二叉树，子节点经过两两串联 Hash 形成父节点，这样层层向上最终构成一棵树，但也可以是多叉树。采用 Merkle 树能快速校验区块数据在区块中的存在和验证数据的完整性。

全局状态树：区块链是一个高度冗余的系统，每个节点可以看作是一个单例的状态机，通过执行加密安全的交易驱动状态转移。全局状态树根是当前状态机状态的一个指纹。全局状态树的实现方式有很多种，可以采用 Merkle 树作为全局状态树的实现，也可以用 MPT（Merkle Patricia Tree），无论采用哪种方式，全局状态树都必须代表节点的状态，同时在执行完一个区块的交易后，所有节点的全局状态树根必须是可验证的和一致的。

5.3.1.2.2　按时间序列建块存储交易数据、进行数据确权

从数据流向来说，交易数据从应用层开始，经智能合约层、交易层，进入数据层生成区块，打包交易的区块经网络层传输到各个节点，由共识层的共识算法达成全局一致后，将数据持久化。而交易执行的结果则经由交易层返回给应用层，设计如图 5-3 所示。

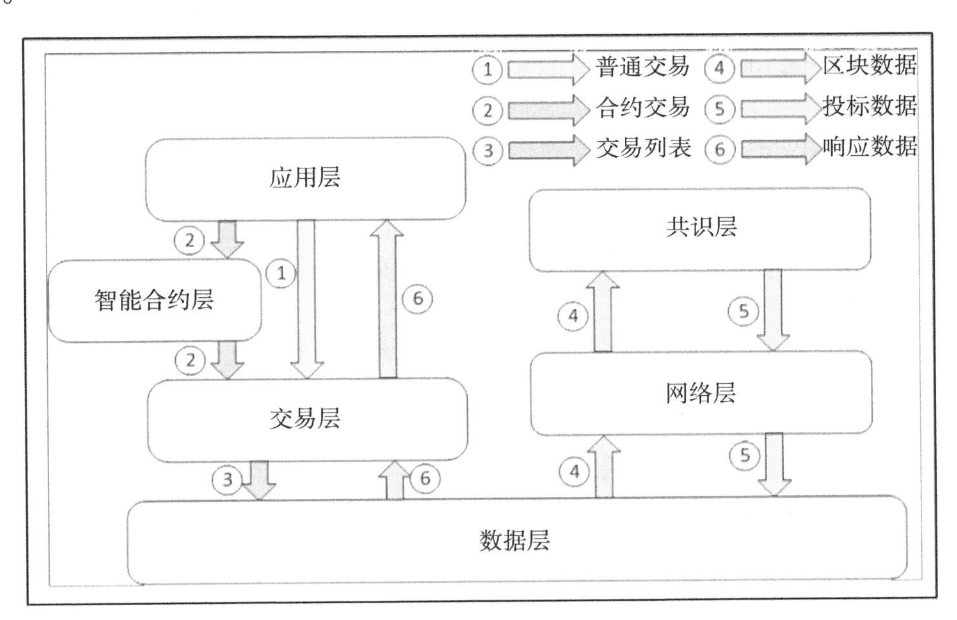

图 5-3　模型分层

模型分层结构各个层次的功能和非功能需求如下。

（1）交易层。交易层是与上层业务逻辑交互的一层，其功能需求主要包括以下 2 点。

①定义交易的格式；收集应用层或智能合约层发来的交易。

②验证交易的正确性；模拟交易的执行。

非功能需求包括以下 2 点。

①可扩展性，能够支持不同类型的交易格式；能够适应一定速率范围内的各种交易。

②可测试性和可测量性，能够对交易层进行测试；能够量化交易层的效率。

（2）数据层。数据层是私有链模型最基础的一层，而需要提供的功能也比较多，其功能需求主要包括基础服务和区块链相关服务。

基础服务包括以下 3 点。

①时间戳服务。时间戳服务能对区块和交易提供当前系统时间戳，从而方便确定交易顺序和区块生成的先后顺序。

②数据加密与数据 Hash 服务。为高级功能（如数据编码和 Merkle 树生成）提供数据加密服务以及对交易和数据进行 Hash 的服务。

③存储服务。提供交易和中间状态的缓存服务，以及区块数据和交易数据的持久化。

区块链相关服务包括以下 2 点。

①全局状态的生成、状态转移、持久化、序列化等。

②Merkle 树的构造，区块的构造与验证。

数据层的非功能需求包括替换灵活，数据层的一些机制应有多种实现方式，方便进行替换，从而测试不同机制对区块链性能的影响。

（3）网络层。网络层主要的目的是区块链各个节点之间进行数据传输。

其功能需求包括以下 3 点。

①节点认证和同步。在组网阶段需要对加入的节点进行认证。

②在数据传输开始之前对节点的状态进行同步。

③数据传输。包括数据广播、点对点的单播和分通信组的组播。

非功能需求包括以下 2 点。

①容错性。主要是对节点网络中断等异常情况进行容错设计。

②灵活性。可以针对不同数量和性能的节点进行快速组网。

（4）共识层。共识层是区块链系统中最重要的模块之一，也是影响区块链性能的关键因素之一。共识算法是共识层的核心。

共识层的功能需求包括以下 3 点。

①数据解包与数据验证。提供对区块生成节点传输来的区块进行解包和验证服务。

②投票服务。根据验证的结果对区块进行投票。

③决策服务。区块链各个节点根据收集的投票结果进行决策，选择接受区块或者放弃区块。

共识层的非功能需求包括以下 2 点。

①模块化。为了方便量化各个步骤的性能并找出影响区块链性能的瓶颈，对其进行改进，共识层的设计需要具有高度的模块化。

②可替换性。共识算法可以进行被替换或组合应用。

5.3.1.2.3 成员管理和共识算法

采用经典的 PBFT 共识算法，保证节点数据之间的一致性，以及抗篡改能力（图 5-4）。

当用户发送请求后，即开始建块过程，PBFT 算法具体步骤如下。

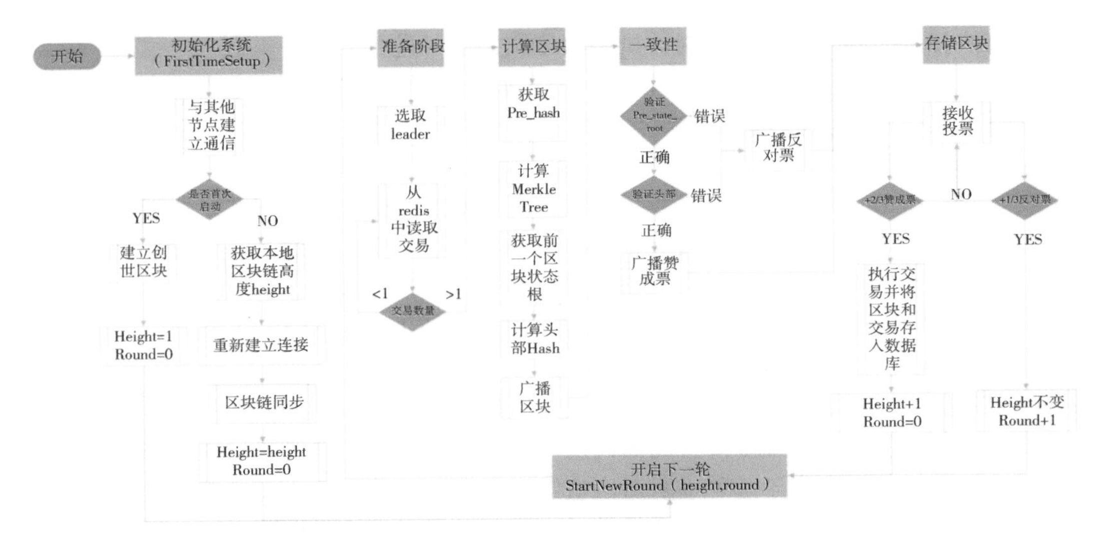

图 5-4　PBFT 共识算法

（1）每个计算节点都会收到用户请求信息，经过 timeout 时间且缓冲区中有未处理交易，跳转到下一步。

（2）节点发出 prepropose 指令并对收到的交易进行投票。之后使用轮询算法选出特定节点，当特定节点收到+2/3 的 prepropose 指令后开始计算区块，将投票通过的交易放入区块中，并广播给系统中其他节点，同时发送投票指令。计算区块步骤包括以下 3 点。

①根据本地存储的最新区块，填充待构建区块的区块高度、前区块头部 Hash 值等字段值。

②将交易缓冲区的交易组织为状态树，存储至区块的交易区，并将该树的树根存储在交易根字段中。

③最后填充交易制作者公钥、时间戳、版本号和扩展码等字段值，至此区块构建完成。

（3）当节点收到区块和投票指令后，若此时没有锁定任何区块，则锁定收到的区块，对区块正确性进行验证并投票，随后将投票广播给系统中其他节点；若此时已有锁定区块并且收到的区块的 round 大于当前锁定区块的 round，则锁定收到的区块并广播投票。验证步骤包括以下 4 点。

①验证该区块中存储的前区块头部的 Hash 值，是否与本地存储的最新区块的区块头部 Hash 值一致。

②验证该区块中存储的时间戳，是否比本地存储的最新区块的时间戳更晚。

③验证该区块中存储的区块高度，是否比本地存储的最新区块的区块高度更高。

④若上述验证都正确，则为该区块投赞成票，否则投反对票。

（4）当节点收到+1/3 对当前锁定区块的反对票时，解锁区块并准备进行下一轮；当节点收到+2/3 对当前锁定区块的赞成票时，若此区块的父区块也在本地区块链中，则将区块记入本地区块链中并解锁区块，否则广播消息以获取缺失区块，之后将收到的投票结果广播给其他节点；若超时，则解锁区块并准备进行下一轮。

（5）每个节点收到所有投票结果后，对比每个节点的投票结果，有如下4种情况。

①如果某一个节点发给不同节点的是不同的投票结果，那么这个节点就被视为“叛徒”节点。

②如果一个节点与大多数节点投票结果不同，则对其信誉分进行减半处理。

③如果一个节点投票结果与最终结果一致，且投票一致，则对其信誉分小幅上升。

④如果一个节点只对部分节点发送投票，则对其信誉分减少。

（6）对所有投票结果确认后，每个节点都发送反馈消息。

5.3.1.2.4　系统稳定运行和性能保障机制

目前的区块链项目稳定运行是现实的难点问题，其表现在普遍缺乏高负载承受能力，高负载时性能还会大幅下降，而面向应用的平台，则表现得更差；区块链协议一个特点是容易分叉，最近出于各种动机对区块链进行硬分叉的现象此起彼伏。高负载情况下，系统会发生分叉，这就意味着交易的丢失，其后果甚至比宕机更可怕；此外，稳定运行情况下的性能瓶颈和负载溢出等问题都是系统保障设计的关键。

（1）面向负载的稳定运行机制：本系统面向负载的设计，创新性负载溢出设计机制，允许系统在高负载情况下，高速稳定地运行。它建立内存缓冲池机制，提交到公链上的交易，首先进入交易池。交易池将交易根据加权进行排队，靠前的交易将被首先打包写入区块链。交易池机制可以大大提高响应时间，非关键交易进入交易池后即可被视作入链。重要的关键交易，用户可以根据安全性需要，按确认的数量认定交易状态。

（2）网络请求处理服务器：高可靠性共识节点，将设立预处理的网络请求处理服务器，用于处理来自用户的网络请求，并将收集到的客户请求，通过专用的技术连接送给后台服务器。根据后台的实际处理能力，可部署多台网络请求服务器。网络请求服务器以独立的角色来运行，可以大大提升超节点的网络处理能力。

（3）独立的P2P网络：交易需要在多节点间进行同步并取得共识，因此P2P网络的通信量超过客户端交易请求的通信量。建立独立的P2P网络，在负载溢出机制的保护下，获得高负载情况下的稳定运行能力。

（4）智能合约执行优化：当前智能合约执行模型多为串行执行模型，执行效率低下。智能合约社区的内部管理合约使用并行执行模型对合约整体执行过程进行提速。并行执行模型加入交易分割和多线程执行模块，首先将批量交易进行交易分割，再将分割完成后的无关联交易组以任务的形式分发给不同线程完成。使用多线程可提升公链上治理合约和服务合约并行执行度，充分利用节点的多核资源，并减少单线程的I/O阻塞时间总占比，从而极大提升合约执行效率以及交易处理速度。

5.3.1.2.5　智能合约执行框架

智能合约子系统能够支持智能合约全生命周期活动（项目生成、项目发布、代码验证与代码执行）。智能合约执行框架如图5-5所示。

在区块链溯源系统中，可以根据不同业务需求，设计并生成相应的智能合约模板，由参与方签名授权后，经节点验证后发布到区块链。在执行相关业务时，通过系统授权

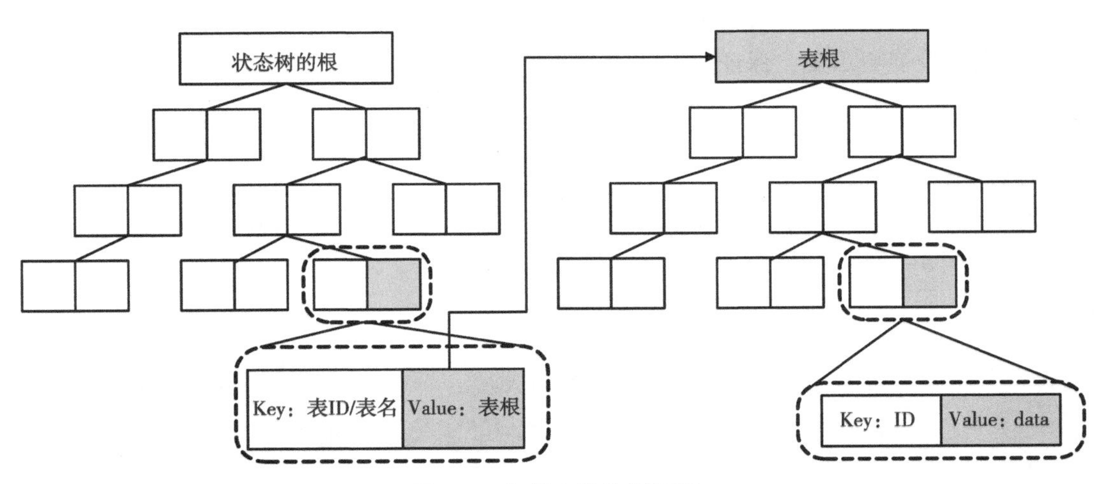

图 5-5　智能合约执行框架

调用模板，根据具体业务情况填写模板，生成智能合约，并上传至区块链。最终当合约接受到指定的触发条件后，自动执行合约内容，并保存执行结果。因此本方案中智能合约子系统主要分为 4 个部分：模板的生成、模板的发布、合约的生成和合约的执行。

合约模板可以根据不同的应用场景允许不同的角色来编写，管理合约可以根据监管需求由监管部门编写，上传合约由于主要与数据的提供方相关，因而应当由数据的提供方编写。合约模板的编写方法可以分为两类：第一类由自然语言编写，提供给用户在前端填写；第二类由高级语言编写，用于形成最终的合约代码。完成合约模板后将其上传至区块链，用户可以根据需要选择相应的合约模板来完成合约的编写。假设场景如下：养殖场 A 希望开展某项业务，在确定了业务的具体实施流程后编写合约模板并上传至区块链，加工厂 B 如果希望使用养殖场 A 的业务则可以从区块链中获取该模板，在前端完成合约参数的填写，系统使用合约参数和高级语言编写的合约模板生成完整的智能合约并上传至系统。此时合约的状态为未发布，不能对其进行触发执行。合约需经过合约所有者共同签名授权后，方可转变成发布状态，等待条件进行触发执行，并在与外界隔离的合约虚拟机上执行。

提供 3 类智能合约模板，分别为业务合约模板、管理合约模板和记录合约模板。

（1）业务合约模板的内容由各生产主体共同确定，与具体应用场景相关。其主要记录了各生产主体身份标识信息、相应的权限许可信息以及相应的数据索引信息。其中权限许可信息用于表示数据的所有权以及其内容和相应数据的访问权限，各生产主体可以通过调用管理合约修改相关权限来实现数据的公开与共享。数据索引信息定位了业务相关数据及数据的修改历史的存储位置。

（2）管理合约模板的内容由监管部门确定，其主要的作用为让各生产主体能够管理自己所参与的溯源数据。其中由于监管部门需要拥有对所有溯源数据的访问及管理权，同时能够对内容模板进行定义，保证管理合约模板符合监管要求。

（3）记录合约模板的内容由数据所有者或者数据的提供方制定，在制定完成后，授权上传至数据溯源区块链。当溯源数据有更新后，数据的提供方将更新的数据利用该合约上传至区块链，这些数据会驱动相应合约的状态变更。同时该合约还会记录所有数据的签名以及变更历史，保证数据的完整性和可追踪性。

5.3.2 核心追溯数据平台

核心追溯数据平台主要解决2个关键问题：其一是数据的可信存储，即通过数据上链完成数据的确权和公信力建立；其二是多系统间的互联互通，打破技术孤岛实现数据的共享（图5-6）。

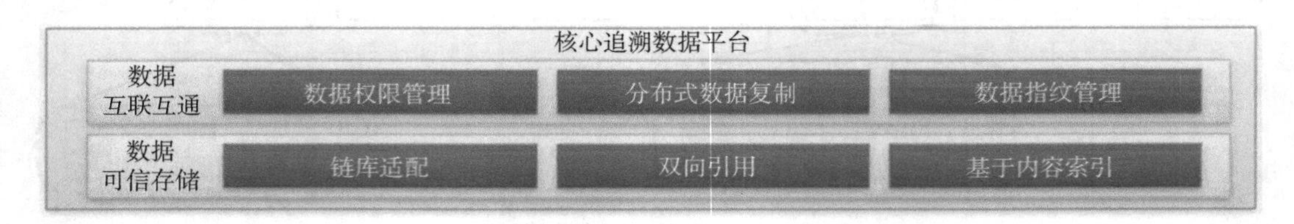

图5-6 核心追溯数据平台

面向种猪/生猪产品的溯源平台（图5-7）主要包括两大部分：其一是各个业务组件，如育种、养殖、屠宰、运输、销售等独立基础业务模块；其二是基于这些基础业务模块组合形成的解决方案。

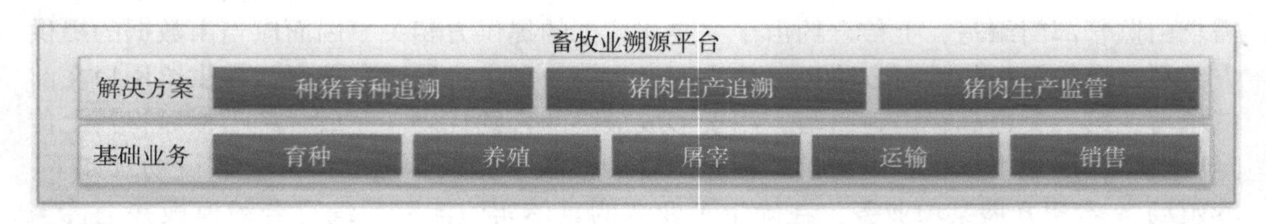

图5-7 种猪/生猪产品的溯源平台

面向业务开发，建立丰富的前端组件，可根据实际需求，从用户角色管理、WEB框架、数据持久化、消息总线等组件中快速抽取组件、创建应用。

平台系统开发建设遵循微服务架构的设计原则。

（1）设计方面：应用程序逻辑分解为具有明确定义了职责范围的细粒度组件，这些组件互相协调提供解决方案。微服务通信基于一些基本的原则，并采用HTTP和JSON这样的轻量级通信协议，在服务消费者和服务提供者之间进行数据交换。

（2）实现方面：服务的底层采用什么技术实现并没有什么影响，因为应用程序始终使用技术中立的协议进行通信。这意味着构建在微服务之上的应用程序能够使用多种编程语言和技术进行数据交换。

（3）部署方面：每个组件都有明确的职责领域，并且完全独立部署。微服务应该对业务领域的单个部分负责。微服务小而独立的特性使它们可以轻松地部署到云上。

（4）团队管理方面：微服务利用其小、独立和分布式的性质，使组织拥有明确责任领域的小型开发团队。这些团队可能为同一个目标工作，如交付一个应用程序，但是每个团队只负责他们在做的服务。

（5）运维方面：结合云和容器技术的特性，可实现业务在线的快速迭代更新。

可采用成熟的新一代的微服务架构服务网格，该架构专注于处理服务和服务间的通讯。其主要负责构造一个稳定可靠的服务通讯的基础设施，并让整个架构更为先进和云原生（cloud native）。在工程中，服务网格（service mesh）基本是一组轻量级的服务代理和应用逻辑的服务在一起，并且对于应用服务是透明的。

依照前述设计原则及框架，溯源平台架构按照如图 5-8 所示设计。

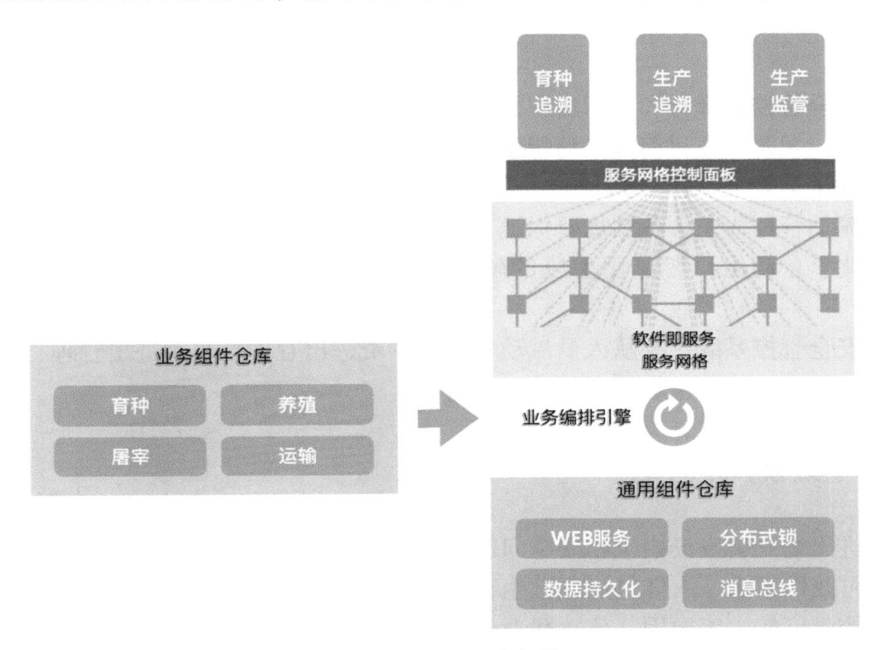

图 5-8　溯源平台架构

具体而言，微服务架构的引入，有利于软件的架构级和组件级的复用，在实现种猪/生猪产品溯源业务的同时，可实现其他畜牧业场景的有效复用，以及业务的纵向灵活扩展，有利于业务团队间的开发和协作，从而对接下来的应用示范及推广提供强力的支撑。

第六章　生物安全管控系统

生物安全管控是降低和切断病原微生物进入猪场的最有效手段，是猪场疫病预防和控制的基础，尤其是在目前以非洲猪瘟为代表的疾病无疫苗可预防、无药物可治疗的情况下，做好生物安全工作对猪场至关重要。生物安全涉及环节较多，主要以人员、车辆、物料流动管控为主，各猪场要保证各项措施落实到位，才能保障猪群健康。同时，通过信息化、自动化及智慧化手段的辅助，生物安全管控过程将更得心应手、事半功倍。

生物安全管控系统主要从人员流动管理、物资进出管理、车辆进出管理、动保检测管理 4 个部分实现对养殖场病原的阻断和监测。

6.1　人员流动管理

人员进出场是引发场内生物安全问题的主要原因之一，由于人员进出场频繁、人员出场后不可控因素大、人体是病原微生物的良好宿主，同时由于人员主观性大、进场环节多、管控难度较大等原因，建立智慧化人员进出场管控能提高人员进出场效率，提升各流程洗消效果，有效降低猪场生物安全风险。

人员流动包括人员进场和人员出场。

6.1.1　人员进场

6.1.1.1　人员进场申请

人员进场通过综合服务 APP 提交进场申请，进场人员分为返场员工、新入职员工、企业非农场员工及外来人员。进场人员均需提前 24 h 提交入场申请，审核通过后方可进场。

以种猪场员工进场为例说明，进场人员提交申请，农场负责人审批。

打开“养猪协作”APP，在下方选择“应用”，点击“进场洗消”分类下的“进场申请”图标发起进场申请，系统自动识别显示填报人和填报时间（图 6-1）。系统判定如果申请人是农场员工，且不在场内，“进场人员类型”自动选中“返场员工”并自动填写“进场人员姓名”。“目的地”默认为用户所在场，自动生成进场路径。员工填写“来源”及“进场事由”，选择好“预计进场时间”（各洗消环节根据预计进场时间及人数做相应物资准备）。认真阅读和核实承诺卡内容，保证符合进场条件的情况下勾选“本人已阅读并承诺遵守以上规定”，然后点击“提交”按钮完成进场申请，相关审核责任人审核通过后方可按约定“预计进场时间”到达预处理中心，按流程洗消进场。

图 6-1 进场申请

在“养猪协作”APP 中，点击“进场申请”页面的右上角的“历史申请”，对历史申请入场的信息进行查看，申请信息中可以查看申请的详细内容和申请的状态（图 6-2）。对应的种猪场的场长可以对进场申请进行审批，审批通过后在当前状态栏将会显示绿色的申请通过，通过后即可去往预处理中心办理入场相关流程。

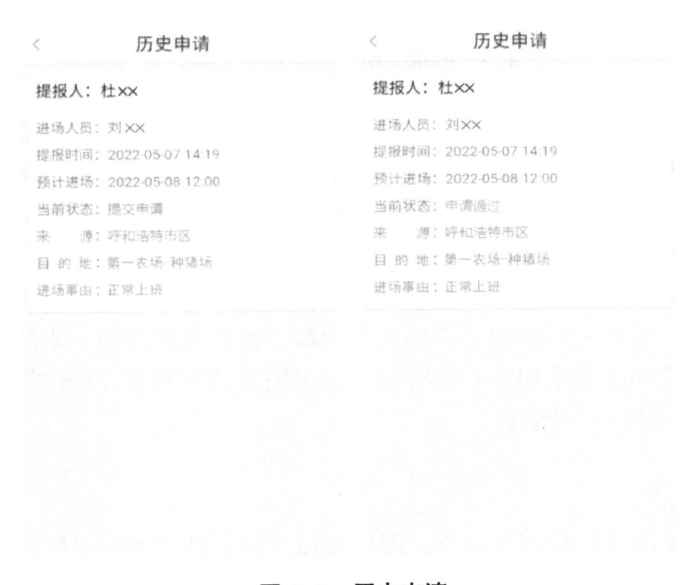

图 6-2 历史申请

6.1.1.2 人员生物安全检测

进场人员到达预处理中心，人脸识别准入，自动测定体温，需要进行生物安全检测的人员，在相应的采集区域进行生物安全检测采样，采样完成后进入预处理中心等待区域等待生物安全检测结果，当生物安全检测通过后方可通过人脸识别进入洗消区域。

进场人员当通过人脸识别进入预处理中心后，即可在“养猪协作”APP 中，点击“进场申请”中的“历史申请”，可以查看当前状态和当前状态下的具体信息(图 6-3)。

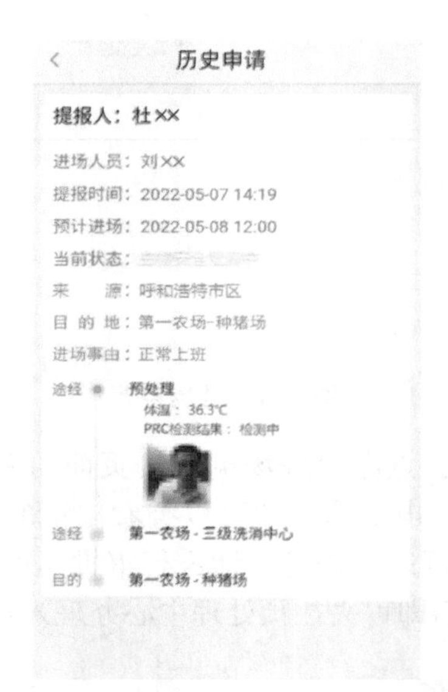

图 6-3　进场人员体温及生物安全检测

预处理中心生物安全信息登记。预处理中心有审批权限的人员登录“养猪协作”APP，如图 6-4 所示在下方选择“应用”，点击“进场审批”，在待办栏目下即可看到申请进场人员的进场审批内容，审批内容包括：提报人姓名、进场人员姓名、提报时间、预计进场时间、当前状态以及进场线路。当人员到达预处理中心后，在进场过程中可以对该进场审批进行操作，点击“去处理”即可看到进场人员审批的详细信息：填报人、填报时间、进场人员类型、进场人员姓名、预计进场时间、来源、目的地、进场事由以及进场人员到达预处理中心的时间，如果需要进行病原 PCR 检测则选择“是”，然后上报 PCR 检测结果（图 6-4）。

6.1.1.3 物品寄存

当生物安全检测结果没有异常后，即可通过人脸识别进入洗消区域。进入洗消区域后要对个人物品进行寄存，通过人脸识别打开寄存柜，将个人物品放入寄存柜中，关闭寄存柜，系统会自动将寄存柜信息同步到进场信息中。进场人员可在“养猪协作”APP 中，点击“进场申请”中的“历史申请”查看物品寄存的信息。

图 6-4　入场申请审批

6.1.1.4　预处理中心洗消

AI 检测随身携带物品［手机、充电器（新）、U 盘、药品、平板、耳机（新）］的消毒和个人卫生清理（图 6-5）。

将个人物品寄存后，来到随身物品消毒和个人卫生清理区域，该区域设有 AI 检测摄像头，能够检测人员是否将随身携带物品放入紫外线消毒柜。同时还可以检测人员是否按照生物安全规定对个人卫生进行清理，包括剪指甲、掏耳朵、清理鼻孔。人员进行随身物品消毒和个人卫生清理后即可离开该区域前往洗澡间进行洗澡。人员随身物品消毒和个人卫生清理的 AI 识别结果传输给服务器，可在预处理中心的“人员进场审批”的“待办内容”中查看，并进行审批，审批通过后方可进入洗浴区进行消毒、洗澡并更换衣物。

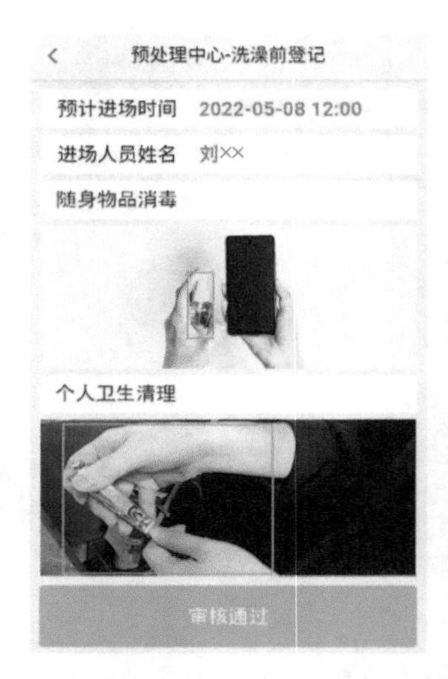

图 6-5　AI 检测随身物品消毒和个人卫生清理

进入洗浴区域后，人员按照场区生物安全规范进行消毒。消毒后刷脸进入淋浴区，刷脸时会记录进入时间，在淋浴区将衣物放入指定的收纳盒，脏区工作人员会将收纳盒存储到寄存处并拍照（图 6-6）。淋浴结束后，从淋浴区衣物架取下工作服更换，更换好衣物后从淋浴区净区出口出来，出口门禁会记录人员出门时间。门禁记录人员淋浴的开始和结束时间，淋浴设备记录人员淋浴时设备的工作时长、用水量以及水温，淋浴间的温度传感器能够记录环境温度数据。

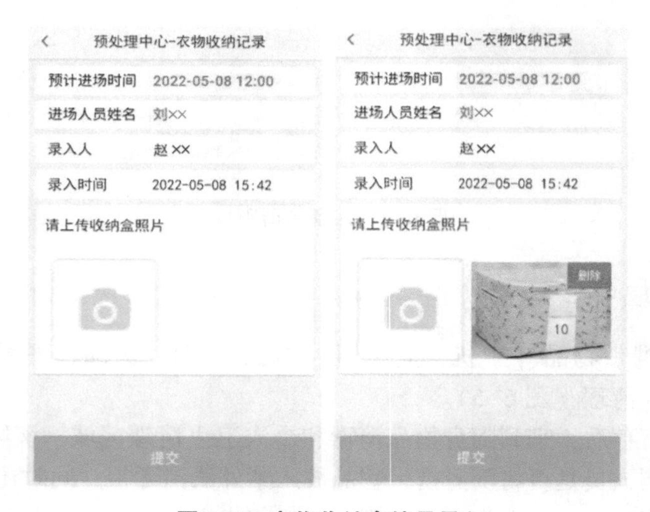

图 6-6　衣物收纳盒编号录入

预处理中心审批人员，在“人员进场审批”的“待办”中可以查看人员的基本信息、淋浴开始时间、平均水温、淋浴时长、实际用水量、淋浴结束时间、洗澡总用时以及水温用水量过程监测数据等（图 6-7）。

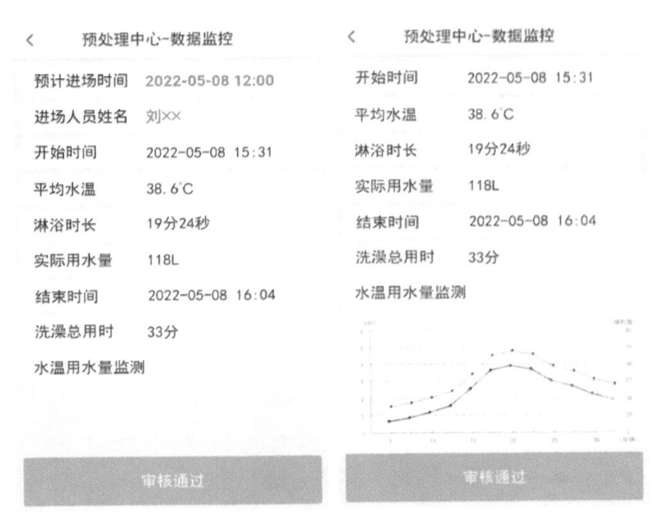

图 6-7　洗澡过程数据监控

6.1.1.5　洗消中心通勤转运

在人员洗消的过程中，司机登录“养猪协作”APP，可以看到今日要进场人员的洗消进度，提前做好进场准备工作，并合理安排出发时间。司机到达预处理中心后，查看当前洗消进度，会显示今日进场人数、已开始洗消人数、已经完成洗消人数、正在洗消人数、正在洗消人员信息，其中正在洗消人员信息包括姓名、状态和开始洗消时间。当所有人都已完成洗消后，司机在洗消进度界面可以点击“开始运送人员进场”（图 6-8）。

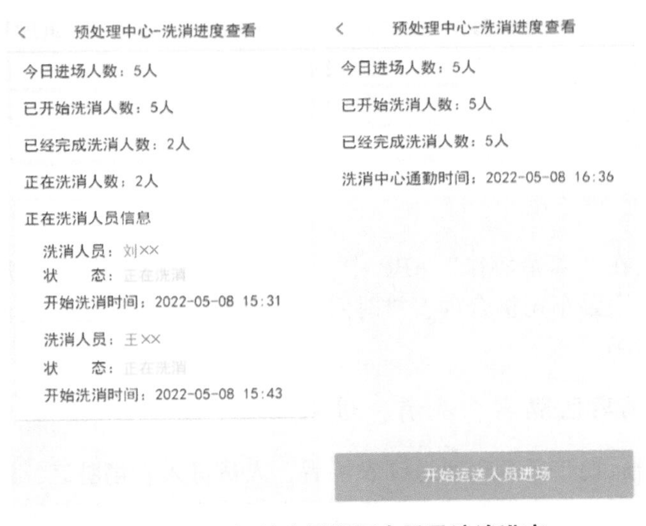

图 6-8　司机端查看进场人员及洗消进度

6.1.1.6 三级洗消中心洗消

人员通过通勤转运车被转运到三级洗消中心后，进入三级洗消中心脏区，刷脸签到。签到后，三级洗消中心工作人员在“养猪协作”APP 中，能够看到人员进场的目的地，根据实际通勤的情况合理安排人员的洗消，将目的地相同的人员安排在同一时间段进行洗消，点击“分配”后，进入分配页面，可以分配人员到指定的洗消间进行洗消，同时分配后对应的目的地司机（通勤人员）将会看到进场人员的洗消情况，根据实际情况合理安排通勤车辆转运进场人员（图 6-9）。

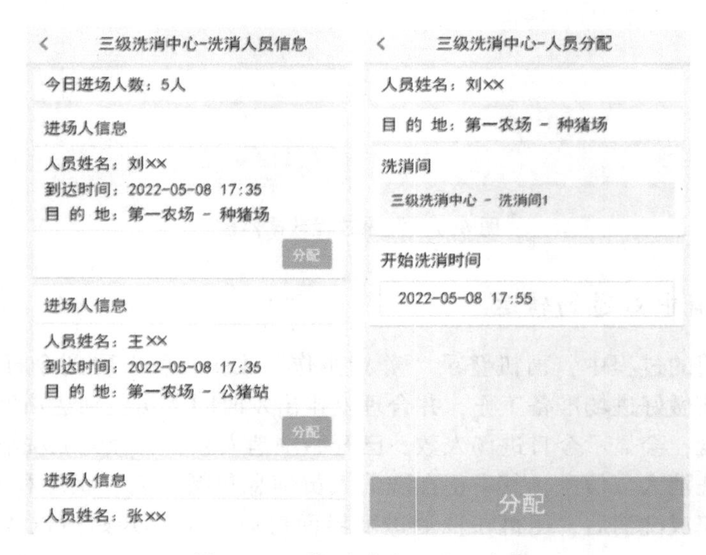

图 6-9 三级洗消中心分配洗消

人员进入个人卫生清理区域，对个人卫生进行清理，将个人随身携带物品交由工作人员进行紫外线消毒。人员按照分配，刷脸进入对应的洗消间，人员洗消过程中会记录人员进入时间、淋浴间淋浴时间、淋浴时的水温、淋浴间的温度以及人员洗消完成后更换衣服后出洗消间进入净区的时间。

6.1.1.7 农场通勤转运

农场通勤人员在“养猪协作”APP 中，可以查看入场人员在三级洗消中心的洗消进度（图 6-10），通勤车司机合理安排时间，从农场出发去往三级洗消中心转运已经洗消完成的人员到农场。

6.1.1.8 农场隔离区隔离、洗消，进场

人员通过农场通勤转运车辆运送到农场后，人员进入农场脏区，刷脸登记信息，进入隔离区域进行隔离。等待隔离完成后将随身携带的物品进行紫外线消毒，人员按照生物安全流程通过人脸识别进入洗消间进行洗消，当人员隔离时间不足时，无法通过人脸识别打开洗消间门禁，按照流程更换衣物，进入农场生活区。

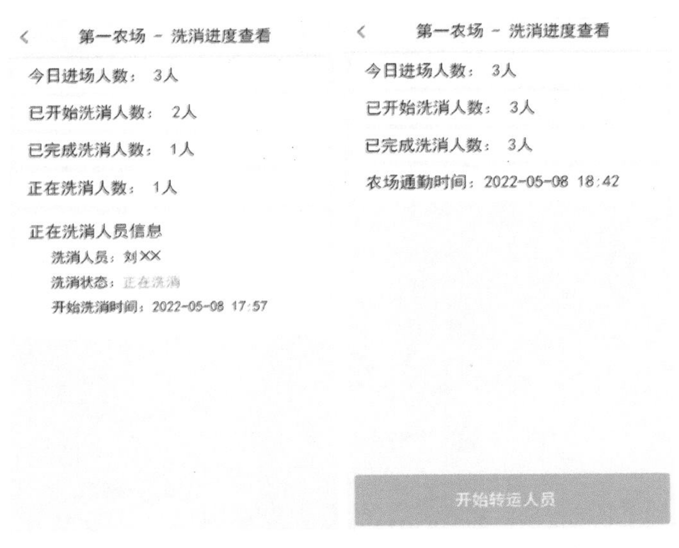

图 6-10　司机端查看进场人员信息及洗消进度

农场管理人员在“养猪协作”APP 中可以查看农场人员进场信息，进场列表信息中按照日期显示了每日进场人数，如有人员进场则可以通过点击“查看详情”查看人员进场信息（图 6-11）。

图 6-11　查看人员进场信息

6.1.2　人员出场

6.1.2.1　人员离场申请审批

人员离场应提前 24 h 提交离场申请，离场申请类型包括事假、病假、调休。填写开始时间、结束时间、请假天数、请假事由，并且选择审批人和抄送人员，点击“提交申请”即可（图 6-12）。

图 6-12　提交离场申请

人员提交离场申请后，审核人将会收到提交的申请，审核人审核通过后，如果有后续的审核人员，则转交至下一级审批人，没有则流程结束，审批完成（图 6-13）。

图 6-13　离场审批

6.1.2.2　洗消转运离场

离场审批提交后，离场人员在“养猪协作”APP“我的申请”中可以查看申请的审核情况（图 6-14）。

离场审批通过后，在农场刷脸签退后，农场转运司机将会在“养猪协作”APP“离场信息”中看到已经准备就绪的人员，根据离场人员情况合理安排时间转运到三级

图 6-14　离场人员审核详情

洗消中心。人员到达三级洗消中心后进行签退，签退后通勤转运车辆将离场人员送往预处理中心，签退后通勤车司机可以在“养猪协作”APP“离场信息”中看到要离场的人员（图 6-15）。

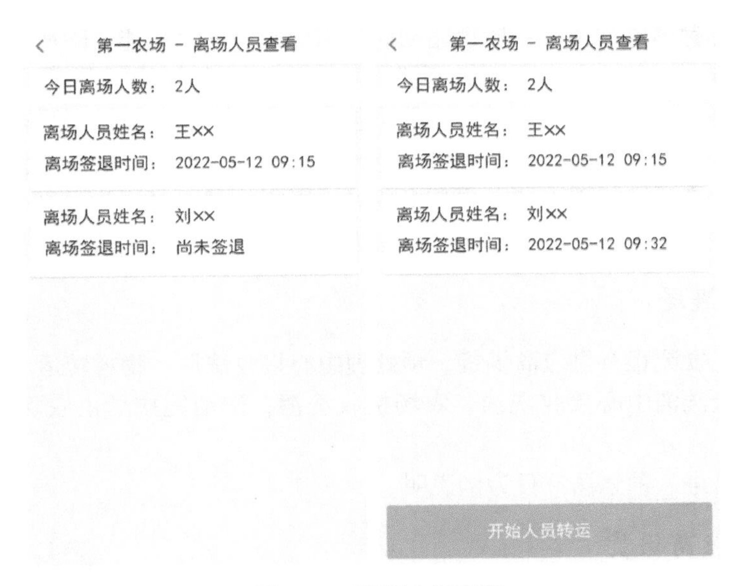

图 6-15　离场人员查看

离场人员到达预处理中心后，刷脸领取寄存的个人物品。进入洗消间进行衣物更换，完成后刷脸签退，离场完成。离场后人员信息状态显示为离场状态（图 6-16）。

图 6-16　人员离场后的状态

6.2　物资进出管理

物资进入猪场，常见的消毒方式包括熏蒸消毒、紫外线照射消毒、臭氧熏蒸消毒、消毒剂浸泡消毒、消毒剂擦拭消毒、高温烘烤、暴晒消毒等。在对进场的物资进行消毒时，无论选用哪种消毒方式，一般遵循彻底裸露原则，即尽可能去除所有的外包装，只留下最小化包装，对最小化包装进行熏蒸、擦拭、浸泡等消毒。如精液只能留下精液瓶；化学药品等要去除大包装，只留下最小包装；疫苗产品只能留下疫苗瓶；所有盛放物资的泡沫箱、外包装等都要遗弃在猪场外面。考虑到疫苗产品的特殊性，建议对所有进入猪场的疫苗产品进行消毒剂浸泡消毒或者消毒剂擦拭消毒。

物资进场主要包括物料进场、药品疫苗进场、精液进场的洗消流转及管理管控。

6.2.1　物料进场

物料进场主要流程有供应商供货、预处理中心接收洗消、物料转运、二级洗消中心接收洗消、三级洗消中心接收洗消、农场接收洗消，洗消完成后由农场物资管理人员入库。

本章以物料进入种猪场流程为例说明。

6.2.1.1　供应商供货

入驻平台的供应商填报本次供货物料详情及目标农场。从系统打印本次供货各类别物料二维码并分类粘贴。系统根据目标农场自动生成物料流转路线，建立本次物料进场业务流程。

供应商通过电脑或手机浏览器打开填报系统，输入供应商手机号，如供应商为首次供货，则需完善供应商名称、联系人、联系电话等信息，注册并完善信息后即可开始填报（图 6-17）。

图 6-17　供应商注册

填写送货信息时，系统自动生成流水号，默认使用供应商联系人、联系电话信息，送货时间与填报时间默认为当前日期，选择物料接收农场以及接收单位，后台自动规划本次物料运输路线，供应商填写本次运输物料的产品类别、产品名称、规格、品牌、数量、单位（包装）、单价、总价，如运输多种物料，通过点击“添加记录”按钮可新增其他类型物料，物料详情填写完成后点击“提交”按钮，即完成物料进场填报(图 6-18)。

图 6-18　供应商供货填报

供应商点击“待确认”选项卡，可查看已提报的信息，点击“修改/查看”按钮可修改，点击“打印二维码”可直接打印物料二维码并粘贴在物料上（图 6-19）；点击“待修改”选项卡，可查看被打回的申请，修改后可重新提交。

图 6-19　供应商打印物料二维码

6.2.1.2　预处理中心接收洗消

预处理中心人员对各类型物料称重、盘点、检查并扫码，与填报内容进行核对，如果存在重量不一致、数量不一致、物料损耗等情况现场打回重报，一致后确认接收。

预处理中心人员打开“养猪协作”APP，在下方选择“应用”，点击“进场洗消”分类下的“物料接收”图标，在“待接收”选项卡中可查看待接收的物料，点击“接收物资”按钮可查看本次物料接收概览，点击“送货详单”可查看物资详情（图 6-20），点击“接收”按钮完成物资接收，物资异常时点击“打回”按钮，供应

图 6-20　预处理中心接收

商点击“待修改”选项卡查看被打回的填报信息，点击“修改/查看”按钮修改物料内容后重新提报（图6–21）。

图 6–21　打回供应商重报

预处理中心人员在接收查验物料时，系统自动提示对应物料的洗消方式及洗消时长，将物料按照洗消方式分类存放洗消。点击“待消毒”选项卡，查看需要消毒的物料，点击“去消毒”按钮进入消毒详单页，不同的物料可选择不同的消毒方式，然后点击“开始消毒”按钮。在“消毒中”选项卡可查看正在消毒的物料，系统自动记录消毒时长，点击“完成消毒”按钮结束消毒（图6–22）。

图 6–22　物料洗消

6.2.1.3 物料转运

预处理中心物料转运司机可实时查看预处理中心可转移物料，司机按优先级转运物料。

预处理中心人员打开“养猪协作”APP，在下方选择“应用”，点击“进场洗消”分类下的“物料接收”图标，在“待运输”选项卡中可查看待运输的全部物料，点击“运输中”选项卡下的“新增物料转运”按钮，进入新增物料转运页面，可查看本次转运的具体路线、卸货地点，选择需要转运物料的数量，点击“保存”按钮完成转运填报（图6-23）。

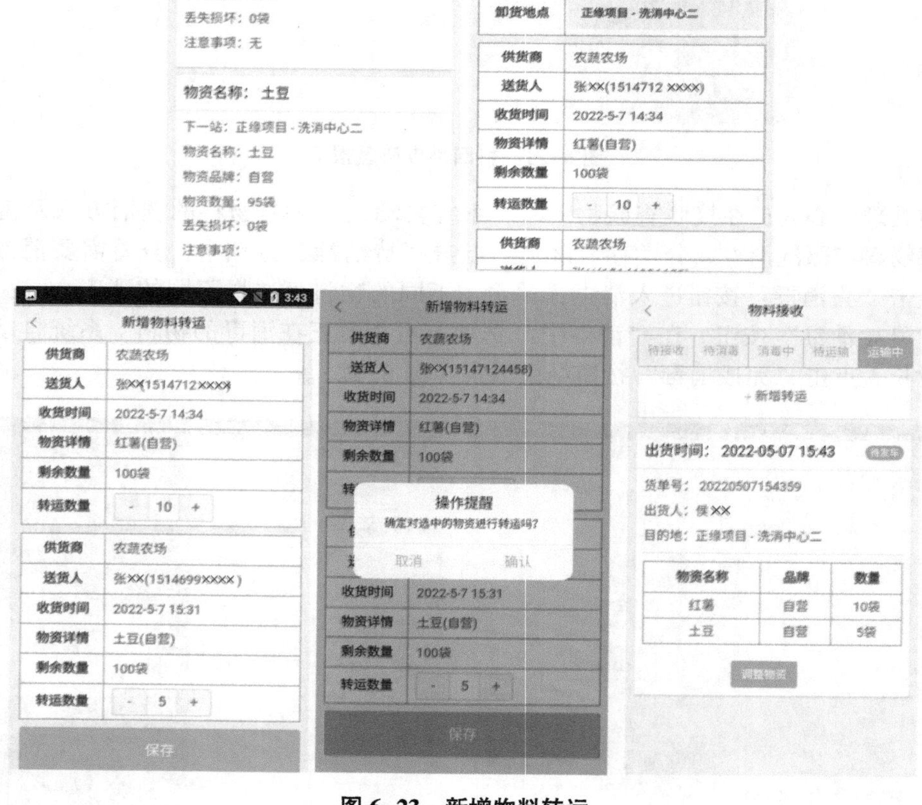

图6-23 新增物料转运

预处理中心司机打开“养猪协作”APP，在下方选择“应用”，点击“进场洗消”分类下的“物料转运”图标，在“转运中”选项卡中可查看待转运的全部物料，点击“发车”按钮，输入车牌号点击“确认”即可开始转运物料，转运过程中，司机可查看转运物料的详细信息以及本次转运的目的地（图6-24）。

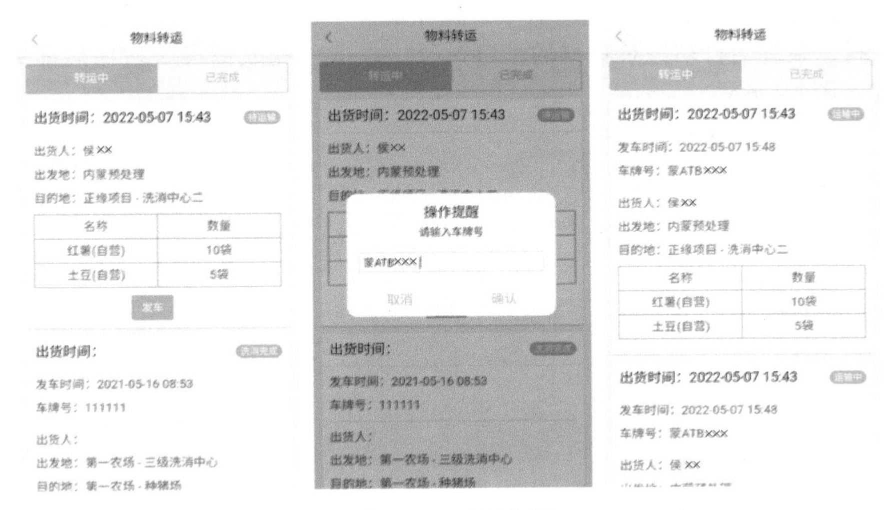

图6-24　物料转运

6.2.1.4　二级洗消中心接收洗消

种猪场物料在二级洗消中心由工作人员扫码盘点接收，按系统提示对物料进行分类洗消，新增需要转运的物料，由洗消中心物料转运司机进行物料转移。

二级洗消中心工作人员打开“养猪协作”APP，在下方选择“应用”，点击“进场洗消”分类下的“物料接收”图标，可查看预处理中心司机正在转运的物料，点击“接收物资”按钮进入物料接收概览页，可查看本次转运物料详细信息，填写实收数量后，点击“接收”按钮完成物料接收（图6-25）。点击“待消毒”选项卡可查看所有

图6-25　二级洗消中心扫码盘点接收

已接收但未消毒的物料，点击“去消毒”按钮，打开消毒详单页，不同的物料可选择不同的消毒方式，然后点击“开始消毒”按钮。点击“消毒中”选项卡，可查看正在消毒的物料，系统会自动记录物料的消毒时长，点击“完成消毒”按钮后即完成该物料的消毒（图 6–26）。

图 6–26　二级洗消中心洗消

点击“运输中”选项卡，可查看正在运输的物料，点击“新增转运”按钮，进入新增物料转运界面，该页面显示本次转运的具体路线以及可转运物料详情，选择转运物料的数量后，点击“保存”按钮，即可完成物料转运申请（图 6–27）。

图 6–27　二级洗消中心新增转运

二级洗消中心司机打开“养猪协作”APP，在下方选择“应用”，点击“进场洗消”分类下的“物料转运”图标，在“转运中”选项卡中可查看待转运物料的详情，点击“发车”按钮，输入车牌号，即可开始转运物料（图 6-28）。

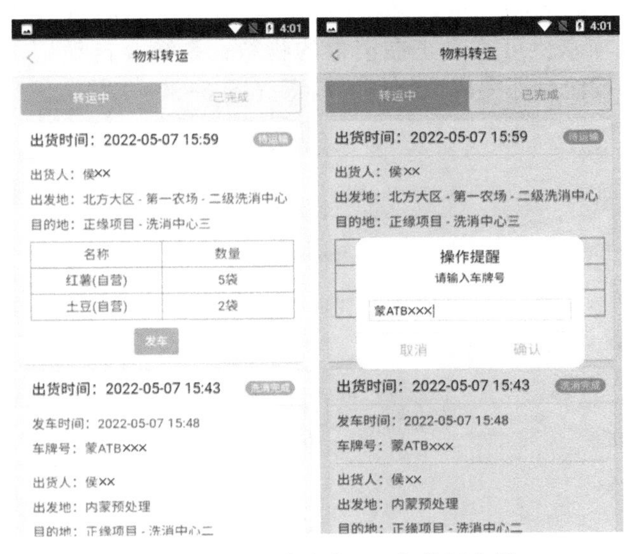

图 6-28　二级洗消中心司机转运物料

6.2.1.5　三级洗消中心接收洗消

种猪场物料在三级洗消中心由工作人员扫码盘点接收，按系统提示对物料进行分类洗消。

三级洗消中心工作人员打开“养猪协作”APP，在下方选择“应用”，点击“进场洗消”分类下的“物料接收”图标，可查看二级洗消中心司机正在转运的物料，点击“接收物资”按钮进入物料接收概览页，可查看本次转运物料详细信息，填写实收数量后，点击“接收”按钮，即完成物料接收（图 6-29）。

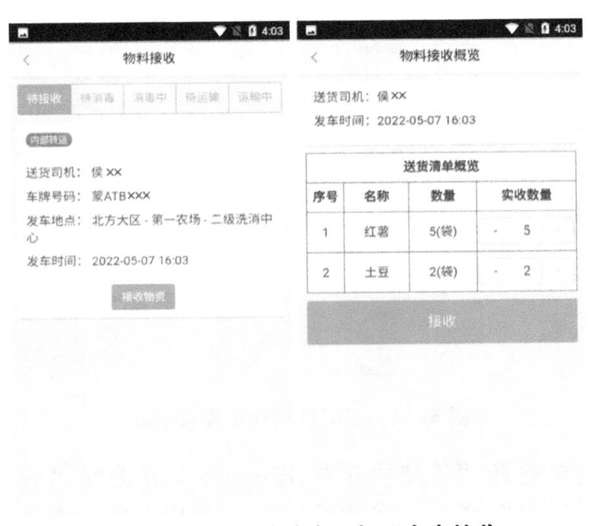

图 6-29　三级洗消中心扫码盘点接收

点击“待消毒”选项卡可查看所有已接受但未消毒的物料，点击“去消毒”按钮，打开消毒详单页，不同的物料可选择不同的消毒方式，然后点击“开始消毒”按钮。点击“消毒中”选项卡，可查看正在消毒的物料，系统会自动记录物料的消毒时长，点击“完成消毒”按钮后即完成该物料的消毒（图 6-30）。

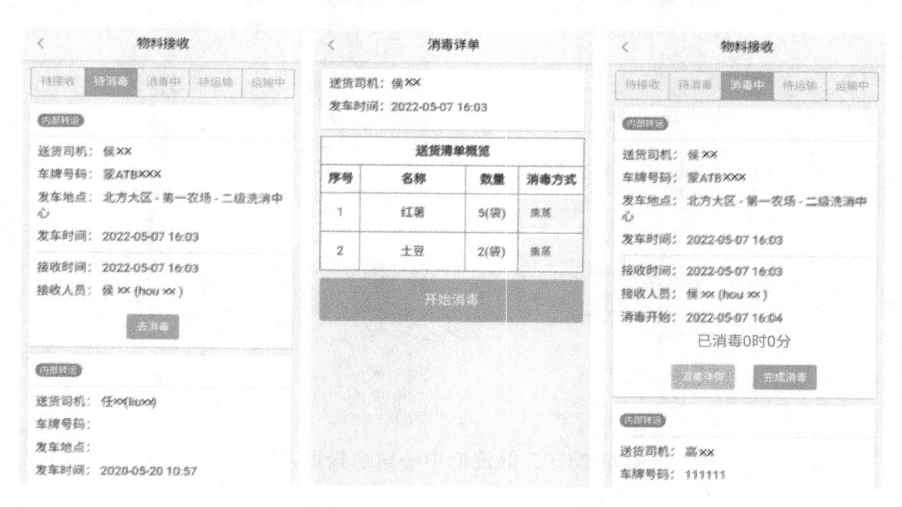

图 6-30　三级洗消中心洗消

点击“运输中”选项卡，可查看正在运输的物料，点击“新增转运”按钮，进入新增物料转运界面，该页面显示本次转运的具体路线以及可转运的物料有哪些，选择转运物料的数量后，点击“保存”按钮，即可完成物料转运申请（图 6-31）。

图 6-31　三级洗消中心新增转运

三级洗消中心司机打开“养猪协作”APP，在下方选择“应用”，点击“进场洗消”分类下的“物料转运”图标，在“转运中”选项卡中可查看待转运物料的详情，点击“发车”按钮，输入车牌号，即可开始转运物料（图 6–32）。

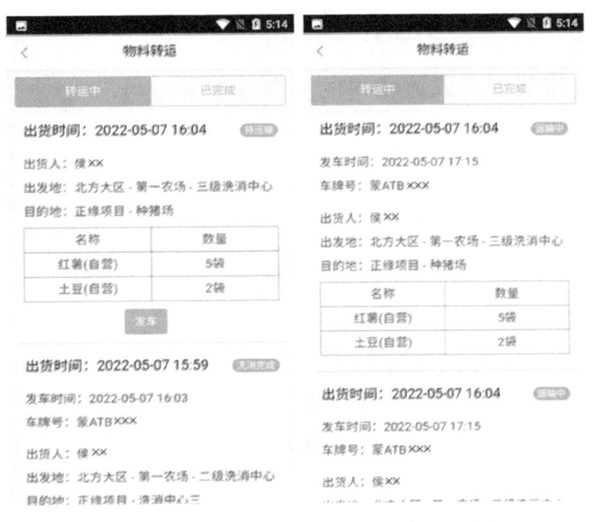

图 6–32 三级洗消中心司机转运物料

6.2.1.6 农场接收洗消

种猪场物料由外围工作人员扫码盘点接收，按系统提示对物料进行分类洗消。洗消完成后由农场物料管理人员扫码入库。

种猪场工作人员打开“养猪协作”APP，在下方选择“应用”，点击“进场洗消”分类下的“物料接收”图标，可查看三级洗消中心司机正在转运的物料，点击“接收物资”按钮进入物料接收概览页，可查看本次转运物料详细信息，填写实收数量后，点击“接收”按钮完成物料接收（图 6–33）。

图 6–33 农场扫码盘点接收

点击“待消毒”选项卡可查看所有已接受但未消毒的物料，点击“去消毒”按钮，打开消毒详单页，不同的物料可选择不同的消毒方式，然后点击“开始消毒”按钮。点击“消毒中”选项卡，可查看正在消毒的物料，系统会自动记录物料的消毒时长，点击“完成消毒”按钮后即完成该物料的消毒（图 6-34）。

图 6-34　农场洗消

6.2.2　药品疫苗进场

药品疫苗进场流程严格按照养殖 SOP（标准操作程序）要求进行，操作方法与物料进场一致，使用“养殖协作”APP，在下方选择“应用”，点击“进场洗消”分类下的“疫苗接收”和“疫苗转运”图标进行药品疫苗的接收和转运。

6.3　车辆进出管理

车辆根据任务工单指引到达各洗消中心进行洗消，洗消中心车辆识别准入设备自动识别准入（图 6-35）。

图 6-35　车辆识别准入示意图

以肥猪运输车在二级洗消中心洗消流程为例（非标准流程，可根据生产实际情况定制）：生物安全检测（4 h）；清水打湿（30 min）；大粪冲洗（2 h）；泡沫浸泡（35 min）；全车擦拭（30 min）；热水清洗（1 h 30 min）；沥水（15 min）；洗消员自查；质检员检查；消毒（30 min）；转移烘干（30 min）；冲洗洗消房（30 min）。

洗消中心人员打开“养猪协作”APP，在下方选择“应用”，点击“进场洗消”分类下的“车辆进场”图标，点击“今天”选项卡可查看待洗消车辆，点击“去洗消”按钮进入车辆洗消页面，可查看该洗消车辆的具体洗消流程，点击流程卡录入车辆进场信息，包括司机姓名、天气、班次、车辆来源及车辆去向信息后，点击“开始洗消”按钮，系统自动跳转到PCR进场检测页，选择检测采样位置，填写检测结果，上传检测结果图片后点击“下一步”，进入清水打湿页（图6-36），完成该步骤后点击“下一步”进入大粪冲洗页，完成该步骤后点击“下一步”进入泡沫浸泡页，依次完成“全车擦拭”“热水清洗”“沥水”等步骤后进入洗消员自查页，洗消人员自查无误后点击“通过”按钮进入下一步，点击“退回”按钮后将打回重洗，洗消质检人员进入该页面后，可进行“质检

图6-36　洗消流程管控

员检查”操作，若检测不合格点击“退回”后将打回重洗，若质检合格后点击“通过”按钮进入下一步骤，洗消人员再次进入本页面即可执行“消毒”操作，填写洗消液类型和洗消液配比浓度，点击“确定”完成洗消操作。

洗消中心人员打开“养猪协作”APP，在下方选择“应用”，点击“进场洗消”分类下的“车辆烘干”图标可查看所有待烘干的车辆，点击“开始烘干”按钮后开始烘干车辆，烘干结束后点击“结束烘干”按钮（图 6-37）。

图 6-37 洗消车辆烘干

各环节洗消结束，生成洗消单，供下一流程及线上稽查查验（图 6-38）。

图 6-38 洗消单

管理人员打开“养猪协作”APP，在下方选择“应用”，点击“进场洗消”分类下的“车辆进场”图标可查看所有车辆的洗消状态，点击“查看”按钮进入洗消详情页，可查看洗消车辆相关信息、洗消流程详情及烘干情况，点击“查看环境数据”按钮可查询本次洗消过程用水量、水温信息（图 6-39），点击“查看视频数据”按钮可查看洗消过程中录制的视频（图 6-40）。选择“检测人”，点击“提交动防检验”按钮可提交动防检验数据。

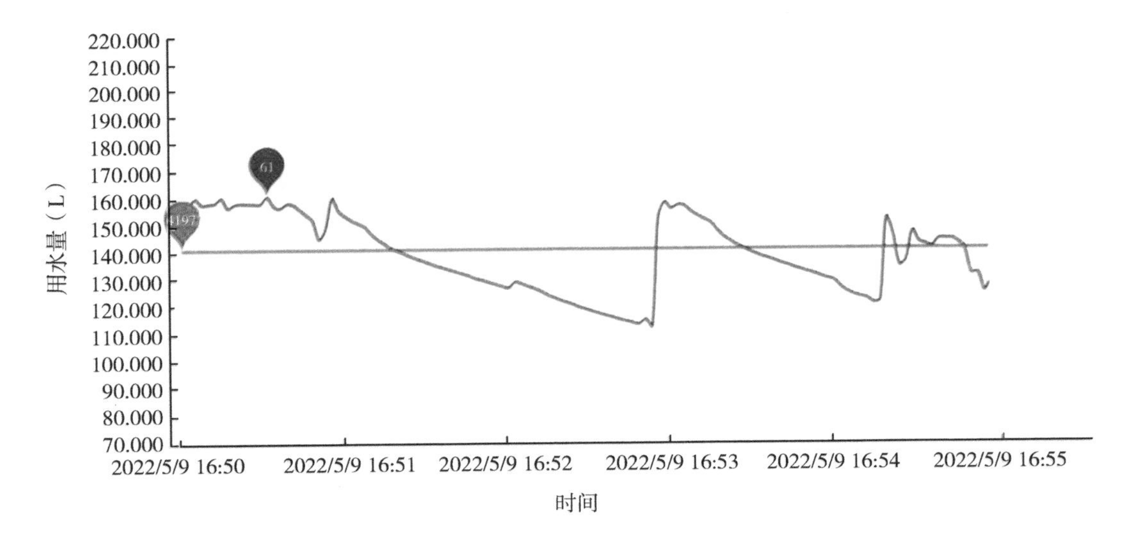

图 6-39 洗消过程用水量及水温信息

图 6-40　洗消过程视频

6.4　动保检测管理

动保检测任务来源有两种：一种是根据动保检测标准自动生成任务工单，根据任务工单完成常规动保检测工作；另一种是手动添加临时性的动保检测任务，由兽医在后台下发，自动生成任务工单，完成采样及检测。

登录“智慧养猪平台”，在“主数据管理系统”中找到“体测计划项管理”可以查看当前已经设置好的体测计划项（图6-41），可以对已有体测计划项进行修改，也可以新增体测计划项（图6-42），设置好体测计划项后，系统会自动根据设置好的日期生成相应的任务工单。特殊情况需要临时增加检测的，由农场兽医在后台新增检测（图6-43）。

主数据管理系统　系统导航　组织架构管理　舍栏管理　料塔管理　能源设备管理　更多　管理员

体测计划管理　体测计划项管理

+添加体测计划项

排序	ID	范围	猪群	检测频率	具体时间	采样种类	采样数量	检测项	备注	操作
0	21	育肥场（PS配套）	育肥猪	日历月	12月	血清	30	抗体检测 猪瘟、口蹄疫A型、口蹄疫O型		修改 | 删除
0	20	育肥场（PS配套）	育肥猪	日历月	9月	血清	30	抗体检测 猪瘟、口蹄疫A型、口蹄疫O型		修改 | 删除
0	19	育肥场（PS配套）	育肥猪	日历月	6月	血清	30	抗体检测 猪瘟、口蹄疫A型、口蹄疫O型		修改 | 删除
0	18	育肥场（PS配套）	育肥猪	日历月	3月	血清	30	抗体检测 猪瘟、口蹄疫A型、口蹄疫O型		修改 | 删除
0	17	育肥场（GGP/GP配套）	育肥猪	每月	1日	唾液	3	病原检测 蓝耳-美洲株、蓝耳-经典株、蓝耳-变异株、蓝耳-NADC30、猪流行性腹泻		修改 | 删除

图 6-41　体测标准管理

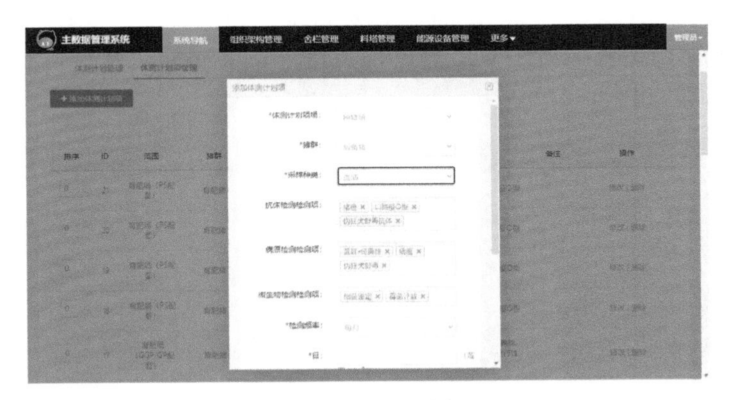

图 6-42　新增体测计划项

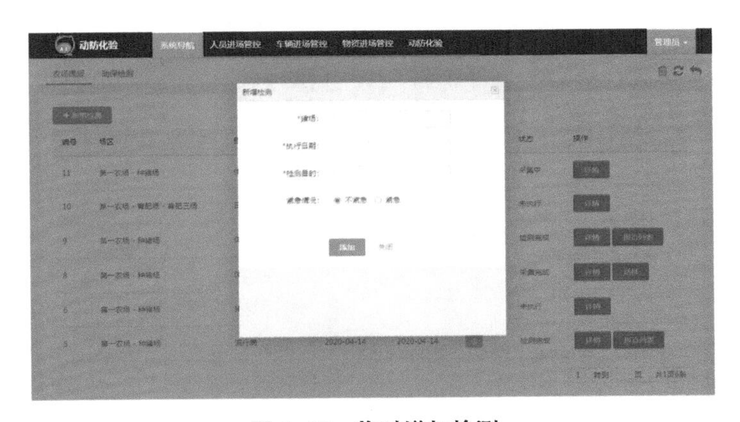

图 6-43　临时增加检测

兽医或者场长增加检测后，农场负责采样人员在“智慧养猪”APP 中将会看到下发的检测信息。点击“去完成”将会进入采样页面，按照采样页面的流程，在采集样品后扫描猪耳号或者栏位标签，贴上对应的编号即可完成采样（图 6-44）。

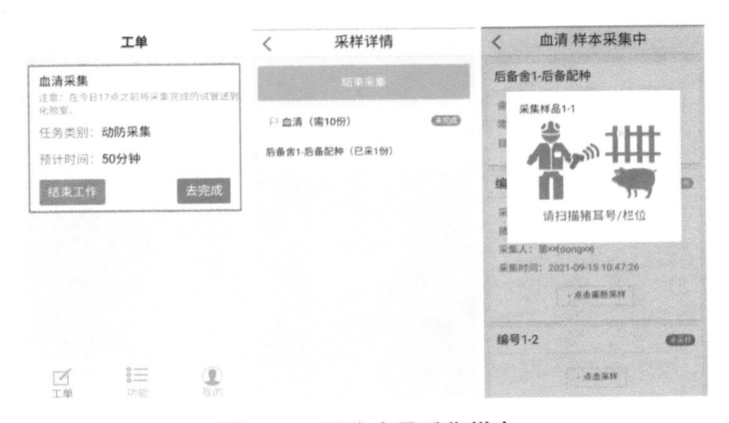

图 6-44　采集人员采集样本

采样完成后，将采集的样品送到生产区进行统一的包装，打印采样二维码张贴到包装上（图 6-45）。由司机根据任务工单进行转运（图 6-46）。生产区在“智慧养猪平台”中填写送样单（图 6-47）。

图 6-45　采样包装箱

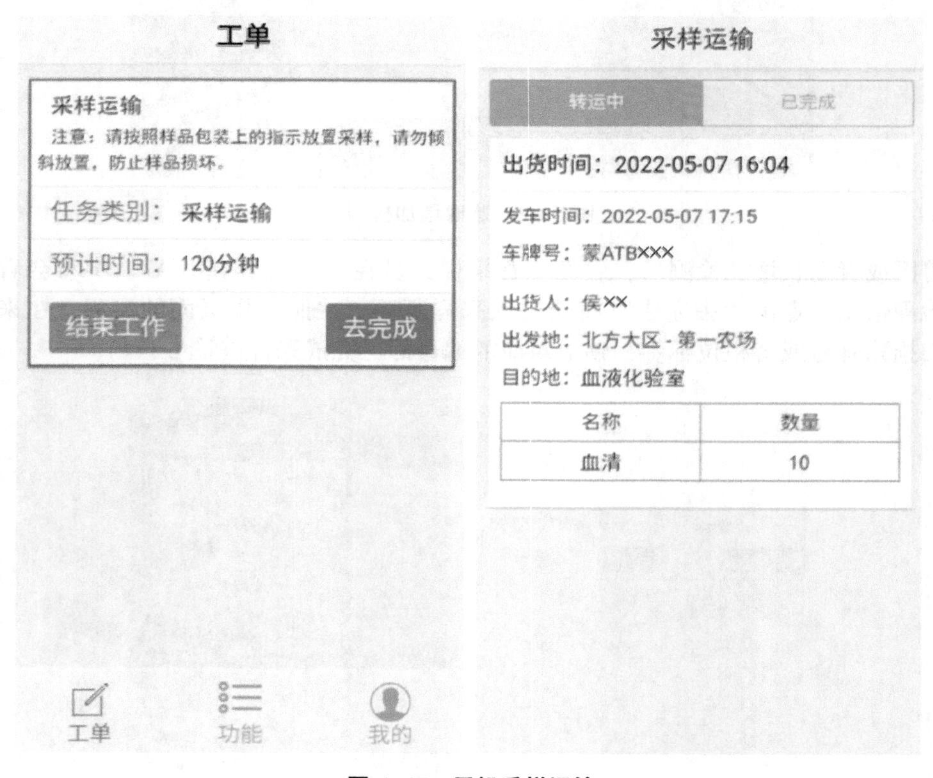

图 6-46　司机采样运输

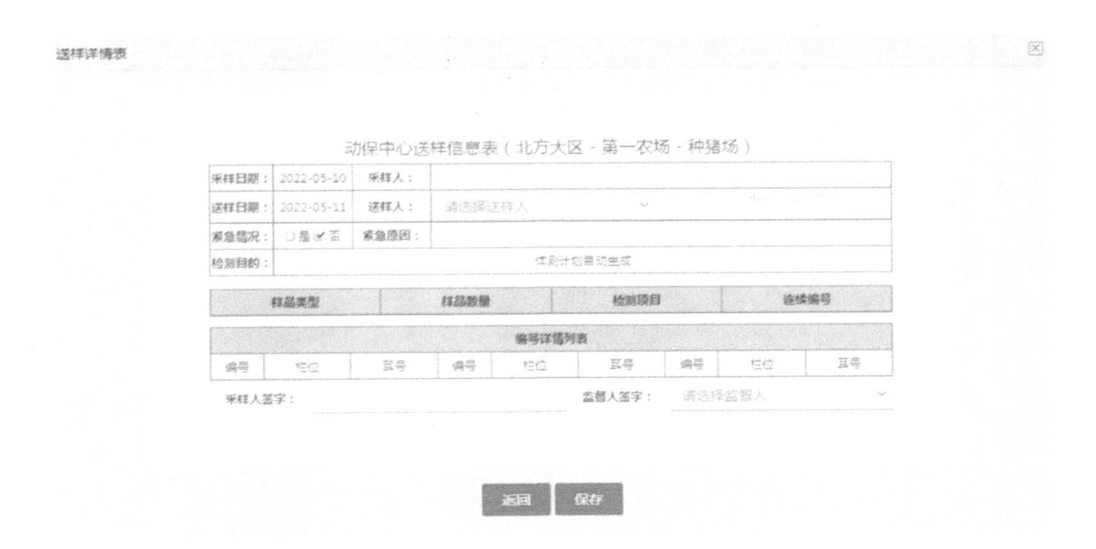

送样详情表

动保中心送样信息表（北方大区 - 第一农场 - 种猪场）

采样日期：	2022-05-10	采样人：	
送样日期：	2022-05-11	送样人：	请选择送样人
紧急情况：	□是 ☑否	紧急原因：	
检测目的：	体测计划自动生成		

样品类型	样品数量	检测项目	连续编号

编号详情列表								
编号	栏位	耳号	编号	栏位	耳号	编号	栏位	耳号

采样人签字：　　　　监督人签字：请选择监督人

返回　保存

图 6-47　生产区填写送样单

检验中心收到采样后，填写送样信息表并上传至系统（图 6-48），对采样进行检验。

样品详情

动保中心送样信息表（北方大区 - 第一农场 - 种猪场）

采样日期：	2022-05-07	采样人：	张XX
送样日期：	2022-05-08	送样人：	宋XX
紧急情况：	□是 ☑否	紧急原因：	
检测目的：	体测计划自动生成		

样品类型	样品数量	检测项目	连续编号
血清	10	抗体检测：蓝耳、猪瘟、口蹄疫A型、口蹄疫O型、伪狂犬疫苗抗体、伪狂犬野毒抗体、	1-11~1-20

编号详情列表								
编号	栏位	耳号	编号	栏位	耳号	编号	栏位	耳号
血清								
1-11	分娩舍1(A4)	10006981	1-12	分娩舍1(A6)	10006984	1-13	分娩舍1(A9)	10006986
1-14	分娩舍2(A1)	10001120	1-15	分娩舍2(A12)	10001121	1-16	分娩舍5(A15)	10001122
1-17	分娩舍3(A3)	10004915	1-18	分娩舍6(A1)	10001515	1-19	分娩舍5(A6)	10001318
1-20	分娩舍9(A22)	10008410						

采样人签字：　　　　监督人签字：

注：红色字体表示样品损坏

关闭

图 6-48　采样样品接收

动保检测人员检测完成后，登录“智慧养猪平台”，将检测结果及检测报告上报至系统（图 6-49）。

报告编号
AHC-NM-S-S-2020-06-10-2
报告日期
2022-05-08
报告类型
抗体检测
检测项目
蓝耳、猪瘟、口蹄疫A型
检测结果
正常
附　　件
选择文件
检测结果.doc
保存
关闭

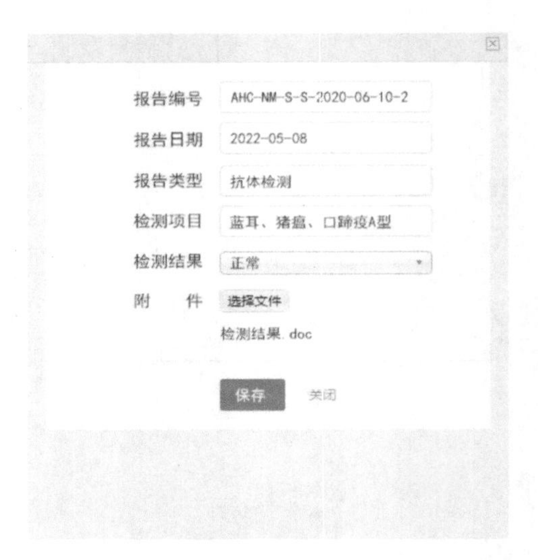

图 6-49　上传检测结果

完成检测后，兽医、场长可以在“智慧养猪平台”中查看动保检测信息和检测结果（图 6-50、图 6-51）。

动防化验
系统导航
人员进场管控
车辆进场管控
物资进场管控
动防化验
杜××
农场提报
动保检测
检测详情
场：北方大区 - 第一农场 - 种猪场
检测目的：体测计划自动生成
日期：2022-05-07
是否紧急：
紧急原因：
样品详情
猪群
样品类型
数量
检测项目
后备猪
血清
10
抗体检测：蓝耳、猪瘟、口蹄疫A型、口蹄疫O型、伪狂犬疫苗抗体、伪狂犬野毒抗体、
返回

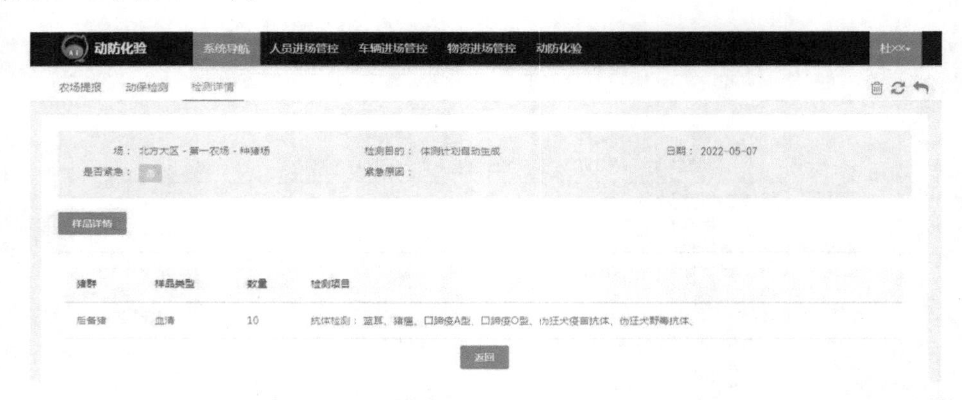

图 6-50　查看检测信息

动防化验
系统导航
人员进场管控
车辆进场管控
物资进场管控
动防化验
杜××
农场提报
动保检测
报告列表
返回
序号
编号
报告日期
检测类型
检测项目
结果
附件
1
AHC-NM-S-S-2020-04-14-1
2022-05-09
抗体检测
蓝耳、猪瘟
异常
附件下载
2
AHC-NM-M-S-2020-04-14-1
2022-05-09
病原检测
蓝耳-美洲株、蓝耳-经典株、蓝耳-变异株、蓝耳-NADC30、猪瘟
正常
附件下载
3
AHC-NM-B-S-2020-04-14-1
2022-05-09
微生物检测
总菌计数、霉菌计数
正常
附件下载

图 6-51　查看下载检测报告

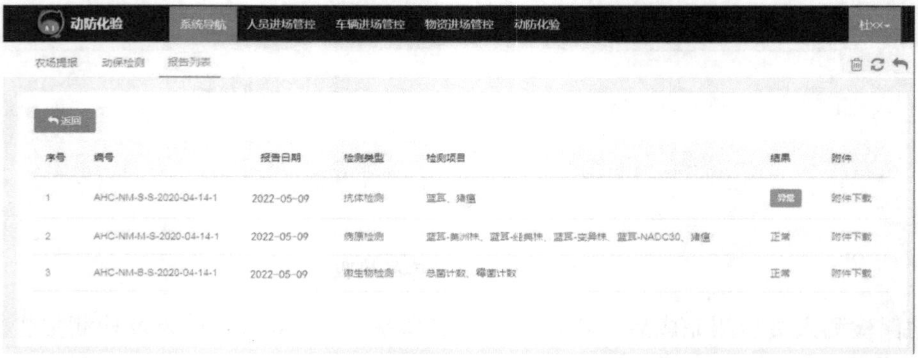

检测完成后，在“智慧养猪”APP 中会收到推送消息，点击该推送消息可以查看检测的内容和检测的结果（图 6-52）。

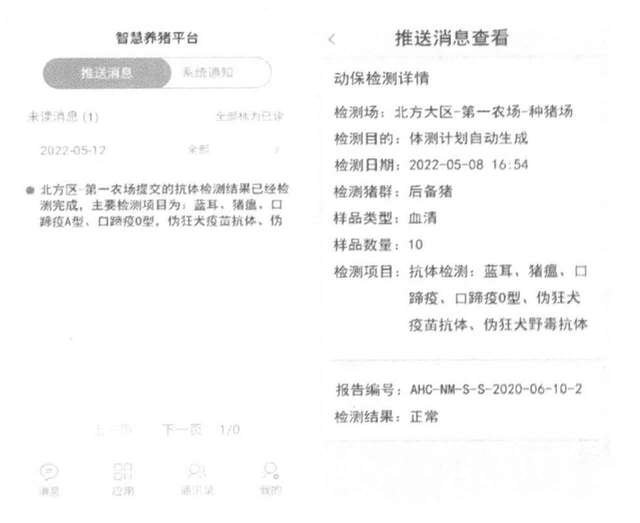

图 6-52　推送消息中查看动保检测结果

第七章　智能生产管理系统

近几年，国内养殖业发展迅速，特别是养猪行业，逐渐实现了规模化、标准化和机械自动化，正在向智慧化的方向迈进。

智能生产管理系统通过使用 RFID、传感器、人工智能等先进技术，让养殖业各环节人员通过手持终端设备进行生产，实现直接、准确、全面地了解和控制猪场各方面状况，有效降低各环节联动和沟通成本，提升生产及决策人员效率，降低养猪综合成本。

7.1　标准管理

养殖标准化，就是在场址布局、栏舍建设、生产设施配备、良种选择、投入品使用、卫生防疫、粪污处理、养殖过程管理等方面严格执行法律法规和相关标准的规定，并按程序组织生产的过程。企业自有养殖标准要求一般均高于国家标准，养殖标准也会随着生产实际进行适时调整。养殖标准化是提高养殖效率、提升养殖规模、实现智慧化养殖的必经之路，通过将各流程标准按照企业养殖生产流程进行业务封装，实现智慧化养殖全流程标准管理。

养殖标准是后续业务系统进行生产的总体指导准则，所有预警、提醒、工单、设备运维、物料、物流、免疫、体测、饲喂、淘汰、疾病治疗等均依托于基础养殖标准。

智慧养猪标准包括 2 个部分，养猪业务标准体系和生产过程标准操作流程。

7.1.1　养猪业务标准体系

养猪业务标准体系包括 8 项标准：周期标准、预警标准、淘汰标准、饲喂标准、免疫标准、体测标准、疾病治疗标准、机电设备运维标准（图 7-1）。

周期标准定义了公猪、母猪、育肥猪各生产周期的时长以及预警策略。不同农场可以根据养殖实际调整自己的周期标准，如种猪隔离期多少天、母猪后备期多少天、母猪妊娠期多少天、母猪提前多少天上产床等。

预警标准对公猪、母猪、育肥猪养殖过程中需要的预警项目进行设定。不同农场可根据各自实际养殖要求进行调试、启用或禁用，如母猪断奶后多少天不发情、公猪连续多少次精液检测不合格。

淘汰标准对公猪、母猪及育肥猪的淘汰的标准设定。各生产场可根据业务实际进行调整，如母猪大于多少天仍未发情、连续多少次返情、产仔数少于多少头建议淘汰，某品种（品类）上个月排名情况。

饲喂标准根据不同阶段公猪、母猪的体况评分结果给出标准饲喂量。如后备母猪处

图 7-1 养猪业务标准体系

于发情至配种阶段且体况评分为 2.75 的每日饲喂量为多少、经产母猪一胎处于妊娠 7~30 天且体况评分为 3 的每日饲喂量为多少。

免疫标准为全集团对公猪、母猪及育肥猪的统一标准，不可各农场自行设定。如公猪 7 月 2 日需要注射猪瘟疫苗，计量为 1 头份，免疫途径为颈部肌内注射；后备母猪日龄为 90 天时，需要注射伪狂犬 Bartha K-61 株疫苗，计量为 1 头份，免疫途径为颈部肌内注射。

体测标准为全集团对公猪、母猪及育肥猪的统一标准，不可各农场自行设定体测标准。如各育肥场（PS 配套）6 月第 1 周需要进行随机采样，采样种类为血清，采样数量为 30 头份，检测内容为抗体检测（猪瘟、口蹄疫 A 型、口蹄疫 O 型）；种猪场妊娠经产母猪（40~80 天）每月 1 日需随机采集唾液样本 3 份，做病原检测（蓝耳-美洲株、蓝耳-经典株、蓝耳-变异株、蓝耳-NADC30）。

疾病治疗标准定义了疾病症状、表现图像、行为视频以及病因、治疗方案（药品、给药量、给药方式、治疗次数等）。将猪疾病症状、表现图像、行为以及对应猪疾病建立了疾病诊断模型，生产人员只需选择症状、拍照、拍视频即可对猪疾病进行综合研判。

机电设备运维标准对养殖场各类型机电设备建立运维标准，包括运维周期、检查内容、判定基准等。

养猪业务标准体系作为提醒预警及任务工单数据的来源之一，与生产过程标准操作流程都是智慧化养猪生产的基础。

7.1.2 生产过程标准操作流程

生产过程标准操作流程（SOP）以系统业务代码以及流程配置的形式体现，所有生产过程标准操作流程以智慧养猪 SOP 为依托，对可变业务流程以可配置形式体现，不同农场、不同生产场可按需求配置和更改不同生产流程。

7.2 智能生产预警

智能生产预警，基于基础传感器、智能感应设备以及生产决策人工智能算法等设备和软件，同时对机器难以决断的事件实时推送养殖流程的相关人员进行决断，实现实时、准确、高效的生产全流程智能预警，同时提供基于预警的深度分析和人工下钻分析功能，能快速精准地定位问题本质，联动自动化任务工单模块，及时解决生产问题。

智能生产预警体系包括生产预警、设备预警、物流预警及环控预警 4 个部分（图 7-2）。

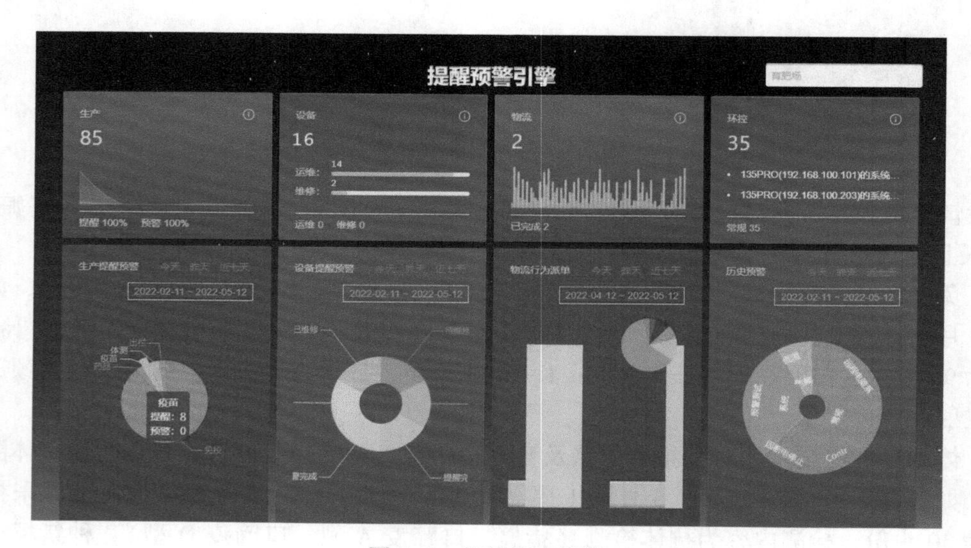

图 7-2　智能生产预警

7.3 自动化任务工单

养猪业向着自动化集约化发展，以往依靠经验的养殖模式已经逐步被规模化、智慧化的养殖管理所代替。在规模化的养殖背景下，养殖场的全封闭环境中，存在生产过程监管困难、工作量分配不均衡、已有工作分配方式无法凸显任务的时序性和重要性、养殖生产各流程人员绩效考核量化缺乏数据支撑等问题，使用自动化任务工单系统能够解决上述问题，保证养殖生产规范、有序地进行。

自动化任务工单作为整个平台生产调度的核心，由自动任务触发模块、任务池模块、自动任务分配模块、手动任务分配模块、任务工单执行模块、工单执行评价模块等组成。

自动任务触发模块：以养猪业务标准体系、生产过程标准操作流程、智能生产预警为依托，自动触发生产任务，系统会根据当前任务工单需要的人员来自动分配给符合条件的人员，系统会判断人员的工单时长，合理分配给任务人员。

任务池模块：自动触发和手动添加的生产任务全部进入任务池；在“智慧养猪平台”任务工单引擎中可以查看当前已经存在的任务列表（图 7-3），同时可以创建新的任务工单（图 7-4）。

任务工单引擎　系统导航　今日工单　新建工单　工单管理　工单配置　种猪场　管理员

返回系统导航　基本任务列表

+ 创建任务

排序	所属部门	任务类别	主管	任务内容	工作强度	预计花费时间(分)	操作	
1	种猪场	饲喂	妊娠舍主管	配种舍1单元	1星	2分钟	修改	删除
1	种猪场	饲喂	妊娠舍主管	配种舍2单元	3星	2分钟	修改	删除
1	种猪场	饲喂	妊娠舍主管	配种舍2单元	1星	2分钟	修改	删除
1	种猪场	饲喂	妊娠舍主管	配种3单元	1星	2分钟	修改	删除
1	种猪场	饲喂	妊娠舍主管	配种舍4单元	1星	2分钟	修改	删除
1	种猪场	饲喂	妊娠舍主管	断奶配种舍	2星	30分钟	修改	删除
1	种猪场	巡栏	妊娠舍主管	配种舍1单元	1星	10分钟	修改	删除
1	种猪场	巡栏	妊娠舍主管	配种舍2单元	1星	10分钟	修改	删除
1	种猪场	巡栏	妊娠舍主管	配种舍3单元	1星	10分钟	修改	删除

图 7-3　任务列表

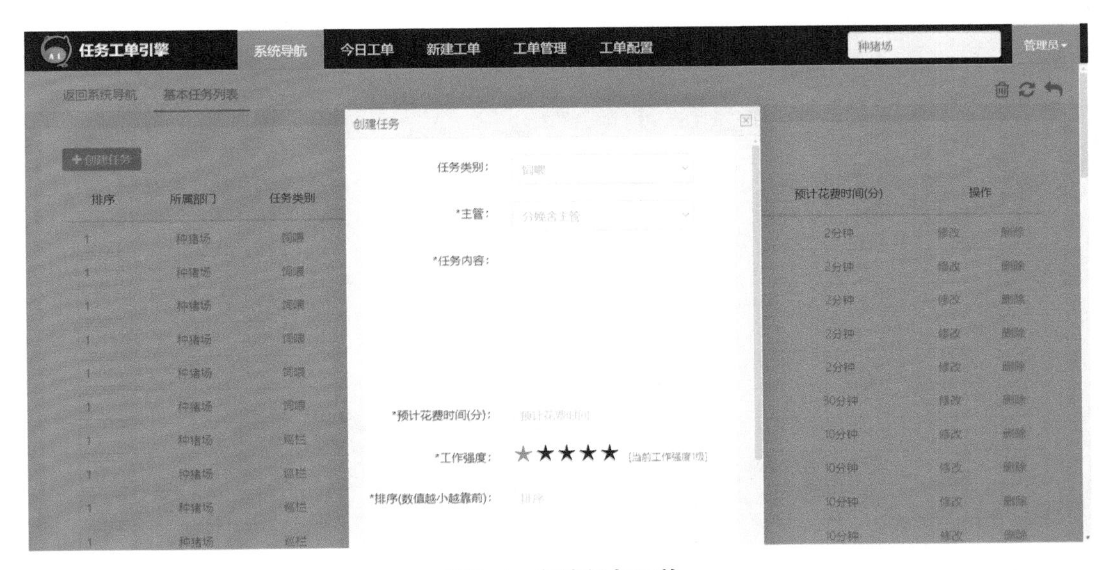

图 7-4　创建任务工单

自动任务分配模块：每个任务工单都有任务类别、任务难易程度、所需技能、预计时间，系统会针对在场人员自动匹配任务项。分配任务后，对应的人员在“智慧养猪”APP 中的工单下会看到相应的任务工单（图 7-5）。

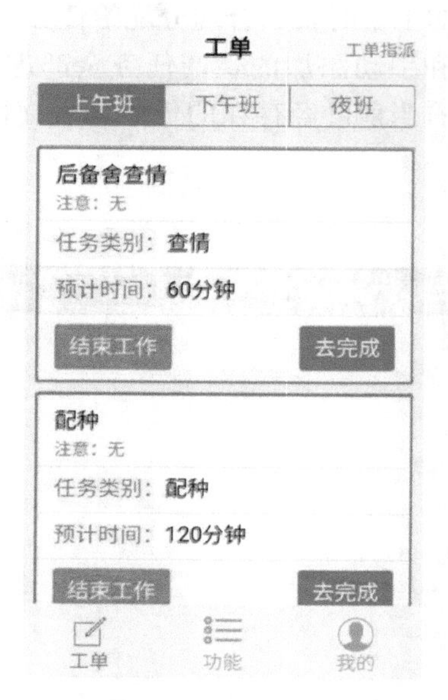

图 7-5　任务工单

手动任务分配模块：作为自动任务分配模块的扩展，针对临时性任务以及任务调整，由各舍主管完成员工任务工单的手动调整（图 7-6）。

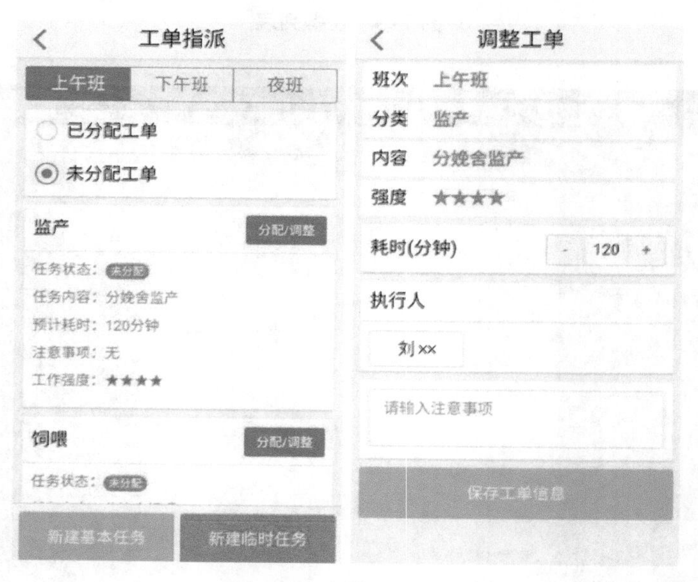

图 7-6　主管临时派单

任务工单执行模块：生成任务工单不仅仅是对工作内容的展示和提醒，各任务项均与实际生产内容挂钩，点击任务项自动跳转至对应生产模块进行生产执行。如：人员收到来自系统的后备舍查情的任务工单，点击任务工单中的“去完成”，将会跳转到后备发情的录入界面（图 7-7）。

图 7-7　后备舍查情工单

工单执行评价模块：针对任务工单执行结果，由主管对员工任务工单执行效果进行评价，与任务工单执行内容一并作为员工绩效考核的标准。主管登录“智慧养猪”APP，进入任务工单评分界面，对已经完成的任务工单进行评分（图 7-8）。

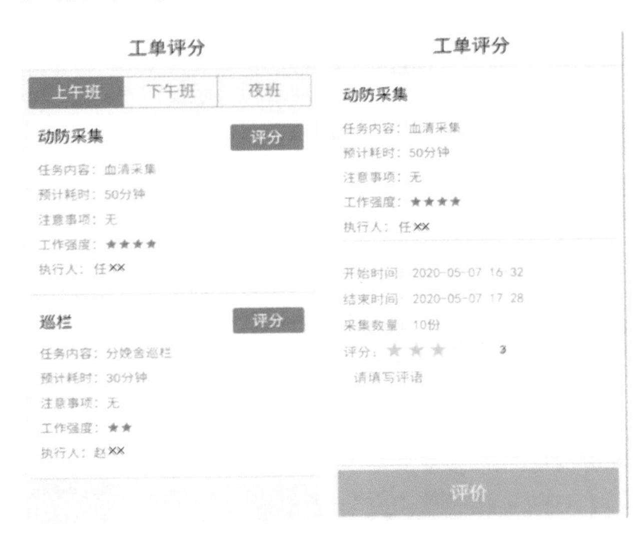

图 7-8　任务工单评分

当农场需要根据实际情况添加临时工单时，主管可以进入工单指派界面，点击“新建临时任务”，填写任务类别、任务内容、工作强度以及任务截止日期等信息，点击“保存任务”来创建临时任务（图 7-9）。

临时任务创建完成后，可以在工单指派界面看到创建好的任务工单，找到要分配的临时任务工单，点击“分配/调整”按钮，对临时任务工单进行人员分配（图 7-10）。任务分配后，分配的人员将会收到该任务工单，打开“智慧养猪”APP 可以查看该临时任务工单的详情，并且可以点击“去完成”来完成任务。

图 7-9　创建临时任务

图 7-10　临时任务分配人员

7.4　养殖过程管理

养殖过程管理作为智慧化养猪的核心部分，全面依托自动化任务工单功能，以生产标准及生产预警触发自动化生产任务，以自动化生产任务触发各环节生产行为，实现基于生产标准的自动化生产管控。

养殖过程包括种公猪养殖过程管理、种母猪养殖过程管理以及育肥猪养殖过程管理。

7.4.1　种公猪养殖过程管理

种公猪养殖过程按生产流程及公猪全生命周期，流程包括：进猪、隔离、饲喂、巡栏、免疫、伤病及治疗、调教、采精、精液质量检测、精液销售、死淘以及无害化处理。

7.4.1.1　进猪

种猪场从外采购种公猪进场时，种公猪未佩戴本场适配的电子耳标，需在进猪过程中打电子耳标，并与已有种公猪的电子/非电子育种耳标上的耳号相对应。同时进猪过程中要检查猪只体型外貌及状态，对不符合要求的种公猪做不进猪处理，并及时联系上游原种场。

（1）导入种公猪电子档案：种公猪电子档案包括育种耳号、电子耳号、仔猪耳号、品种、猪只来源、父亲耳号、父亲品种、母亲耳号、母亲品种、祖父耳号、祖父品种、祖母耳号、祖母品种、外祖父耳号、外祖父品种、外祖母耳号、外祖母品种、出生日期、进场日期、国家备案号信息（此时种公猪还未正式入场，查询不到）。

种猪场工作人员登录“智慧养猪平台”，依次点击“生产管控”“养殖管理系统”“工作过程管理”“进猪管理”“批量导入公猪”，点击“下载标准模板”，按系统要求格式填写种公猪电子档案，点击“选择文件”载入 Excel 文件，点击“解析”按钮对上传数据进行解析，选择转入舍、栏位，点击“保存”按钮，批量导入成功（图 7-11）。点击“进猪列表”选项卡可查看导入成功的种公猪信息（图 7-12）。

图 7-11　导入种公猪电子档案

养殖管理系统 系统导航 记录卡 工作过程管理 标准管理 猪基础信息管理 更多 公猪场 管理员

进场日期： ~ 今天 昨天 近7天 录入日期： ~ 搜索 清空搜索条件

共计：189头猪 导出

猪号	仔猪耳号	育种耳号	电子耳号	来源	品种	舍（栏）	出生日期	进场日期	录入日期	录入人	状态
1495	20220304118	gz202203059	10009188	XX种猪场	美系大白	隔离舍（A2）	2022-01-03	2022-03-04	2022-05-11	管理员	完成
1494	20220304117	gz202203058	1010019918	XX种猪场	美系大白	隔离舍（A1）	2022-01-03	2022-03-04	2022-05-11	管理员	未完成进猪
1493	20220304116	gz202203057	1010019917	XX种猪场	美系大白	隔离舍（A1）	2022-01-03	2022-03-04	2022-05-11	管理员	未完成进猪
1492	20220304115	gz202203056	1010019916	XX种猪场	美系大白	隔离舍（A1）	2022-01-03	2022-03-04	2022-05-11	管理员	未完成进猪
1491	20220304114	gz202203055	1010019915	XX种猪场	美系大白	隔离舍（A2）	2022-01-03	2022-03-04	2022-05-11	管理员	未完成进猪

图 7-12　导入结果

（2）种公猪打电子耳标：使用耳标配套的耳标钳给种公猪打耳标（图 7-13），打耳标前主标、辅标以及耳标钳、撞针均需按生物安全要求进行浸泡消毒。

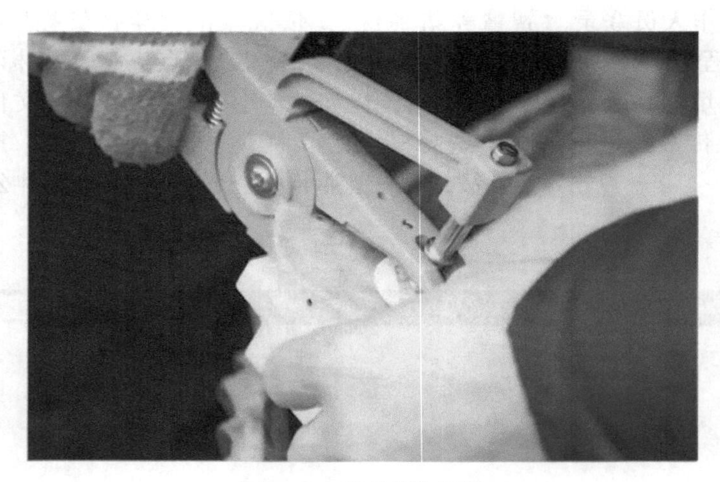

图 7-13　种公猪打耳标

（3）耳号绑定：查看种公猪当前育种耳号并输入手持终端，扫描新打的电子耳号，将新、旧耳号绑定，种公猪此时正式进入此生产场。

打开“智慧养猪”APP，登录账号，在下方选择“功能”，点击“进猪”图标，文本框中输入已导入种公猪的育种耳号，此时系统会自动检索与之匹配的数据，点击“选择”按钮进入初始化猪耳标界面（图 7-14）。

工作人员用手持终端扫描电子耳标后，系统自动获取电子耳标编号，再次使用手持终端扫描栏位电子标签，系统自动获取栏位信息，点击“保存数据”按钮即完成进猪操作（图 7-15）。

图 7-14　选择外来猪只

图 7-15　扫描电子标签进猪

（4）种公猪进场：将种公猪按生物安全要求消毒后，转入隔离舍。

7.4.1.2　隔离

种公猪进入隔离舍，转入指定栏位，使用手持终端依次扫描种公猪电子耳号、栏位电子标签，然后按标准设定隔离天数进行种公猪隔离。隔离期间根据任务工单指引进行免疫、体测等操作。

打开“智慧养猪”APP，在下方选择“功能”，点击“公猪转栏”图标，使用手持终端扫描种公猪电子耳标获取猪只个体信息，或点击“扫描（选择）猪耳号”文字进入选择种猪页面，输入猪只耳号进行筛选（图 7-16）。

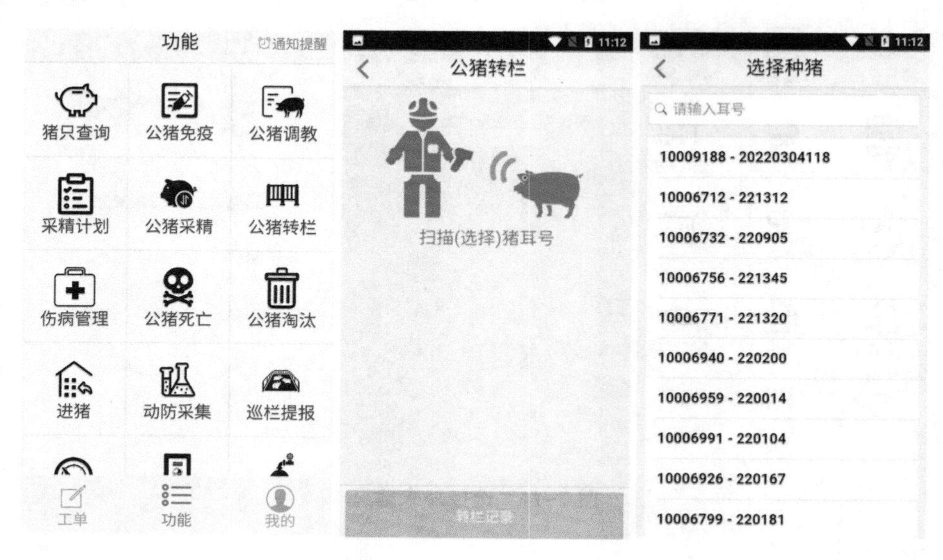

图 7-16　选择转栏猪只

使用手持终端扫描电子栏位标签获取栏位信息，选择转栏原因，点击“确定转栏”按钮完成隔离转栏操作，点击“转栏记录”按钮可查看今天、昨天、前天的转栏历史记录（图 7-17）。

图 7-17　转入指定栏位

7.4.1.3　饲喂

根据任务工单指引，完成饲喂操作。

打开“智慧养猪”APP，在下方选择“工单”，在工单页中可查看指派的饲喂任务，任务标明具体饲喂计划，完成饲喂任务后点击“结束工作”即可完成饲喂任务（图7-18）。

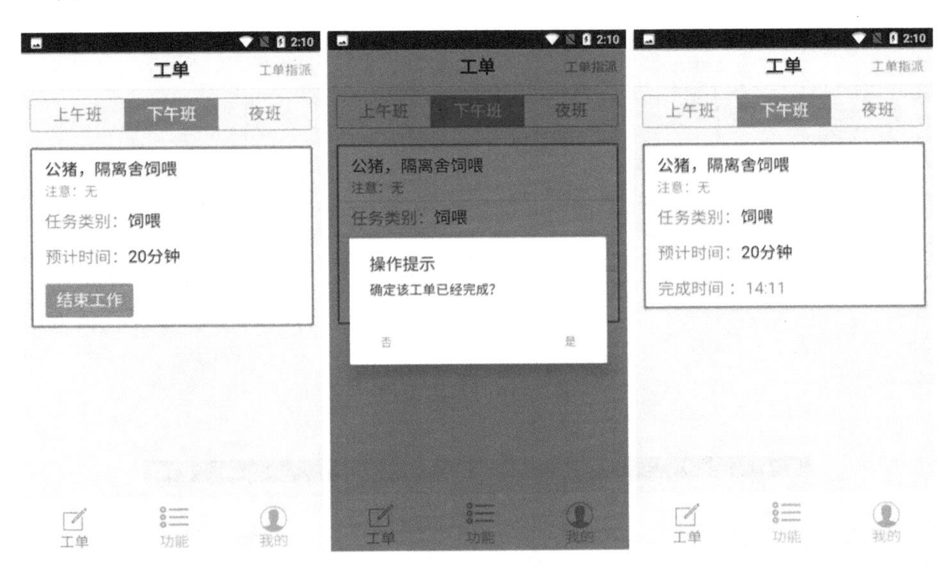

图7-18　饲喂工单

7.4.1.4　巡栏

根据任务工单指引，完成巡栏操作，巡栏过程中将发现的问题实时上报，主管实时掌握猪场问题并指派工单解决。

打开“智慧养猪”APP，在下方选择“工单”，在工单页中可查看指派的巡栏任务，任务标明具体巡栏计划，在巡栏过程中如发现异常情况，点击“去完成”按钮进入巡栏提报页，点击“巡栏提报”选项卡，选择问题类型、紧急程度，填写具体内容后点击“提交”按钮完成巡栏提报，点击“我的提报”选项卡查看当前用户提交的历史提报记录。巡栏任务完成后，点击“结束工作”按钮即可完成该工单（图7-19）。

主管打开“智慧养猪”APP，在下方选择“功能”，点击右上角“通知提醒”图标，点击“巡栏提报”选项卡即可查看养殖人员提交的巡栏提报数据（图7-20）。

7.4.1.5　免疫

免疫为群体免疫，对指定范围的猪只进行全覆盖免疫。平台以舍为单位进行免疫数据采集。对全舍免疫完成后，扫描舍内（入口/出口处）的综合电子标签，完成免疫，

图 7-19　巡栏提报

图 7-20　巡栏提报记录

系统对本舍内的全部猪做免疫处理。

打开“智慧养猪”APP，在下方选择“功能”，在功能列表页中点击“公猪免疫”图标进入猪只免疫页面，系统自动加载当前配置的猪只免疫计划，点击“计划项”进入免疫计划项选择页，选择“本次免疫计划项”，返回猪只免疫页面可显示本次免疫详情，包括免疫内容、免疫途径以及免疫剂量（图 7-21）。

图 7-21　选择免疫计划项

支持使用手持终端扫描猪只电子耳标、栏位电子标签或舍内（入口/出口处）综合电子标签以完成免疫操作，扫描舍内（入口/出口处）综合电子标签时，系统自动获取当前舍内全部猪只耳号，点击“保存免疫记录”按钮即可完成该舍中的全部种公猪免疫操作。点击“免疫记录”按钮可查看今天、昨天、前天的免疫记录（图 7-22）。

图 7-22　免疫

7.4.1.6　伤病及治疗

当种公猪出现伤病时，通过伤病及治疗功能可录入猪只伤病详细情况以及治疗用药情况，可随时查询任意猪只历史伤病情况，随时了解猪只健康状况。

打开“智慧养猪”APP，在下方选择“功能”，在功能列表页中点击“伤病管理”

图标进入伤病管理页，工作人员使用手持终端扫描猪只电子耳标或栏位电子标签，或手动点击“扫描（选择）猪耳号/栏位标签”进入猪只选择页手动选择伤病猪只，点击“新增伤病”按钮，填写发病类型、主要症状、症状描述、疑似病因、可能原因、采取措施、严重程度、备注信息，点击“保存伤病信息”完成伤病数据的录入（图 7–23）。

图 7–23 新增伤病

点击“添加治疗”按钮，点击“点击选择药品”按钮，在“疾病治疗方案”中选择使用的药品，填写剂量单位、给药方式，点击“保存治疗信息”按钮完成治疗信息的录入。治疗完成后点击“完成治疗”按钮，选择治疗结果即可结束本次疾病的治疗，点击“查看治疗记录”按钮可查看该疾病的具体治疗情况（图 7–24）。

图 7–24 伤病治疗

7.4.1.7 调教

种公猪调教的目的是让种公猪能主动爬跨提前设置的假猪台，通过“公猪调教”功能可记录猪只的调教情况。

打开“智慧养猪”APP，在下方选择“功能”，在功能列表页中点击“公猪调教”图标，使用手持终端扫描猪只电子耳标或点击“扫描（选择）猪耳号”图标手动选择猪只，选择调教阶段，点击“保存调教信息”即可录入成功（图 7-25）。

图 7-25　公猪调教

7.4.1.8　采精

种公猪采精完成后，使用手持终端依次扫描种公猪耳号、采精袋条码，将采精袋放入恒温采精杯，由气动转移装置传送至检验室。

打开“智慧养猪”APP，在下方选择“功能”，在功能列表页中点击“公猪采精”图标，使用手持终端扫码猪只电子耳标或点击“扫描（选择）猪耳号”图标手动选择猪只，系统自动显示猪只所在舍（栏）、品系、周龄、上次采精日期及下次采精日期（图 7-26）。

图 7-26　公猪采精

点击“扫描采精袋条码”按钮，系统自动打开扫码功能扫描采精袋条码，扫码成功后自动获取采精袋编号，点击“保存数据”即完成采精操作（图 7–27）。

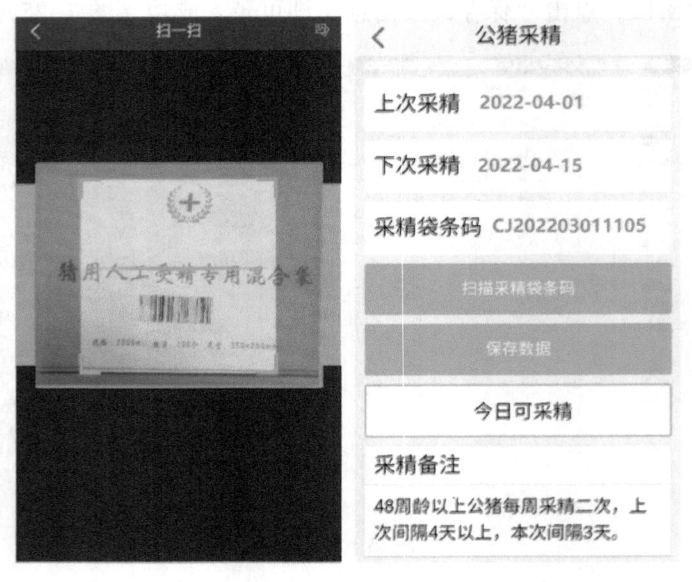

图 7–27 公猪采精

7.4.1.9 精液质量检测

精液采集后，通过气动转移装置传送至精液检验室，眼观、气味检测合格后进行稀释，然后通过专用精液检测设备进行精液质量检测，自动分析出精液质量、密度、活率等信息（图 7–28）。合格的精液进入下一流程开始灌装。

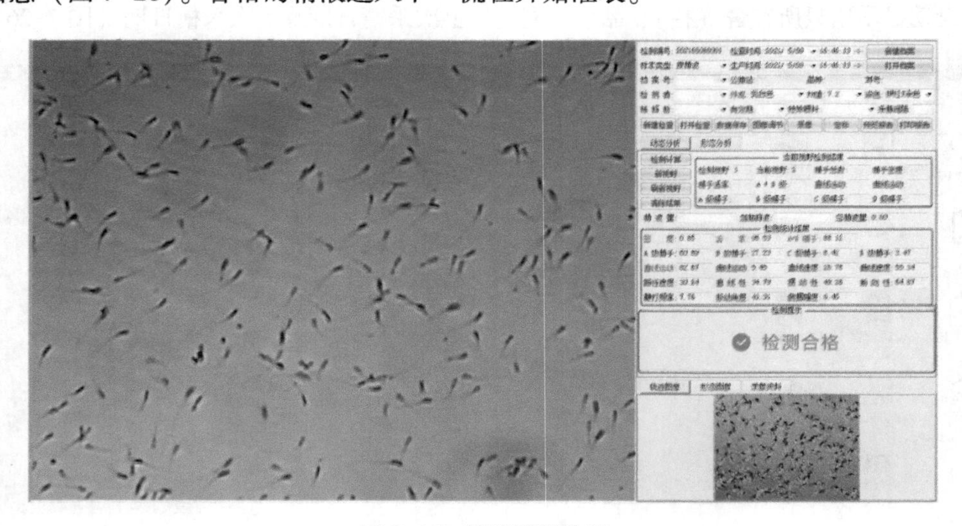

图 7–28 精液质量检测

7.4.1.10　精液销售

内部精液销售，即同一农场内种猪场向公猪场购买精液，通过内部养殖 APP 完成销售。种猪场工作人员打开“养猪协作” APP，在下方选择“应用”，点击“进场洗消”分类下的“精液下单”图标，点击页面右上角“下单”进入精液下单页，选择精液购买源，填写精液使用日期，填写 DUR 80 mL、DUR 50 mL、LAN 80 mL、LAN 50 mL、LWY 80 mL、LWY 50 mL 精液的数量，点击“下单”按钮完成下单，点击“待确认”选项卡可查看已提交订单，订单在未确认的情况下可点击“修改”按钮修改订单数据（图 7-29）。

图 7-29　种猪场下单

公猪场工作人员打开“养猪协作” APP，在下方选择“应用”，点击“进场洗消”分类下的“精液订单”图标，在“待确认”选项卡中可查看需要确认的新订单，订单确认无误后点击“确认订单”按钮，在“已确认”选项卡中可查看状态为生产中的订单。公猪场工作人员登录“智慧养猪平台”，打开精液商城系统，点击相应的订单，根据订单要求进行精液分配（图 7-30）。

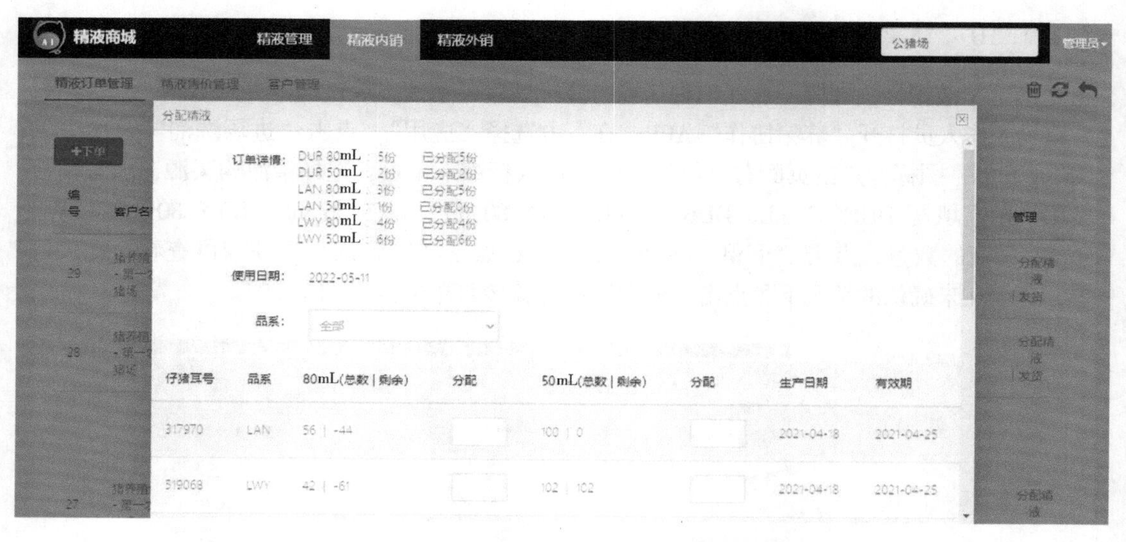

图 7-30　公猪场接收、分配精液

公猪场工作人员打开“养猪协作”APP，在下方选择“应用”，点击“进场洗消”分类下的“精液订单”图标，点击“已确认”选项卡，点击订单下方的“精液发货”按钮，系统自动显示客户名称、客户代码、联系人、联系电话、邮寄地址，输入发货温度以及运费，点击“保存订单”即发货成功。点击“已发货”选项卡可查看已发货订单详情。同时通过电脑端系统也可在线查看精液发货详单（图 7-31）。

种猪场工作人员打开“养猪协作”APP，在下方选择“应用”，点击“进场洗消”分类下的“精液下单”图标，点击“已发货”选项卡可查看所有已发货的订单，种猪场确认收到精液后，点击“确认收货”按钮完成收货。点击“已收货”选项卡可查看所有已确认收货的订单，如精液出现问题，点击“问题反馈”按钮，选择问题精液，填写问题数量、反馈内容，拍摄异常精液图片，点击“保存”按钮即可提交反馈（图 7-32）。

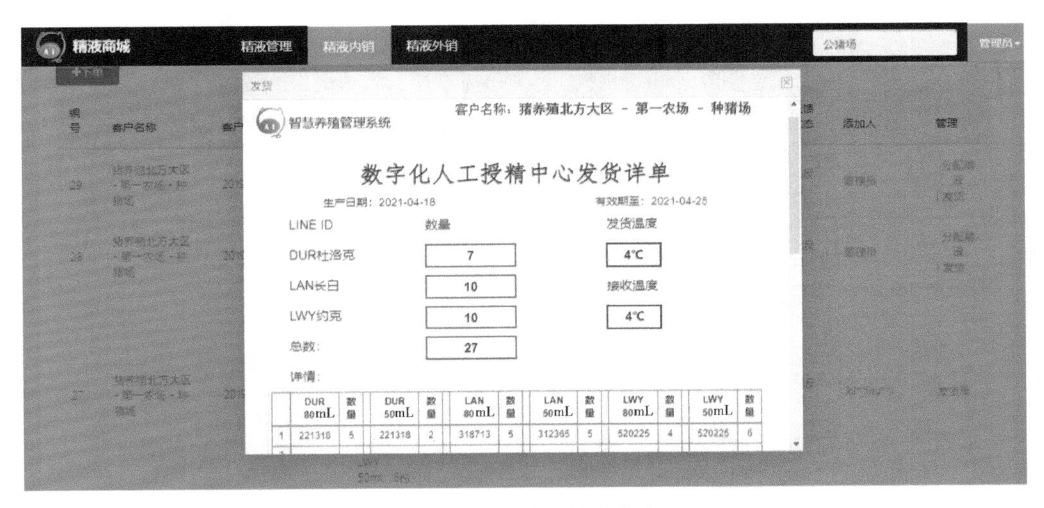

	DUR 80mL	数量	DUR 50mL	数量	LAN 80mL	数量	LAN 50mL	数量	LWY 80mL	数量	LWY 50mL	数量
1	221318	5	221318	2	318713	5	312365	5	520225	4	520225	6

图 7-31　公猪场精液发货

图 7-32　种猪场确认收货及问题反馈

7.4.1.11　死淘及无害化处理

通过死淘功能可录入公猪死亡、淘汰数据，死淘后的公猪统一做无害化处理，猪肉不得外销。

打开“智慧养猪”APP，在下方选择“功能”，在功能列表页中点击“公猪死亡”图标，使用手持终端扫描猪只电子耳标或栏位电子标签，或点击“扫描（选择）猪耳号/栏位标签”图标手动选择死亡猪只的耳号，填写猪只死亡原因、公猪体重、拍摄照片，点击“保存死亡信息”即完成种公猪死亡数据录入（图 7-33）。

打开“智慧养猪”APP，在下方选择“功能”，在功能列表页中点击“公猪淘汰”图标，使用手持终端扫描猪只电子耳标或栏位电子标签，或点击“扫描（选择）猪耳

图 7-33 公猪死亡

号/栏位标签”图标手动选择淘汰猪只的耳号，填写猪只等级、淘汰方式、公猪体重、淘汰原因，点击“提交”即完成种公猪淘汰数据录入（图 7-34）。

图 7-34 公猪淘汰

7.4.2 种母猪养殖过程管理

种母猪养殖过程按生产流程及母猪全生命周期，流程包括进猪、隔离、饲喂、巡栏、免疫、转后备、催情查情、精液采购、转妊娠舍、配种、查返情、查空怀、体况评分、上产床、分娩、仔猪处理、断奶、仔猪销售、伤病及治疗、淘猪、死亡处理、冲洗猪舍。

7.4.2.1　进猪

种猪场的种猪一般有两种来源，外来种母猪进猪和自繁留种母猪进猪。

（1）外来种母猪进猪。种猪场从外采购种母猪进场时，种母猪未佩戴本场适配的电子耳标，需在进猪过程中打电子耳标，并与已有种母猪的电子/非电子育种耳标上的耳号相对应。同时进猪过程中要检查猪只体型外貌及状态，对不符合要求的种母猪做不进猪处理，并及时联系上游原种场。

①导入种母猪电子档案。

导入种母猪电子档案有两种方式：手动导入和批量导入。

手动导入需要填写种母猪的相关详细信息，包括种母猪的育种耳号、电子耳号、仔猪耳号、品种、来源、出生日期、进场日期、舍（单元）、栏位、父耳号、父品种、母耳号、母品种、祖父耳号、祖父品种、祖母耳号、祖母品种、外祖父耳号、外祖父品种、外祖母耳号、外祖母品种（图 7-35）。

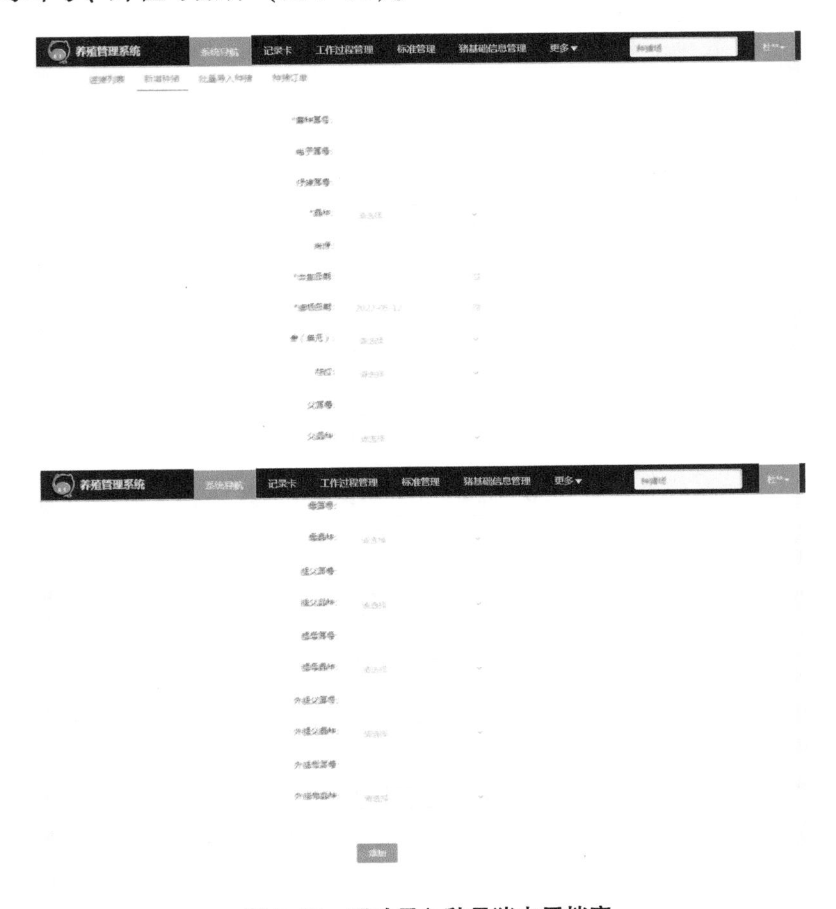

图 7-35　手动导入种母猪电子档案

同时也可以使用批量导入功能将要进场的种母猪信息批量导入系统（图 7-36）。

图 7-36　批量导入种母猪电子档案

②打电子耳标。

使用耳标配套的耳标钳给种母猪打耳标，打耳标前主标、辅标以及耳标钳、撞针均需按生物安全要求进行浸泡消毒。

③耳号绑定。

查看种母猪当前育种耳号并输入手持终端，扫描新打的电子耳号，将新、旧耳号绑定，种母猪此时正式进入此生产场。

打开“智慧养猪”APP，登录账号，在下方选择“功能”，点击“进猪”图标，选择外来猪只文本框中输入已导入种母猪的育种耳号，此时系统会自动检索与之匹配的数据，点击“选择”按钮进入初始化猪耳标界面，工作人员用手持终端扫描电子耳标后，系统自动获取电子耳标编号，再次使用手持终端扫描栏位电子标签，系统自动获取栏位信息，点击“保存数据”按钮即完成进猪操作（图 7-37）。

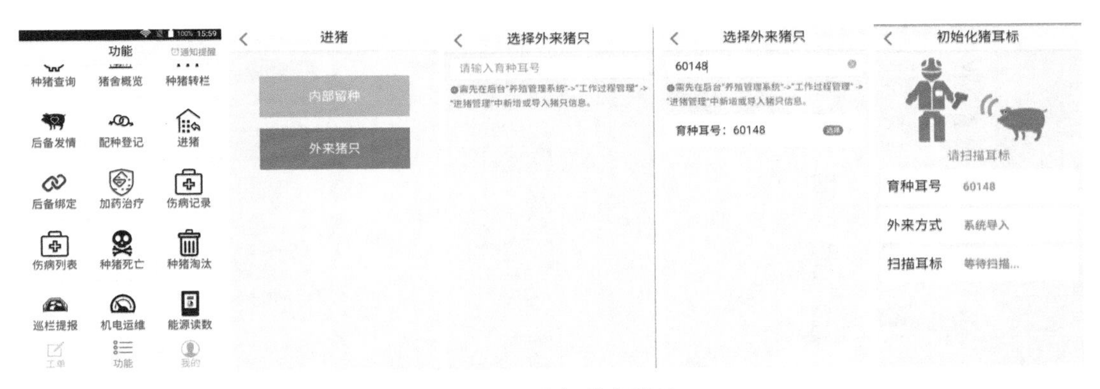

图 7-37　选择外来猪只

④种母猪进场。

将种母猪按生物安全要求消毒后，转入隔离舍。

（2）自繁留种母猪进猪。仔猪留种即将自繁的留种仔猪作为种母猪培养，配种时选择“扩繁”或“纯繁”，出生后择优打耳标，断奶时优先将留种仔猪转移至隔离舍，并做进猪登记（图 7-38）。

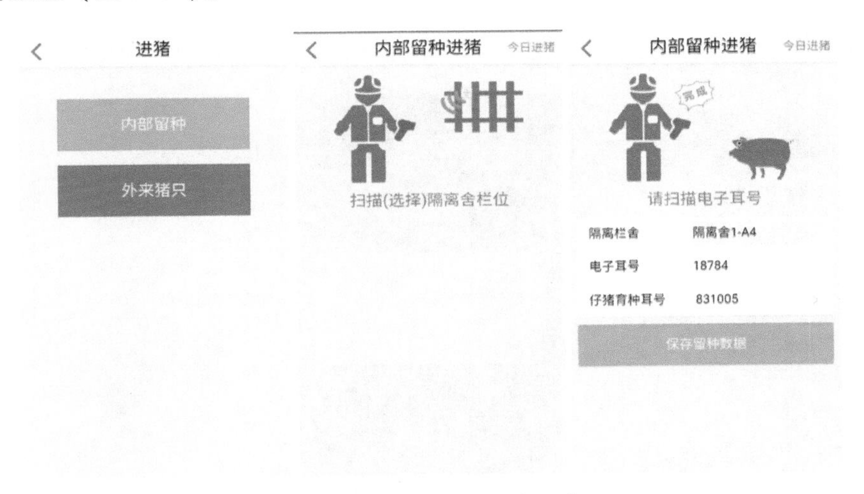

图 7-38　自繁留种母猪进猪

7.4.2.2　隔离

种母猪进入隔离舍，转入指定栏位，使用手持终端扫描栏位电子标签，然后扫描种母猪电子耳号，正式进入隔离状态。按标准设定隔离天数进行种母猪隔离。隔离期间根据任务工单指引进行免疫、体测等操作。

打开“智慧养猪”APP，在下方选择“功能”，点击“种猪转栏”图标，使用手持终端扫描种母猪电子耳标获取猪只个体信息，或点击“扫描栏位标签”文字进入选择种猪页面，输入猪只耳标进行筛选（图 7-39）。

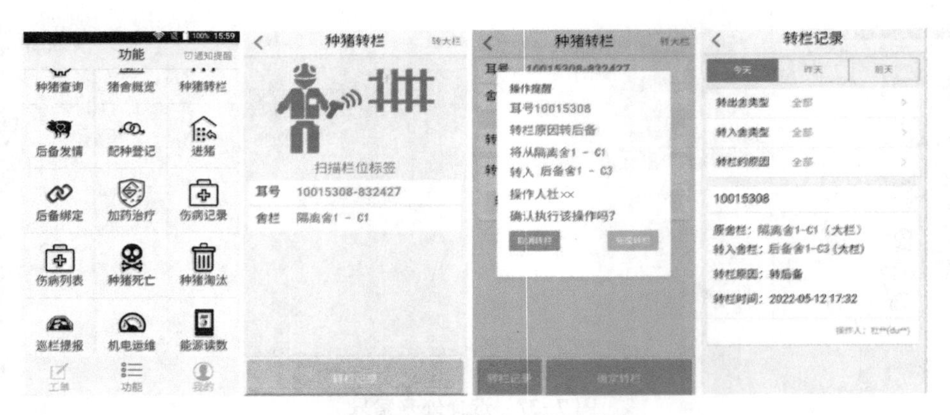

图 7-39　转入隔离舍指定栏位

7.4.2.3　饲喂

根据任务工单指引，进行饲喂操作。

打开“智慧养猪”APP，在下方选择“工单”，在工单页中可查看指派的饲喂任务，任务标明具体饲喂计划，完成饲喂任务后点击“结束工作”即可完成饲喂任务（图 7-40）。

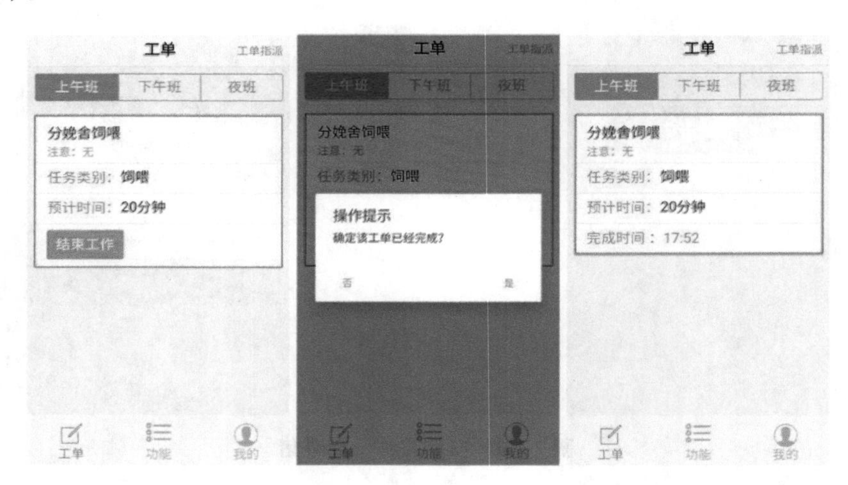

图 7-40　饲喂工单

7.4.2.4　巡栏

根据任务工单指引，完成巡栏操作，巡栏过程中将发现的问题实时上报，主管实时了解问题并指派工单解决。

打开“智慧养猪”APP，在下方选择“工单”，在工单页中可查看指派的巡栏任务，任务标明具体巡栏计划，在巡栏过程中如发现异常情况，点击“去完成”按钮进入巡栏提报页，点击“巡栏提报”选项卡，选择问题类型、紧急程度，填写具体内容后点击

"提交"按钮完成巡栏提报，点击"我的提报"选项卡查看当前用户提交的历史提报记录。巡栏任务完成后，点击"结束工作"按钮即可完成该工单（图 7-41）。

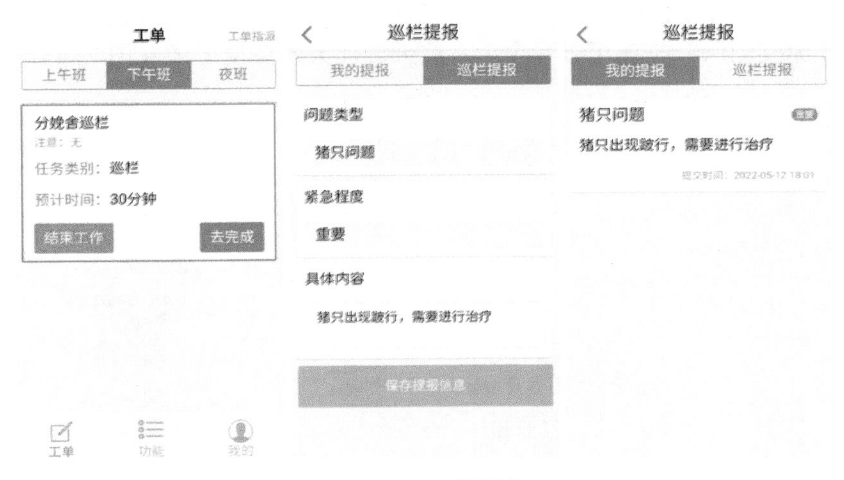

图 7-41　巡栏提报

7. 4. 2. 5　免疫

免疫为群体免疫，对指定范围的猪只进行全覆盖免疫。平台以舍为单位进行免疫数据采集。对全舍免疫完成后，扫描舍内（入口/出口处）的综合电子标签，即可完成舍内全部猪只的免疫。

打开"智慧养猪"APP，在下方选择"功能"，在功能列表页中点击"猪只免疫"图标进入免疫页，系统自动加载当前配置的免疫计划，点击"计划项"进入免疫计划项选择页，选择"本次免疫计划项"，"猪只免疫"显示本次免疫详情，包括免疫内容、免疫途径以及免疫剂量（图 7-42）。

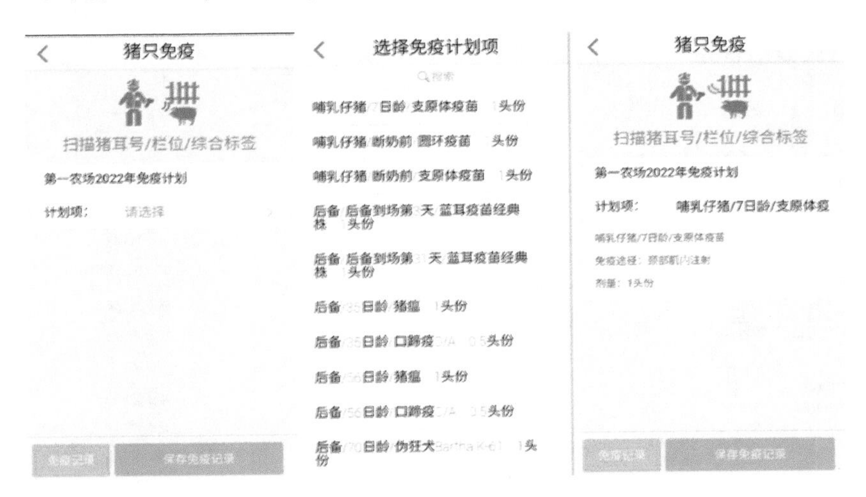

图 7-42　选择免疫计划项

支持使用手持终端扫描猪只电子耳标、栏位电子标签或舍内（入口/出口处）综合电子标签以完成免疫操作，扫描舍内（入口/出口处）综合电子标签时，系统自动获取当前舍内全部猪只耳号，点击“保存免疫记录”按钮即可完成该舍中的全部种母猪免疫。点击“免疫记录”按钮可查看今天、昨天、前天的免疫记录（图 7-43）。

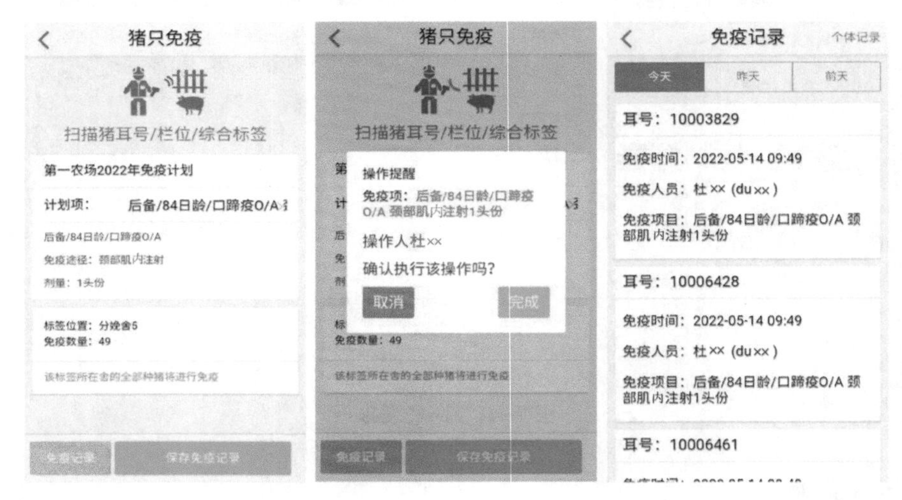

图 7-43　免疫

7.4.2.6　转后备

隔离期结束后，种母猪将转入后备舍，打开“智慧养猪”APP，在下方选择“功能”，在功能列表页中点击“后备绑定”图标，文本框输入种母猪育种耳号，系统会自动检索与之匹配的数据，点击“选择”按钮进入后备绑定页面，使用手持终端依次扫描种母猪电子耳号，栏位电子标签完成绑定（图 7-44），转后备后，种母猪将正式进入后备期，在后备期只需按照任务工单提示，完成饲喂、巡栏、免疫、体测等任务即可。

图 7-44　转后备

7.4.2.7　催情查情

一般不对种母猪特意做人工催情，在查情的过程中，通过对种母猪后背的按压、公猪接触等过程即同步完成了催情。对于超期不发情和人工控制同步发情的种母猪需要人工干预，进行药物催情和控制发情。

通过多次查情建立的发情不配种（HNS）数据记录并结合系统设定的农场养殖标准综合研判，将自动指派查情及配种的任务工单。打开"智慧养猪"APP，在下方选择"工单"，在工单页中可查看指派的查情任务，点击"去完成"按钮进入后备发情页，使用手持终端扫描猪只电子耳标或栏位电子标签，或手动点击"扫描（选择）猪耳号/栏位标签"记录种母猪发情情况，点击"保存发情记录"按钮完成查情工作（图 7-45）。点击"发情记录"可查看今天、昨天、前天的发情记录（图 7-46）。

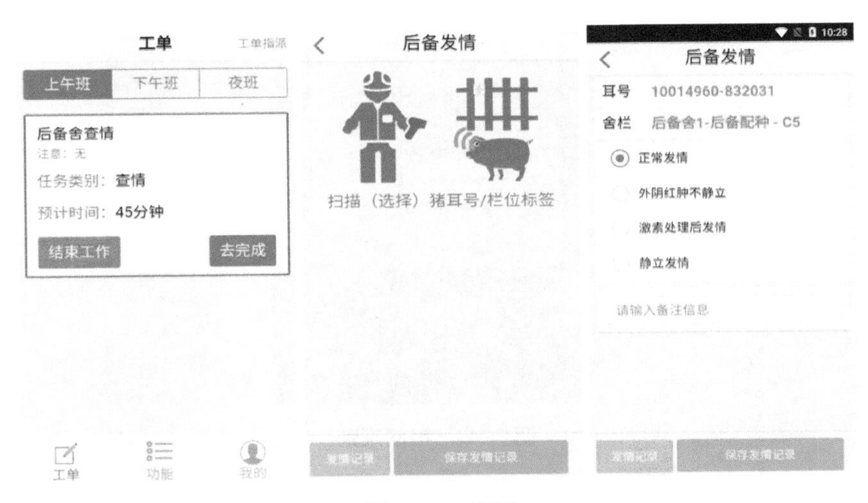

图 7-45　查情

图 7-46　查看发情记录

7.4.2.8　精液采购

同集团的多个农场可在内部系统直接下单采购精液（图 7–47）。根据生产计划需求，生产人员在猪舍内即可通过手持终端下单采购精液，并实时查看精液生产和物流进度。

收到精液后，种猪场配种舍工作人员将对精液进行抽检，对不符合要求的精液可通过平台与公猪场沟通作废。

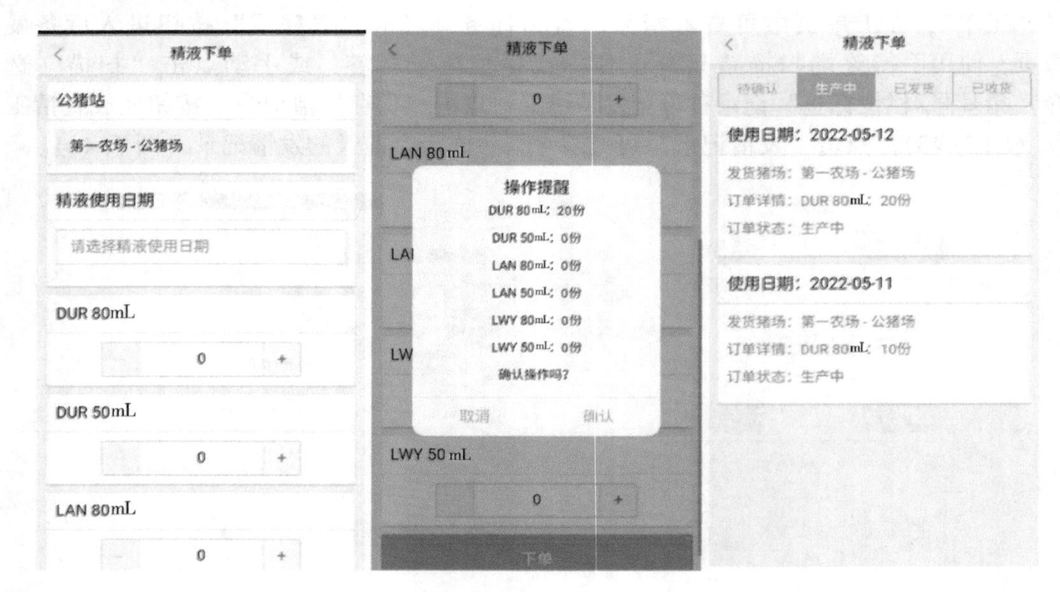

图 7–47　精液采购

下单后等待公猪场发货，收到精液后，核对外包装上的精液信息，并取样进行检验，等待检验合格后方可使用。具体操作同“7.4.1.10 精液销售”章节。

7.4.2.9　转妊娠舍

配种前，需要将种母猪转移到妊娠舍，打开“智慧养猪”APP，在下方选择“工单”，在工单页中可查看指派的转栏任务，点击“去完成”按钮进入种猪转栏页，使用手持终端扫描猪只电子耳标，或手动点击“扫描（选择）猪耳号”，选择“转栏记录”按钮，记录种母猪转栏原因，点击“确定转栏”按钮完成操作（图 7–48）。

7.4.2.10　配种

根据任务工单要求，对符合配种条件的种母猪，转入配种舍进行配种。打开“智慧养猪”APP，在下方选择“工单”，在工单中可查看指派的配种任务，点击“去完成”按钮进入留种筛选页面，进行留种筛选，将今天配种的种母猪按照最近一次种猪排名进行显示，根据生产需要，选择前 N 头作为配纯种的种母猪（图 7–49）。

根据生产标准对种母猪做 AI（人工授精）或 PCAI（子宫颈后人工授精）配种。母

图 7-48　转妊娠

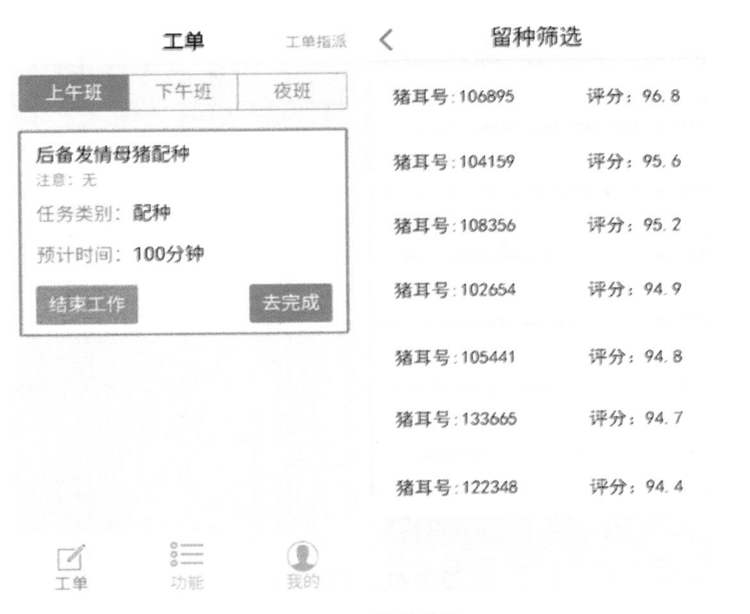

图 7-49　留种筛选

猪的单次配种周期内需要进行多次配种。配种前扫描精液条码，然后扫描种猪耳号/栏位标签，选择正确的留种类型进行配种。不同的留种方式界面会显示不同颜色来提醒操作人员。纯繁配种会显示深色背景，扩繁配种会显示较浅色背景，而不留种配种则会显示默认的最浅背景（图 7-50）。

纯繁配种，选择纯繁后背景变为深色，扫描种猪耳号后显示本次配种母猪的配种记录、种猪排名等信息。点击“记录”可以查看历史配种记录（图 7-51）。

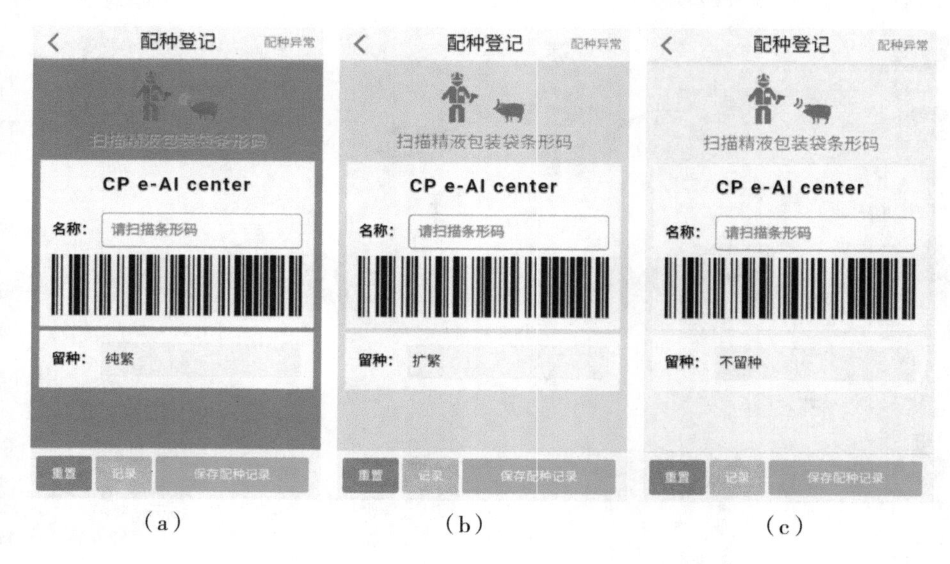

（a）　　　　（b）　　　　（c）

（a）纯繁配种；（b）扩繁配种；（c）不留种配种。

图 7-50　配种登记

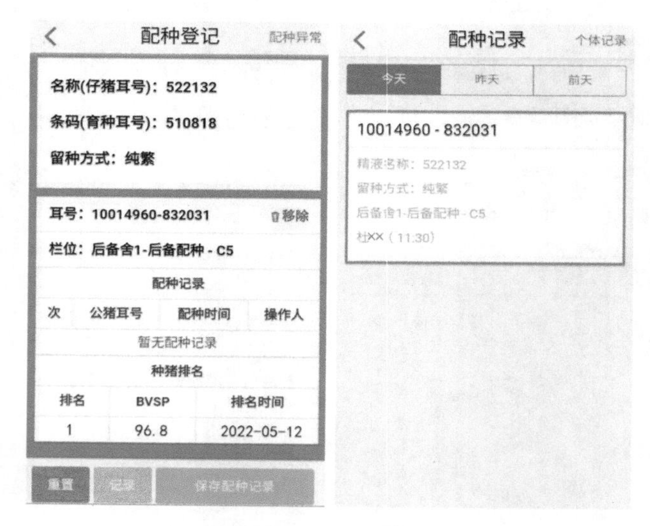

图 7-51　纯繁配种

不留种配种，选择不留种后背景变为浅色，扫描种猪耳号后显示本次配种母猪的配种记录、种猪排名等信息。点击“记录”可以查看历史配种记录（图 7-52）。

如果出现配种异常，如倒流、出血、配种时不静立，要进行登记（图 7-53）。

配种完成后，种母猪自动进入妊娠期，在妊娠期内，将进行查返情、查空怀、体况评分等工作。

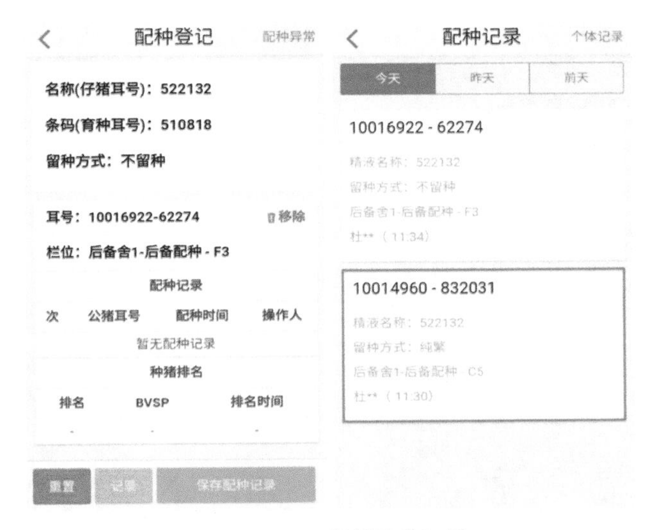

图 7-52　不留种配种记录

图 7-53　配种异常记录

7.4.2.11　查返情

根据任务工单指引，对妊娠期的母猪进行查返情操作。查返情为批量操作，按照查询结果进行所有猪的查返情操作。打开“智慧养猪”APP，在下方选择“工单”，在工单中可查看指派的妊娠任务，点击“去完成”进入查情孕检页面，进行孕检记录（图7-54）。

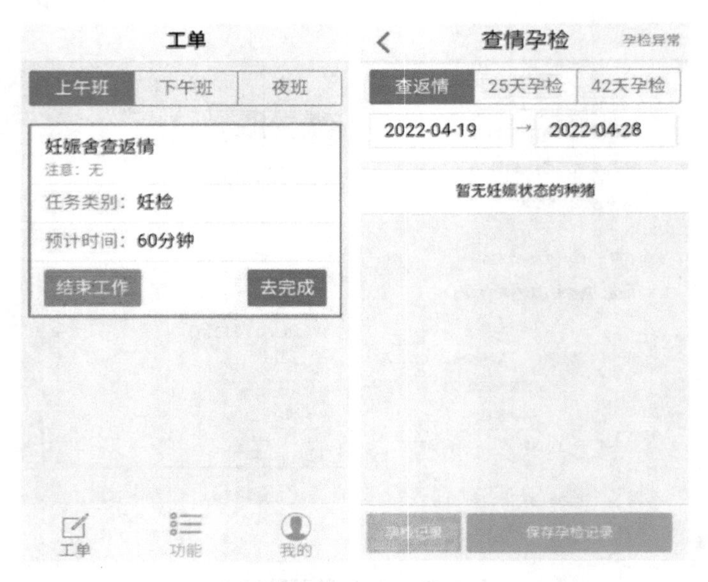

图 7-54 查返情

完成后孕检异常的猪进行单独记录（图 7-55）。

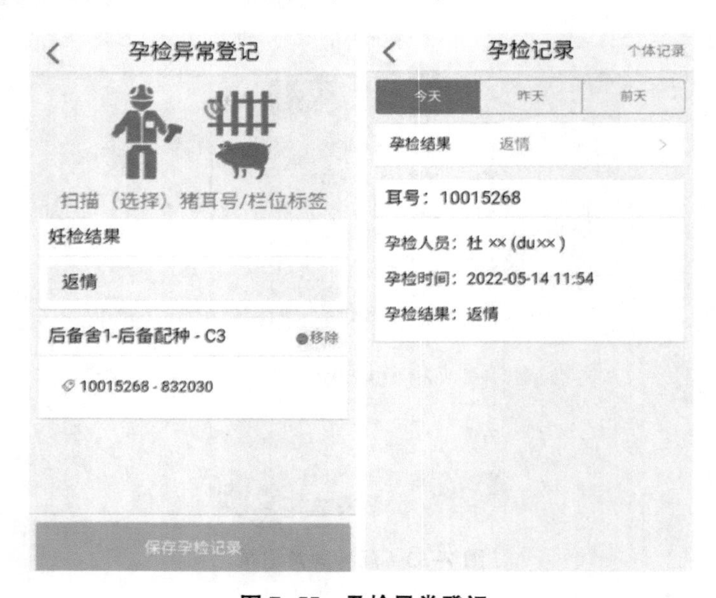

图 7-55 孕检异常登记

7.4.2.12 查空怀

根据任务工单指引，对妊娠期的母猪进行查空怀操作。可进行批量提报妊检结果，也可查看历史孕检记录（图 7-56）。

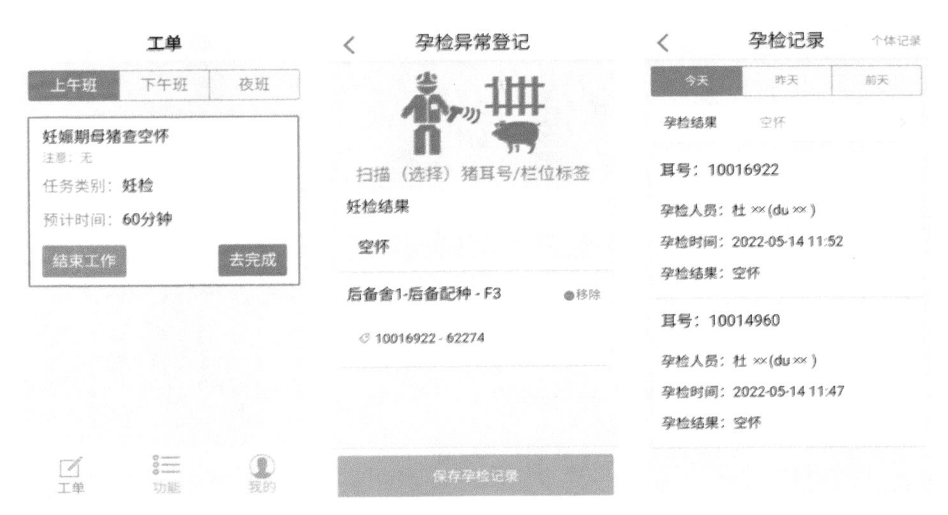

图 7-56　查空怀

7.4.2.13　体况评分

根据任务工单指引，对妊娠期的母猪进行体况评分，录入评分结果后根据程序指引完成种母猪对应的料盒进料口调整（图 7-57）。

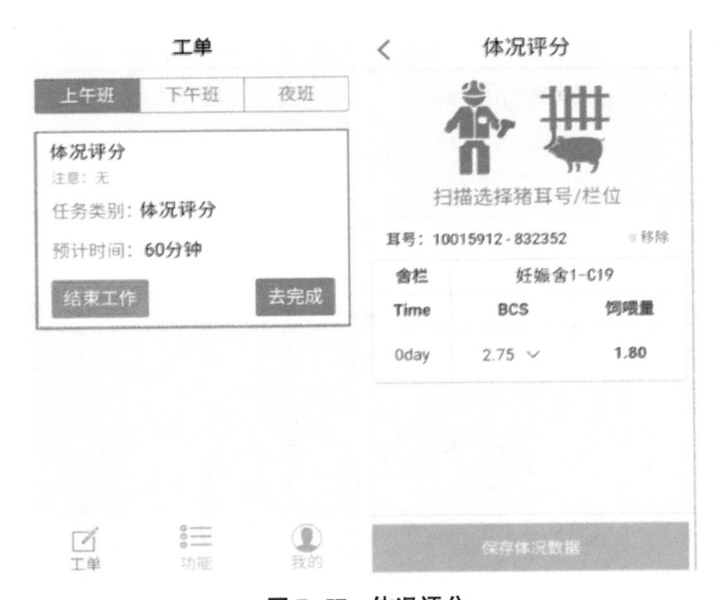

图 7-57　体况评分

7.4.2.14　上产床

根据任务工单指引，将妊娠期即将结束的母猪转移至分娩舍，等待分娩（图 7-58）。

图 7-58 上产床

7.4.2.15 分娩

根据任务工单指引，进行分娩用药登记及分娩过程记录（图 7-59、图 7-60）。在种母猪转入到分娩舍后，要统一在分娩前一天给猪进行分娩用药，以使种母猪能够在同一时间都进行分娩，提高生产效率。分娩过程涉及是否使用助产催产手段、截至某时刻的分娩数量、分娩提醒、分批哺乳等。

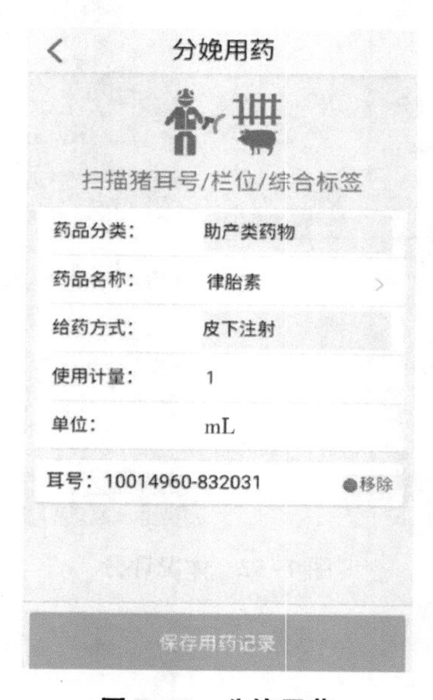

图 7-59 分娩用药

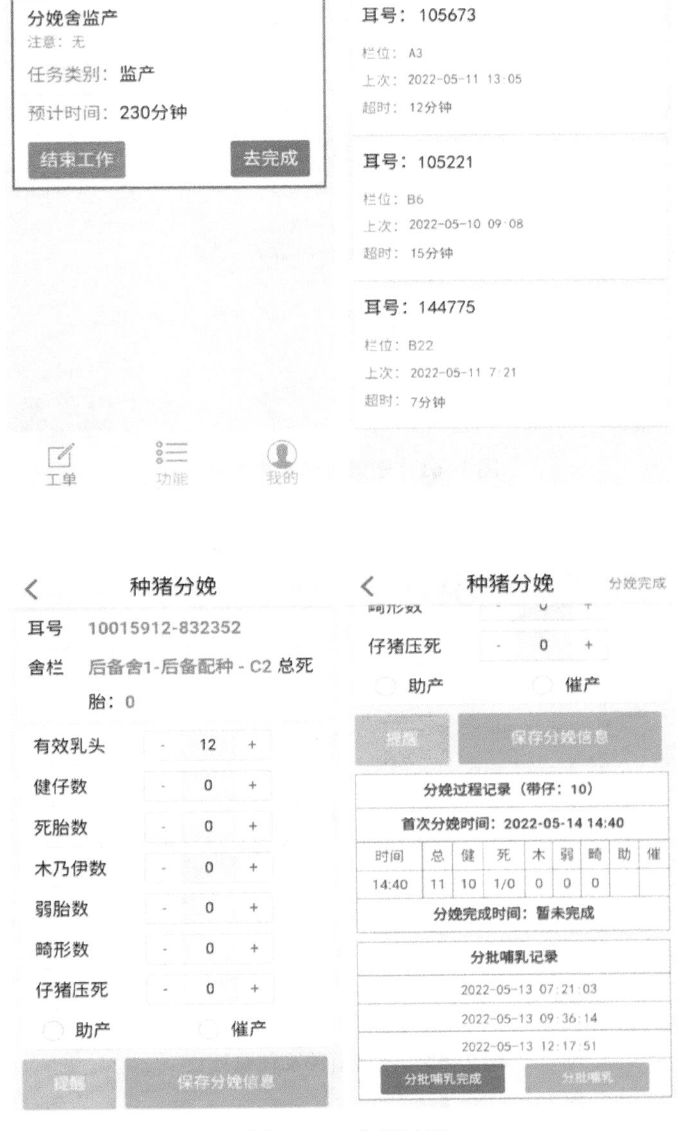

图 7-60　分娩过程

7.4.2.16　仔猪处理

在哺乳期，根据任务工单指引，分别完成仔猪寄养、去势断尾、仔猪留种、仔猪死亡登记等仔猪处理内容（图 7-61、图 7-62）。

7.4.2.17　断奶

根据工单指引完成断奶操作，依次转移留种仔猪、仔猪和种母猪。转移完成后，扫

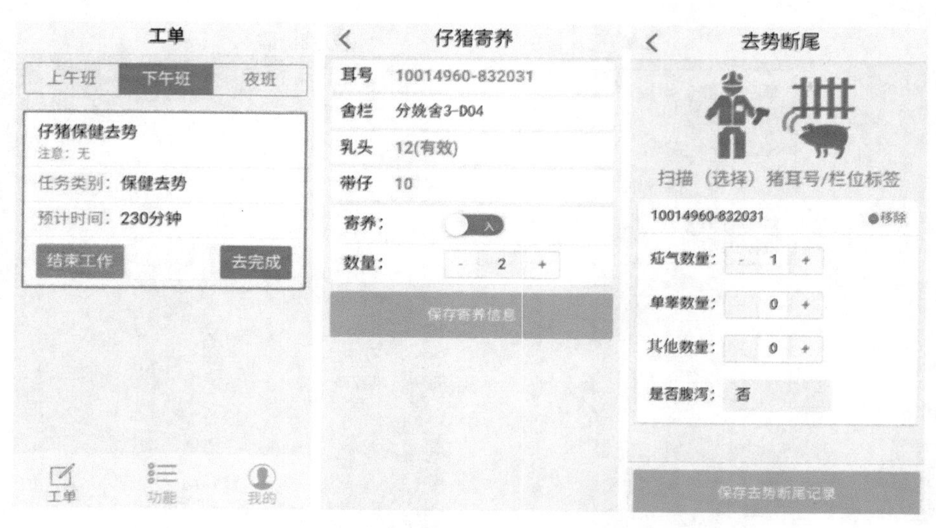

图 7-61　仔猪寄养及去势断尾

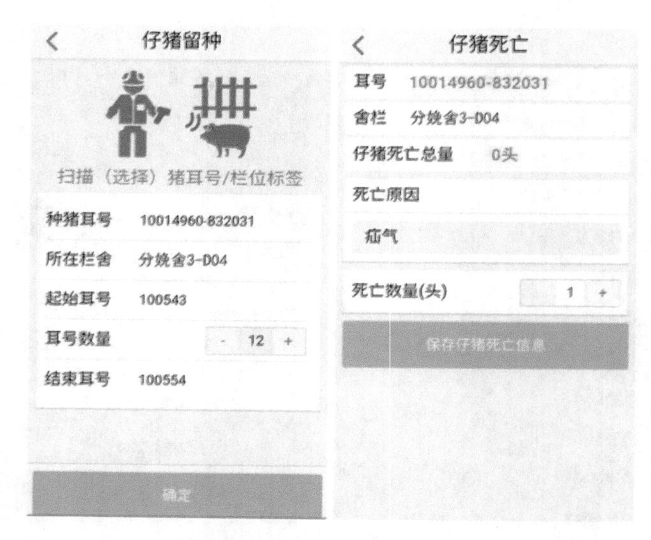

图 7-62　仔猪留种及仔猪死亡

描此分娩舍综合标签，完成断奶（图 7-63）。

7.4.2.18　仔猪销售

仔猪断奶后暂存在仔猪暂存舍内，等待转移至农场的配套育肥场或外销。仔猪销售时，将仔猪通过仔猪销售通道转移至仔猪销售房，上秤称重，销售房顶部 AI 摄像机识别计数，所有重量和数量数据自动同步至手持终端，然后将仔猪转移至仔猪转运车，销售人员在手持终端上发起销售，由育肥场人员接收处理（图 7-64）。

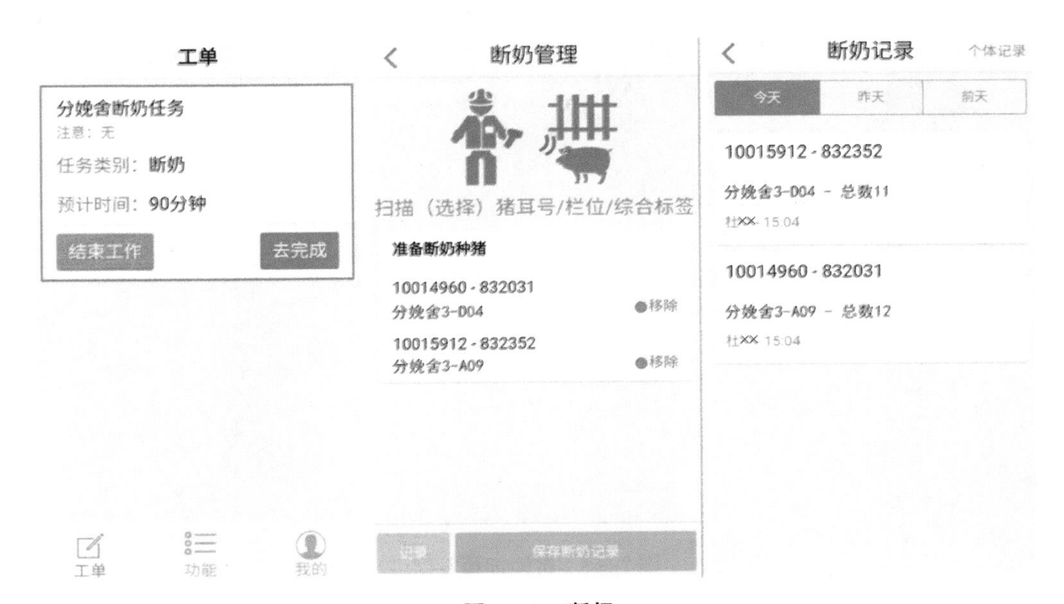

图 7–63　断奶

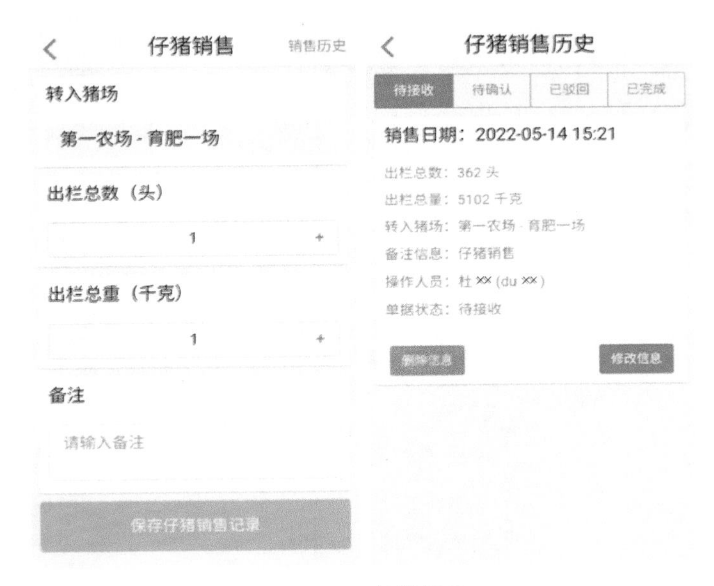

图 7–64　仔猪销售

7.4.2.19　伤病及治疗

伤病及治疗分两种情况：群体疾病的治疗、个体疾病的治疗。

根据任务工单的指引，群体疾病以舍为单位通过在饮用水中加药的方式进行治疗，扫描猪舍的综合标签记录用药（图 7–65）。同步更新当前舍内全部种母猪的休药期完成日期。

图 7-65　群体加药治疗

根据任务工单的指引，进行个体疾病治疗。进入猪舍后，扫描猪舍综合标签，显示本舍内所有需要治疗和后续观察的种母猪及所在栏位信息（图 7-66）。

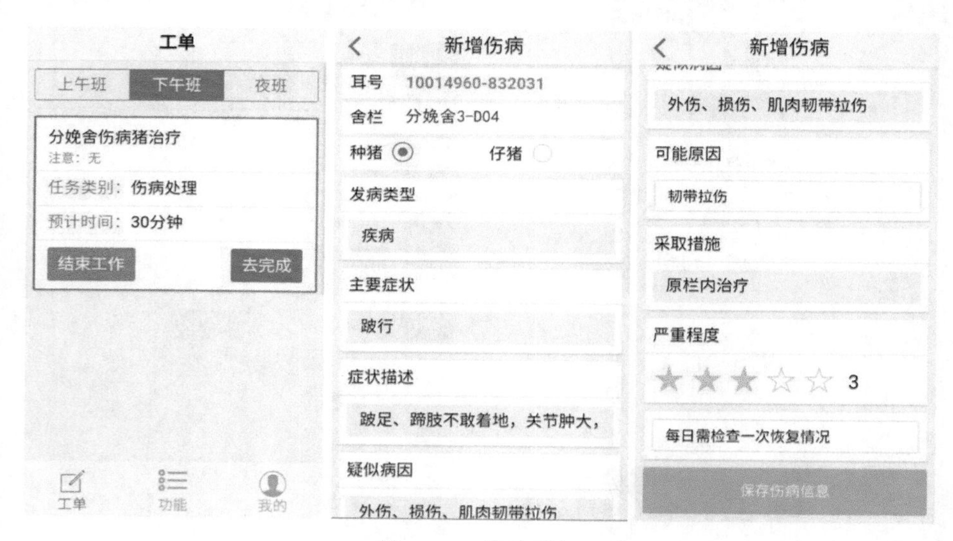

图 7-66　伤病登记

根据疾病治疗标准，进行个体疾病的治疗（图 7-67），更新对应种母猪的休药期完成日期。

7.4.2.20　淘猪

根据任务工单指引，对达到淘汰标准的种母猪进行淘汰，淘汰种母猪以处死和外卖两种方式进行处理（图 7-68）。

图 7-67　伤病治疗

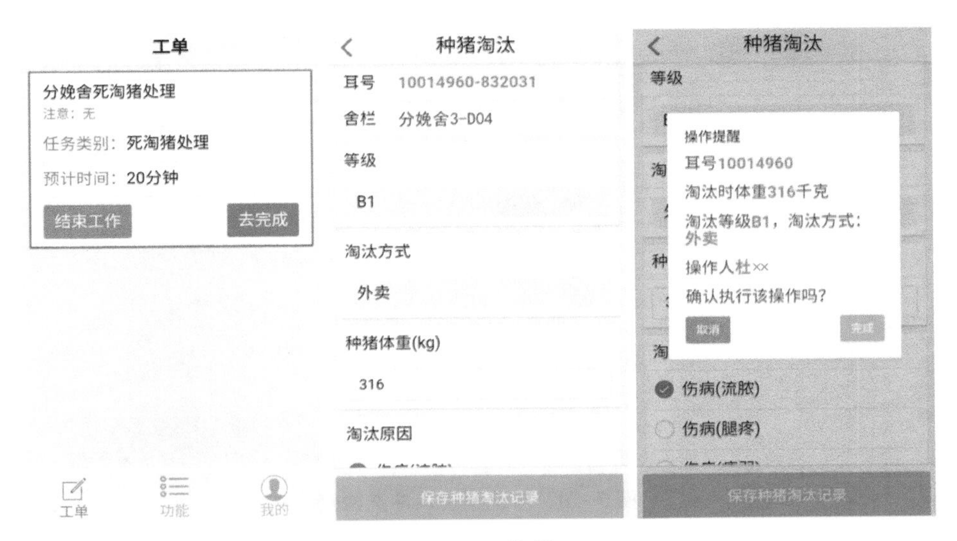

图 7-68　淘猪

7.4.2.21　死亡处理

对死亡种猪进行死亡原因和体重录入，同时拍照为后续保险报销做准备（图 7-69）。根据任务工单指引和标准操作流程，将死亡猪做堆肥处理。

7.4.2.22　冲洗猪舍

根据任务工单指引，对分娩舍进行冲洗，冲洗完成后由主管/场长进行冲洗结果检查（图 7-70）。

图 7–69　死亡登记

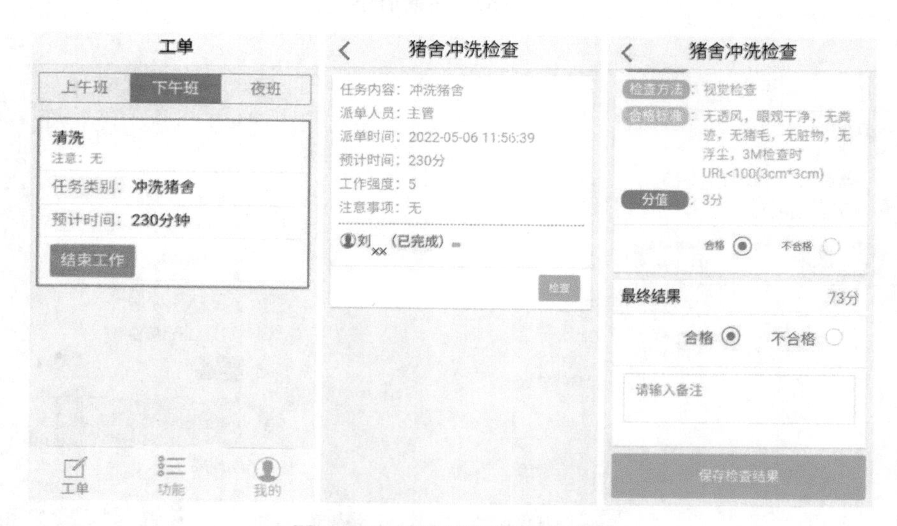

图 7–70　冲洗猪舍及冲洗检查

7.4.3　育肥猪养殖过程管理

育肥猪养殖过程按生产流程及育肥猪全生命周期，流程包括进猪、饲喂、巡栏、免疫、伤病及治疗、死淘、出栏销售、冲洗猪舍。

7.4.3.1　进猪

育肥场从种猪场采购仔猪，到场后对仔猪进行盘点及检查，对不合格仔猪、死亡仔猪通过手持终端反馈，在与种猪场协商一致后，转入育肥舍。

种猪场工作人员打开“智慧养猪”APP，在下方选择“功能”，点击“仔猪销售”图标进入仔猪销售页，选择转入猪场，填写出栏总数（头）、出栏总重（千克）、备注，点击“保存仔猪销售记录”按钮完成销售数据录入。点击“待接收”选项卡可查看所有暂未接收订单详情，点击“修改信息”可修改订单数据，点击“删除信息”可将订单删除（图 7-71）。

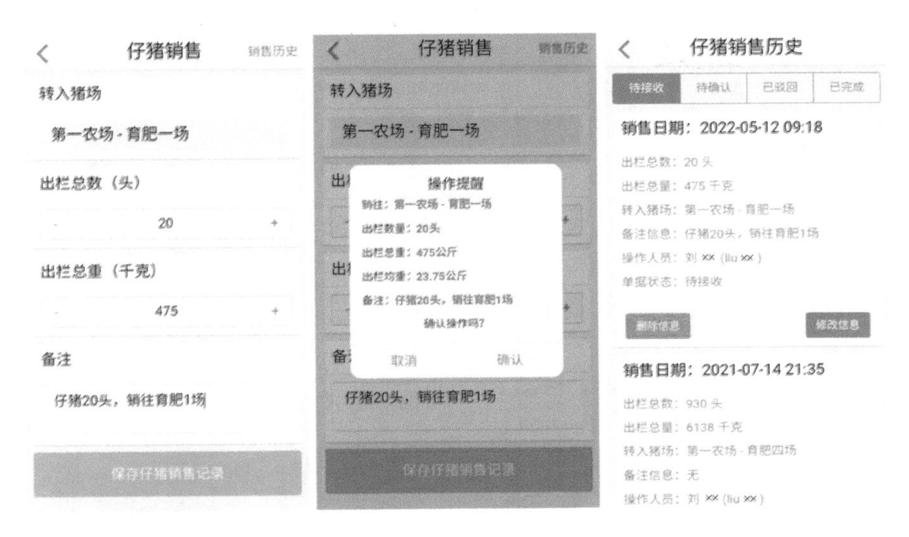

图 7-71　种猪场仔猪销售

育肥场工作人员打开“智慧养猪”APP，在下方选择“功能”，点击“仔猪接收”图标进入仔猪接收页，选择种猪场提交的销售订单，系统自动显示该订单的仔猪数量，如仔猪出现死亡、体重不足、腿部问题、长毛猪、苍白猪、颤抖猪、皮肤问题、疝气去势、残疾猪或其他问题，手动填写问题猪只数量，点击图片标识上传问题猪只图片，点击“提交接收信息”按钮完成仔猪接收（图 7-72）。

图 7-72　育肥场仔猪接收

育肥场工作人员打开"智慧养猪"APP，在下方选择"功能"，点击"进猪管理"图标进入育肥进猪页，选择种猪场销售订单，系统自动显示接收数量和待进数量，选择猪只转入舍（单元），系统自动显示该舍（单元）当前存栏数，填写进舍数量，选择进舍日期及猪只出生日期，点击"保存进猪信息"按钮即完成育肥场进猪（图 7-73）。

图 7–73　育肥场进猪

7.4.3.2　饲喂

根据任务工单指引，进行饲喂操作。

打开"智慧养猪"APP，在下方选择"工单"，在工单页中可查看指派的饲喂任务，任务标明任务类别、预计时间、任务猪舍，完成饲喂任务后点击"结束工作"即可完成饲喂任务（图 7–74）。

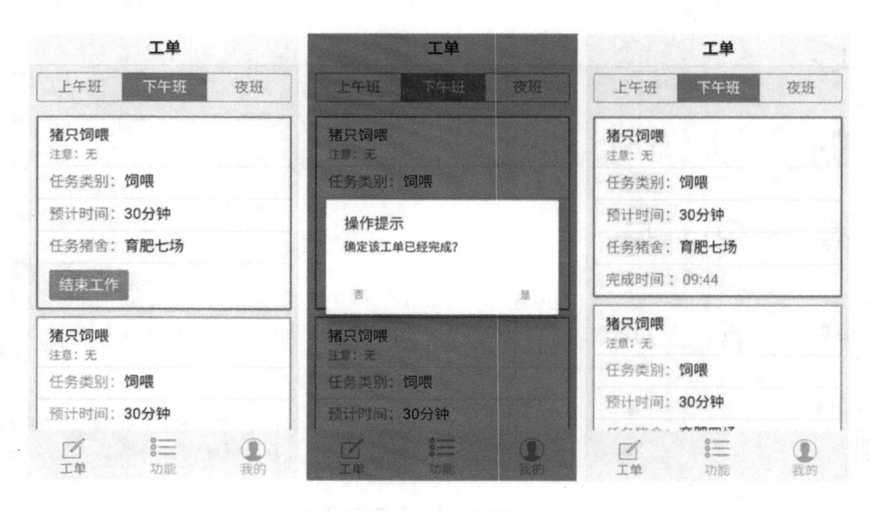

图 7–74　饲喂

7.4.3.3 巡栏

根据任务工单指引，完成巡栏操作，巡栏过程中将发现的问题实时上报，主管实时了解问题并指派工单解决。

打开“智慧养猪”APP，在下方选择“工单”，在工单页中可查看指派的巡栏任务，任务标明任务类别、预计时间、任务猪舍，在巡栏过程中如发现异常情况，点击“去完成”按钮进入巡栏提报页，点击“巡栏提报”选项卡，选择问题类型、紧急程度，填写具体内容后点击“提交”按钮完成巡栏提报，点击“我的提报”选项卡查看当前用户提交的历史提报记录。巡栏任务完成后，点击“结束工作”按钮即可完成该工单（图 7-75）。

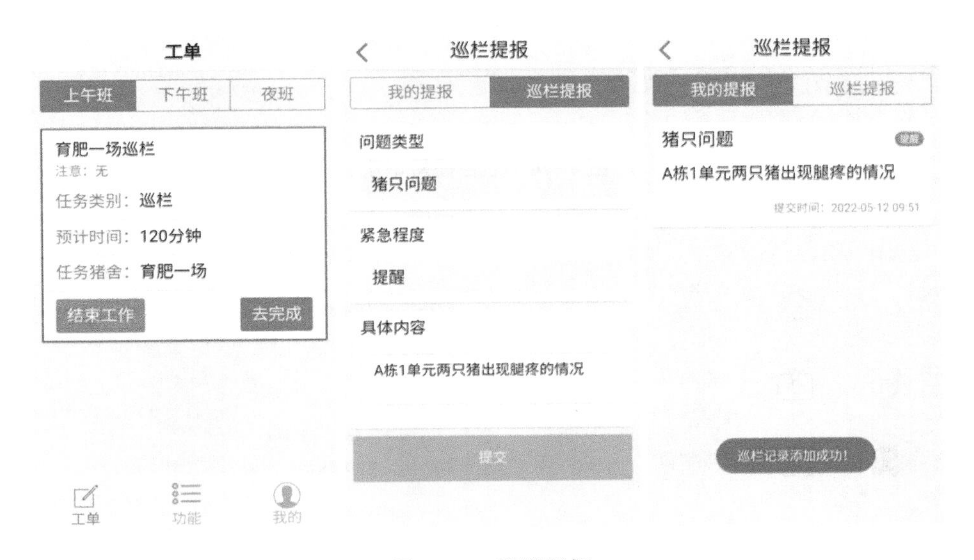

图 7-75 巡栏提报

主管打开“智慧养猪”APP，在下方选择“功能”，点击右上角“通知提醒”图标，点击“巡栏提报”选项卡即可查看养殖人员提交的巡栏提报记录（图 7-76）。

7.4.3.4 免疫

免疫为群体免疫，对指定范围的猪进行全覆盖免疫。平台以舍为单位进行免疫数据采集。对全舍免疫完成后，选择免疫猪舍即可完成舍内全部猪只的免疫。

打开“智慧养猪”APP，在下方选择“功能”，在功能列表页中点击“免疫管理”图标进入免疫页，系统自动加载当前配置的免疫计划，点击“选择猪舍”进入猪舍选择页，选择要免疫的育肥猪舍，点击“免疫计划”进入免疫计划项选择页，选择“本次免疫计划项”，系统自动显示本次免疫详情，包括免疫内容、免疫途径以及免疫剂量（图 7-77）。

图 7–76　巡栏提报记录

图 7–77　免疫

7.4.3.5　伤病及治疗

伤病及治疗分两种情况：群体疾病的治疗和个体疾病的治疗。

根据任务工单的指引，群体疾病以舍为单位通过在饮用水中加药的方式进行治疗，扫描猪舍的综合标签记录用药。同步更新当前舍内全部育肥猪的休药期完成日期。

打开“智慧养猪”APP，在下方选择“工单”，在工单页中可查看指派的猪只伤病治疗任务，任务标明任务类别、预计时间、任务猪舍，点击“去完成”按钮进入群体加药治疗页，点击“选择猪舍”进入猪舍列表页，选择要加药治疗的猪舍，点击“选择用药”选择使用的药物，点击“保存加药治疗记录”按钮完成治疗过程（图 7–78）。

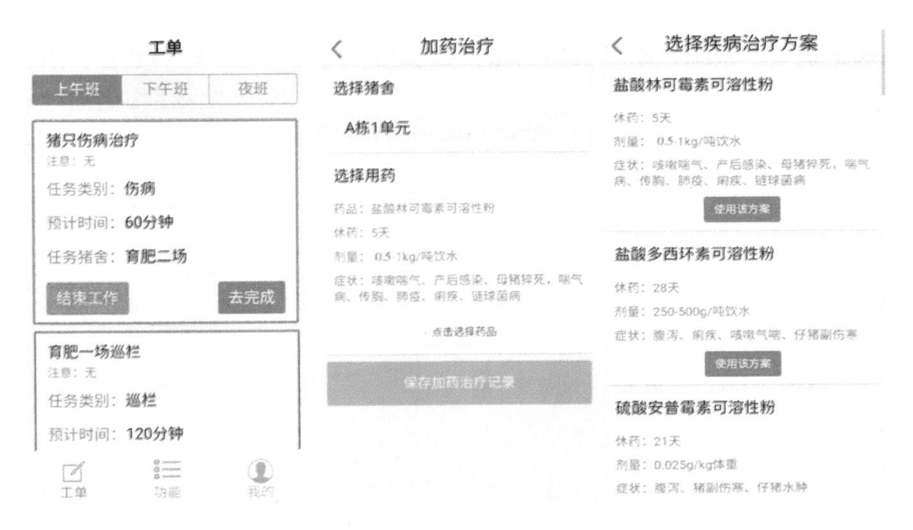

图 7-78　群体加药治疗

根据任务工单的指引，处理伤病猪，进入猪舍后，选择所在猪舍，显示本舍内所有需要治疗和后续观察的育肥猪及所在栏位信息。根据疾病治疗标准，进行个体疾病的治疗，更新对应批次育肥猪的休药期完成日期。

打开“智慧养猪”APP，在下方选择“工单”，在工单页中可查看指派的猪只个体伤病治疗任务，任务标明任务类别、预计时间、任务猪舍，点击“去完成”按钮进入新增伤病页，点击“舍（单元）”选择伤病猪只所在舍，填写发病数量，选择发病类型、主要症状、症状描述、疑似病因、可能原因、采取措施、严重程度及备注信息，点击“保存伤病信息”按钮完成伤病信息记录（图 7-79）。

图 7-79　伤病信息记录

打开“智慧养猪”APP，在下方选择“功能”，在功能列表页中点击“伤病记录”图标进入伤病记录页，系统自动显示伤病猪只批次号、所在栋舍、伤病数量，点击“添加治疗”按钮，选择治疗药物，选择剂量单位、给药方式，点击“保存伤病治疗记录”按钮保存治疗数据。点击“完成治疗”按钮，选择治疗结果即可完成治疗（图7-80）。

图 7-80　伤病治疗

7.4.3.6　死淘

按照智慧养猪标准体系，对达到淘汰标准的肥猪做处死处理，连同死猪一起做无害化处理。

打开“智慧养猪”APP，在下方选择“功能”，在功能列表页中点击“死亡管理”图标，选择死亡猪只所在舍（单元），死亡日期默认为当天，选择死亡原因、猪只公/母、处理方式、体重，上传死亡猪只图片，点击“保存死亡信息”即完成死亡数据的录入（图7-81）。

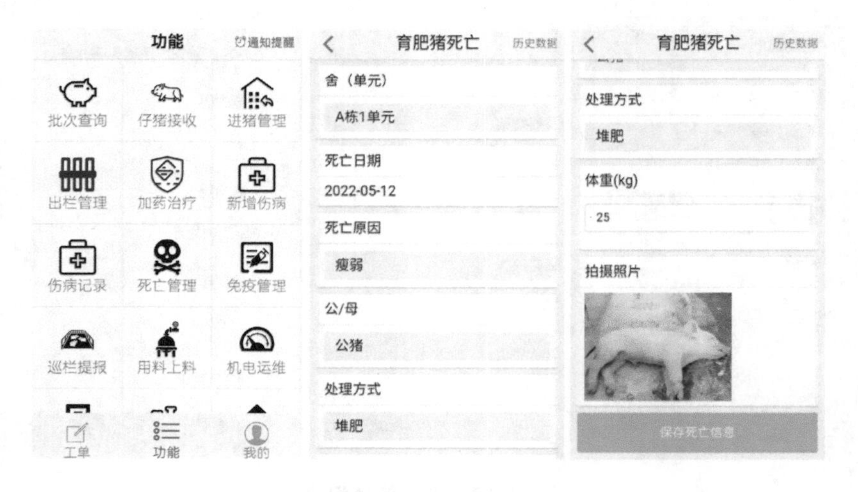

图 7-81　死亡记录

7.4.3.7　出栏销售

根据任务工单的指引，完成分批出栏，出栏前将肥猪赶至称重台，由AI摄像机自动计数（图7-82），所有重量和数量数据自动同步至手持终端，然后将肥猪转移至肥猪运输车，销售人员在手持终端上发起销售，由屠宰场人员接收处理。

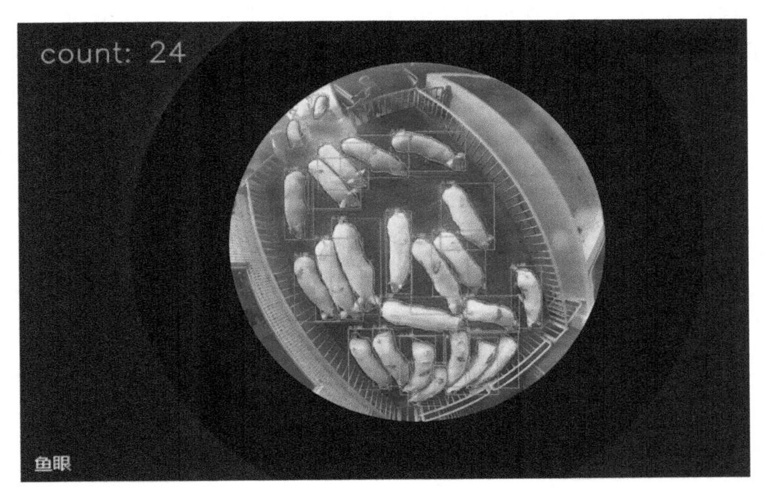

图7-82　AI摄像机自动计数

打开“智慧养猪”APP，在下方选择“工单”，在工单页中可查看指派的出栏销售任务，任务标明任务类别、预计时间、任务猪舍，点击“去完成”按钮进入育肥出栏页，选择出栏猪只舍（单元），系统自动显示该舍（单元）初期存栏、目前存栏、猪只日龄数据，肥猪赶至称重台后，点击“AI数据同步”按钮自动获取出栏数和出栏总重量，点击“保存出栏信息”按钮完成出栏（图7-83）。

图7-83　育肥出栏

7.4.3.8 冲洗猪舍

根据任务工单指引，对出栏后的育肥场猪舍进行冲洗，冲洗完成后由主管/场长进行冲洗结果检查。

负责冲洗工作的员工打开“智慧养猪”APP，在下方选择“工单”，在工单页中可查看指派的猪舍冲洗任务，任务标明任务类别、预计时间、任务猪舍，在结束工作后，点击“结束工作”按钮完成任务（图 7-84）。

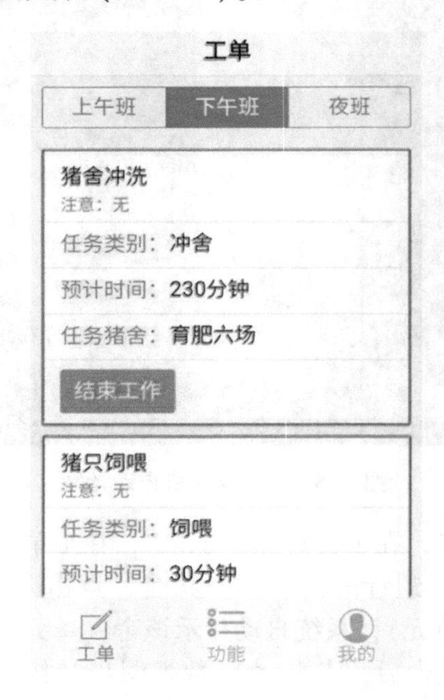

图 7-84 猪舍冲洗任务

主管/场长打开“智慧养猪”APP，在下方选择“功能”，在功能列表页中点击“冲洗检查”图标，即可查看最近完成的冲洗任务，点击“检查”按钮进入评分页，根据检查项目逐个对冲洗结果进行检查，并记录各检查项目是否合格，系统自动评分，最后选择检查最终结果，填写备注信息，点击“保存检查结果”完成冲洗检查（图 7-85）。

7.5 物料管理

猪场物料一般包括普通物料、药品及疫苗。物料作为重要的生产支撑用品，关系到生产的各个环节，建立基于生产需求、标准管理、过期预警、工单采购的智慧化物料管理体系，是实现智慧养猪的基础保障。

物料依据是否会过期又可分为可过期物料和不过期物料。针对可过期物料，物料入库前需登记物料的生产日期及质保期，同一批物料生产日期差距较大的，分批入库。其中，药

图 7-85　猪舍冲洗检查

品、疫苗均为可过期物料。针对药品，除登记生产日期、质保期外，还需登记药品的休药期。

物料管理主要包括物料计划、物料入库、物料盘点、物料领用、物料借用以及物料预警 6 个部分。

物料计划：每月根据近几月物料用量及当前库存自动生成物料计划，物料计划由养殖场物料管理人员检查调整后上报采购。进入“智慧养猪平台”，点击“生产管控”进入生产管控模块，点击“物料管理系统”，进入物料管理、药品管理、疫苗管理模块。点击“物料管理”中的物料计划模块，该模块可自动生成物料计划详情，点击“导出”可以导出物料计划需求（图 7-86）。

物料管理系统　系统导航　物料管理　药品管理　疫苗管理　种猪场　管理员

物料领用　物料入库　物料盘点　物料借入　物料借出　物料数据初始化　物料计划　物料预警

产品名称：请输入名称　产品编号：请输入编号　查询　清空搜索条件

产品编号	计划名称	计划时间	操作
56	7月采购计划	2023-07-10	导出
55	6月采购计划	2023-06-10	导出
54	5月采购计划	2023-05-10	导出
53	4月采购计划	2023-04-10	导出

图 7-86　物料计划

物料入库：物料经过洗消转运到达养殖场后，由物料管理人员扫码盘点入库。物料入库是自动对应每批物料的成本数据，为后期养殖场成本核算提供支撑。进入“智慧养猪平台”，点击“生产管控”进入生产管控模块，点击“物料管理系统”，进入物料管理、药品管理、疫苗管理模块。点击“物料管理”中的物料入库模块，点击“+添加物料入库”，选择物料名称、添加物料入库数量、单价等，点击“保存”按钮，完成物料入库（图 7-87）。

图 7-87　物料入库

物料盘点：支持基于手持终端设备的扫码盘点。

物料领用：基于手持终端及电脑激光扫码设备的物料领用精确到领用人，成本核算至最小生产单元——生产小组（分娩组、妊娠组、后备组等）。进入“智慧养猪平台”，点击“生产管控”进入生产管控模块，点击“物料管理系统”，进入物料管理、药品管理、疫苗管理模块。点击“物料管理”中的物料领用模块，点击“+添加物料领用”，选择物料名称、领用人，填写领用数量、领用类型等，点击“保存”按钮，完成物料领用（图 7-88）。

物料管理系统　系统导航　物料管理　药品管理　疫苗管理　种猪场　管理员

物料领用　物料入库　物料盘点　物料借入　物料借出　物料数据初始化　物料计划　物料预警

名称：　商品码：　编号：　领用时间：　查询

清空搜索条件

+添加物料领用

编号	名称	规格	数量	物料编号	单位	用途	时间	发放人	领用类型	领用人	操作
1	(王中王)	50根	3	000000000009739	箱	发福利	2020-05-25 09:31	管理员		刘××(liu××)	修改　作废

1　转到　页　共10页100条

图 7-88　物料领用

物料借用：同一农场内部不同场之间存在急需物料相互借用的情况，通过借入和借出功能，实现物料借入、借出。进入“智慧养猪平台”，点击“生产管控”进入生产管控模块，点击“物料管理系统”，进入物料管理、药品管理、疫苗管理模块。点击“物料管理”中的物料借入模块，点击“+添加物料借用”，选择物料名称，填写借用数量、借用人等，点击“保存”按钮，完成物料借用（图 7-89）。

图 7-89　物料借用

物料预警：当物料存量低于预设阈值、药品疫苗剩余过期时间低于预设阈值时提供物料预警功能。进入“智慧养猪平台”，点击“生产管控”进入生产管控模块，点击“物料管理系统”，进入物料管理、药品管理、疫苗管理模块。点击“物料管理”中的物料预警模块，该模块可自动生成物料预警（图 7-90）。

图 7-90　物料预警

7.6 设备安全

目前养猪场为了提高生产效率，均采用“人养设备，设备养猪”的理念进行建设，对于环控、上料用料、用水、用电、过程监测等基本做到了自动化，自动化养殖在提升养猪效率的同时，也增加了设备运维的工作量和复杂度，所以实现设备自动化运维，建立智慧化设备运维机制，保障设备安全，对养猪生产安全至关重要。

设备安全包括设备管理、设备运维标准、设备运维提醒预警、设备运维。

设备管理：实现养猪场所有需运维的机电设备的管理，包括 RFID 位置、设备管理等。进入“智慧养猪平台”，点击“生产管控”进入生产管控模块，点击“设备安全引擎”，进入提醒预警、机电设备管理、机电设备运维记录模块。点击“机电设备管理”，进入设备管理，点击“+添加机电设备”，填写机电设备名称、数量、机电设备类型等，点击“添加”按钮，完成机电设备管理（图 7–91）。

设备安全引擎　系统导航　提醒预警　机电设备管理　机电设备运维记录　种猪场　管理员

机电设备名称：请输入名称　搜索　清空

如果设备没有上次维护时间，将无法自动生成下次维护时间！需要上报上次维护时间！

+添加机电设备

ID	机电设备名称	数量	开始使用时间	机电设备类型	具体位置	设备型号	制造商	资产编号	所属部门	操作
1220	铲车	1		铲车	生活区	ZL930	山宇重工		猪养殖北方大区 - 第一农场 - 种猪场	修改 删除
1219	箱式变压器	1		箱式变压器	生活区	ZBW63/10	包头市科电电器制造有限公司		猪养殖北方大区 - 第一农场 - 种猪场	修改 删除
1218	过滤器	1		过滤器	生活区热水箱				猪养殖北方大区-第一农场-种猪场	修改 删除

图 7–91　设备管理

设备运维标准：定义各类型设备及设备运维的标准。为后续自动化提醒预警及运维做支撑。进入“智慧养猪平台”，点击“生产管控”进入生产管控模块，设备运维标准由管理员进行标准配置，管理员登录以后点击“平台管理”，进入管理员平台管理模块，点击“标准管理”，进入组织架构管理、舍栏管理、料塔管理、能源设备等管理模块，点击“机电设备运维标准”，点击“+添加机电设备类型”，选择机电设备分类，填写机电设备类型名称，点击“添加”，完成设备类型标准管理（图 7–92）。对应已经添加好的设备，点击“运维标准管理”，点击“+添加机电设备检查项”，填写检查周期、检查内容、判定基准等信息，点击“添加”，完成设备运维标准设置（图 7–93）。

设备运维提醒预警：根据设备类型及运维标准，自动生成设备提醒预警内容，自动生成设备运维工单（图 7–94）。进入“智慧养猪平台”，点击“生产管控”进入生产管控模块

图 7-92　设备运维标准管理

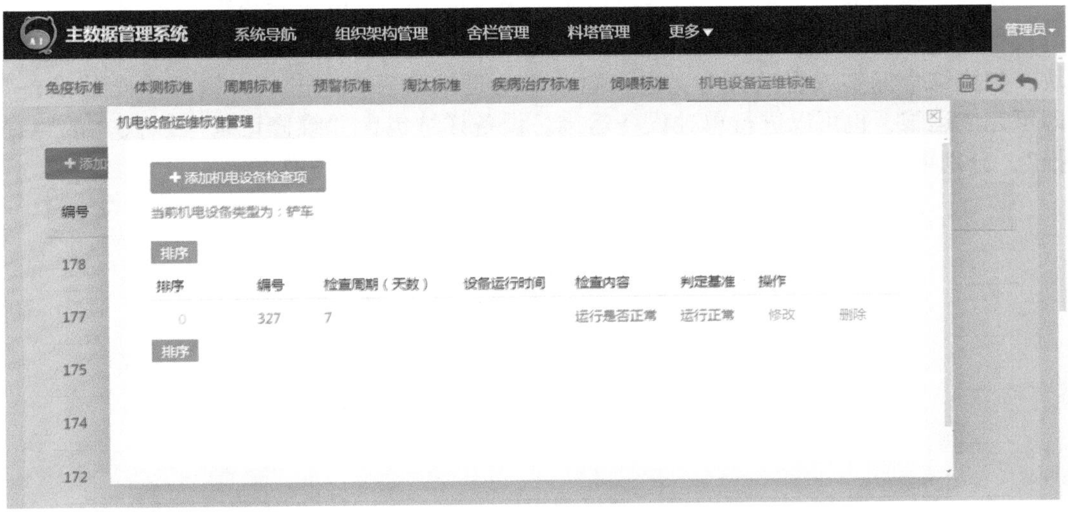

图 7-93　设备运维标准设置

控模块，点击“设备安全引擎”，进入提醒预警、机电设备管理、机电设备运维记录模块。点击“提醒预警”，进入机电设备提醒预警管理模块，提醒和预警分别是由准备的运维标准自动生成而来，会根据不同标准制订不同提醒与预警计划。

设备运维：根据任务工单指引，结合设备运维综合标签完成设备运维。针对部分大型机电设备，如发电机、上料机等，每个设备均有一个 RFID 标签固定在设备上，运维完成后扫描 RFID 标签记录本次运维。针对部分小型设备，如保温灯、饮水器等采用区域位置 RFID 校验的方式进行，运维完成后扫描本区域的综合 RFID 标签记录本次运维。

图 7-94　设备运维工单

如运维过程中发现损坏等问题，需提交设备维修单后指派任务工单进行维修。

进入“智慧养猪”APP，切换到功能模块，点击“机电设备运维”模块，进入机电设备运维管理页面，设备运维是按照猪舍分成“待运维”“全部”“待维修”3个模块，扫描综合标签或者选择舍，进入猪舍机电运维列表，点击“一键运维全部设备”即可完成运维，也可以进行单独设备运维。设备详情包含“维修记录”以及“故障提报”，分别可以对设备进行维修记录查阅以及故障上报（图7-95）。

图 7-95　设备运维

7.7　实景监控

在养猪生产过程中，利用养殖场的实景监控能实时了解养殖场状态，为养猪管理决策提供实景支撑。

从养殖过程实景、养殖环境实景、养殖场景实景以及养殖个体体征实景 4 个维度即可在线全面掌握养殖场全貌，其中养殖过程实景以表单及报表数据的形式、养殖环境实景以各舍环境实景及环境预警形式、养殖场景实景以实时和历史视频监控方式、养殖个体体征实景以个体体征及业务变化时间轴的形式呈现。

7.7.1　养殖过程实景

以种猪场为例，依次点击“生产管控系统”“养殖管理系统”“记录卡”可以看到某只种母猪全部的生产过程实景，包括种猪基本信息、转栏记录、发情记录、配种记录、体况评分记录、查情孕检记录、分娩记录、仔猪去势断尾记录、仔猪留种记录、断奶记录、免疫记录、淘汰记录、伤病记录，以及母猪对应仔猪的死亡记录等（图 7–96）。

图 7–96　记录卡、发情记录

依次点击“生产管控系统”“养殖管理系统”“工作过程管理”可以查看当前生产场所有种母猪的全部的生产过程实景，包括转栏管理、发情（HNS）管理、配种管理、体况评分、查情孕检、分娩管理、仔猪去势断尾、仔猪留种、断奶管理、免疫管理、淘汰管理、死亡管理、伤病管理、仔猪死亡、仔猪销售、进猪管理、数据初始化、猪舍冲洗检查、异常处理等。提供多条件筛选和导出功能，方便进行指定范围的查找（图 7–97）。

图 7-97　工作过程管理：发情不配种（HNS）管理

7.7.2　养殖场景实景和环境实景

依次点击“生产管控系统”“实景监控引擎”“工作过程管理”可以查看当前生产场的环境实景。图 7-98 中间为养猪场实时视频场景，可根据需要进行 PTZ 操作。主要的环境实景包括温度、湿度、二氧化碳和通风需求量的实时数据和历史曲线，同时能实时监控入口和出口风机状态、查看环控预警（图 7-99）。

图 7-98　场景实景和环境实景

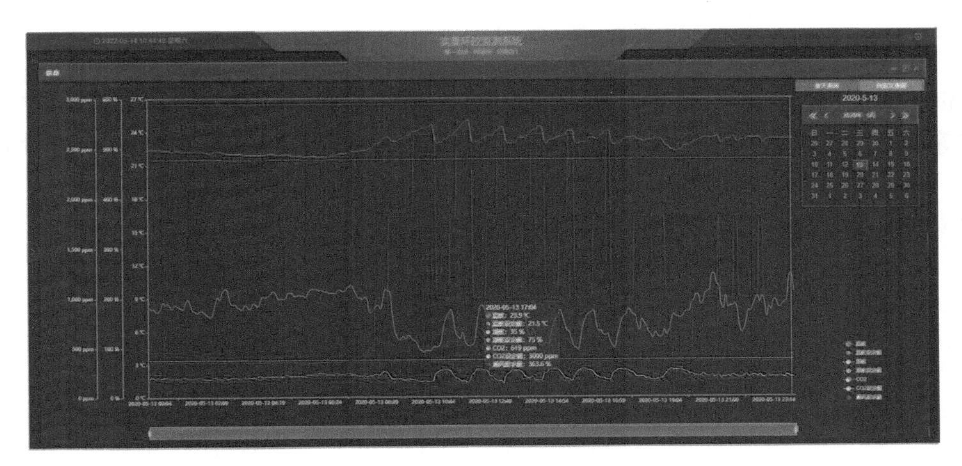

图 7-99 环境实景

7.7.3 养殖个体体征实景

依次点击“生产管控系统”“养殖管理系统”“记录卡”“个体性能”可以查看当前记录卡选定猪只的个体性能，包括个体信息、系谱图、分娩性能、历史时间轴、当前所处栏位的视频实景及环境实景（图 7-100）。

图 7-100 养殖个体体征实景

7.8 物流管控

对于养猪场，主要的运输物流包括两个部分：饲料物流和生猪物流。通过对物流运输全流程的管理、监控达到提升物流运输效率、物流运输过程安全监管能力、物流部整体调度水平的目标，实现智慧物流。

7.8.1 饲料物流

饲料物流包括饲料计划与需求、饲料需求审核、饲料车派单、饲料运输、饲料物流监控等模块，由农场的各生产场根据料塔余量、养殖阶段提报饲料计划与需求，饲料厂饲料员根据饲料厂实际产能和订单情况进行审核和调整，物流部根据实际空闲运力派车运输，物流管理层对整个过程进行监督。

（1）饲料计划与需求。农场的各生产场根据料塔余量、养殖阶段提报饲料计划与需求（图 7–101）。

图 7–101 饲料需求

（2）饲料需求审核。饲料厂饲料员根据饲料厂实际产能和订单情况进行审核和调整（图 7–102）。

图 7–102 饲料需求审核

（3）饲料车派单。物流部根据实际空闲运力派车运输（图 7-103～图 7-106）。

图 7-103　派车列表

图 7-104　派车界面

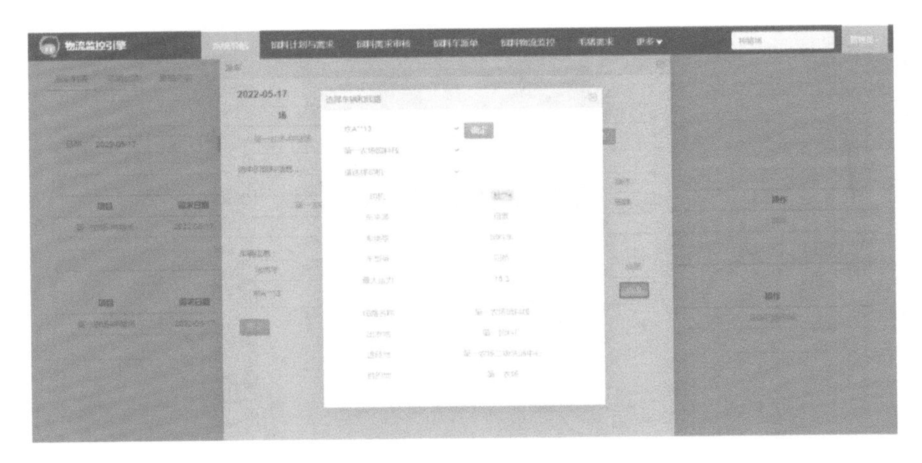

图 7-105　派车选择车辆和线路

图 7-106　派车选择好车辆和线路图

（4）饲料运输。当物流调度员进行车辆派单后，相应的司机会收到车辆派单信息，饲料运输司机登录“养猪协作”APP，依次点击“应用”“饲料物流”“派单执行”进入用车订单页面，在“待接单”页面可查看物流调度派发的任务信息，点击开始任务就会进入饲料运输的流程。填写车辆开始里程表读数，开始执行任务，按照流程到达饲料厂装饲料，到达二级洗消中心洗消，到达农场，进入指定的场区，将饲料卸入相应的料塔中，结束后返回到停车场，结束此次饲料运输派单（图 7-107、图 7-108）。

图 7-107　饲料运输流程

图 7-108　已完成的派单记录

（5）饲料物流监控。饲料物流监控分为需求审核监控和运输流程监控（图 7-109、图 7-110）。需求审核监控中可以查看每日饲料需求填报的相关信息，查看每个农场是否填报了饲料需求、饲料是否审核确认等信息，让流程透明，更容易定位解决问题。

7.8.2　生猪物流

生猪物流包括生猪需求计划、园区销售计划、控料分配、生猪派车、生猪运输、生猪运输监控。由销售部填写生猪需求计划，物流部填写园区销售计划，园区设置园区控

图 7-109　需求审核监控

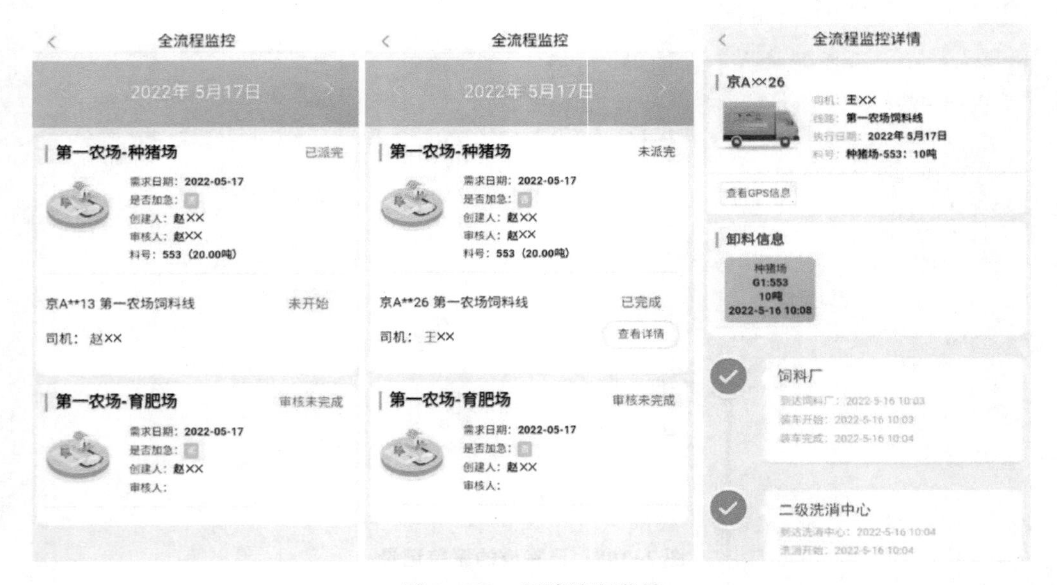

图 7-110　运输流程监控

料计划，物流部分配生猪运输车辆，生猪运输司机进行生猪运输。生猪运输监控可以查看整个运输的流程、GPS 信息及异常情况。

（1）生猪需求计划。销售部提交生猪需求计划，按照日期填写具体需要的屠宰场以及对应的猪只数量。打开“养猪协作”APP，依次点击“应用”“生猪物流”“生猪需求计划”（图 7-111）。

（2）园区销售计划。物流部根据园区可出栏数量、运力等方面的综合情况，填写

图 7-111　生猪需求计划

园区销售计划。打开“养猪协作”APP，依次点击“应用”“生猪物流”“园区销售计划”（图 7-112）。

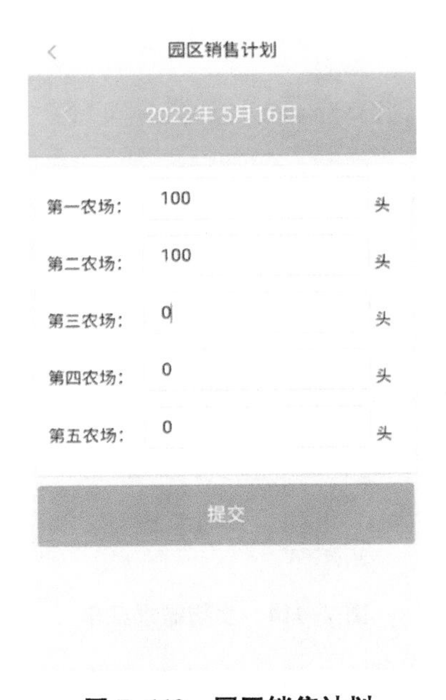

图 7-112　园区销售计划

（3）控料分配。园区根据园区销售计划执行控料计划。打开“养猪协作”APP，依次点击“应用”“生猪物流”“生猪控料计划”（图 7-113）。

（4）生猪派车。物流部根据控料计划和销售计划进行派车，根据实际情况合理分

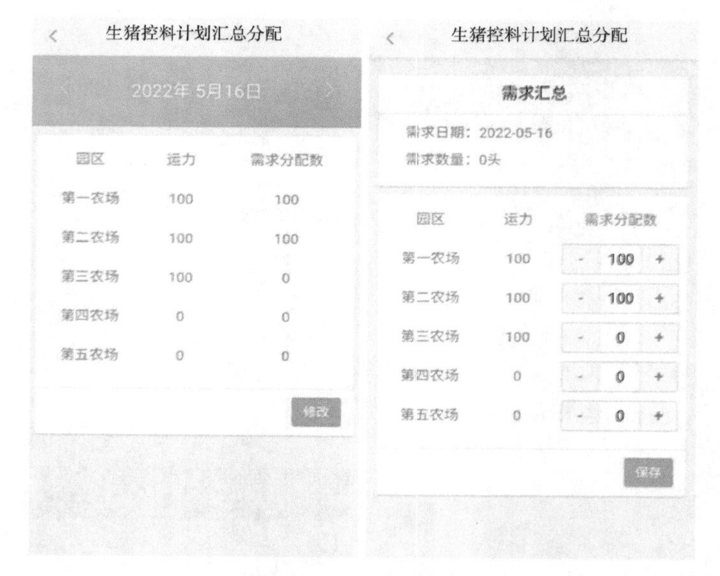

图 7-113　生猪控料分配

配车辆去往园区农场。打开“养猪协作”APP，依次点击“应用”“生猪物流”“生猪需求派车”（图 7-114）。

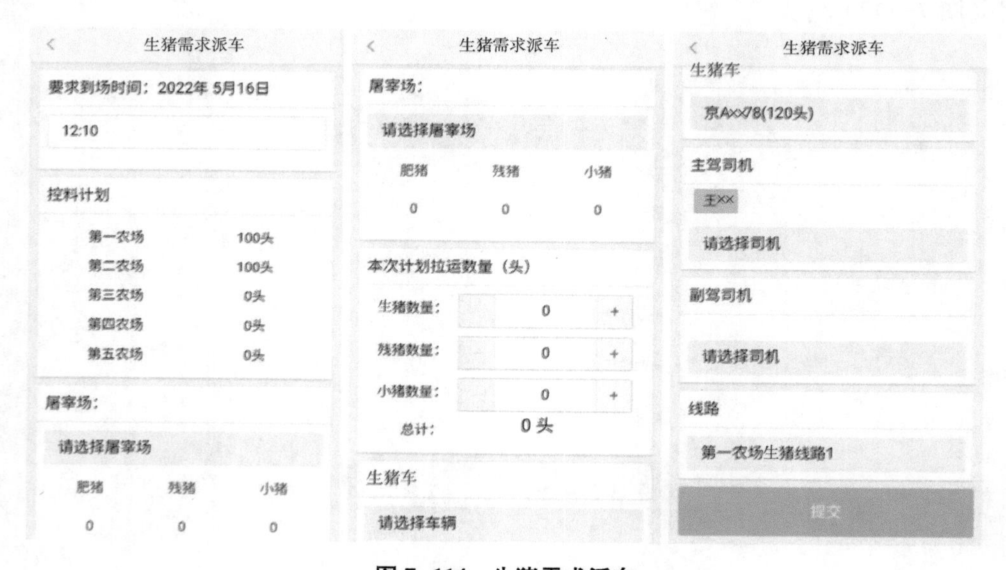

图 7-114　生猪需求派车

（5）重重猪运输。生猪派车后，相关的运输司机即可登录“养猪协作”APP，依次点击“应用”“生猪物流”“生猪运输”，进行生猪运输相关操作（图 7-115）。

（6）生猪运输监控。生猪运输监控可以查看生猪运输车辆的详细行驶状况以及异常情况。在“养猪协作”APP 中，依次点击“应用”“生猪物流”“全流程监控”，可以查看生猪运输过程中的相关信息（图 7-116、图 7-117）。

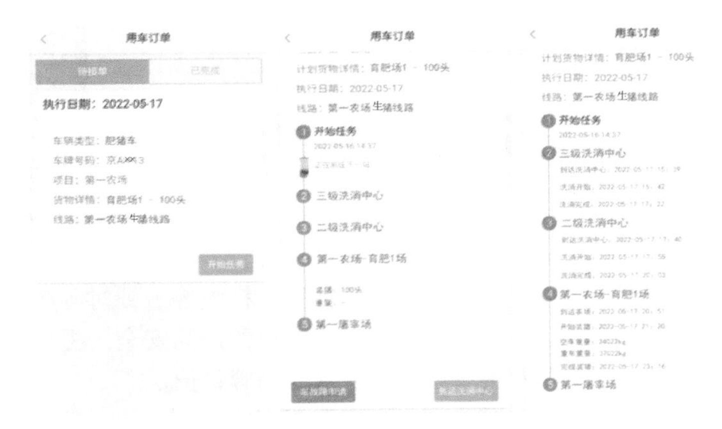

图 7-115　生猪运输

图 7-116　全流程监控

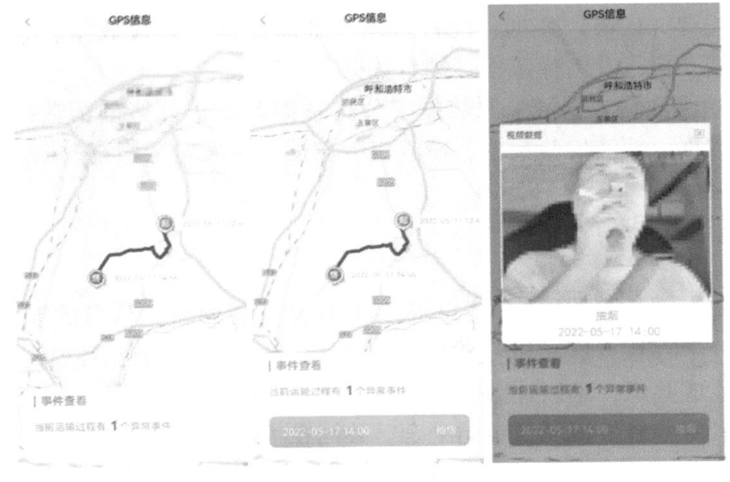

图 7-117　GPS 信息以及异常情况

第八章　产品安全追溯系统

养猪最终产品包括肥猪、猪肉制品、仔猪、种猪、精液等。针对各产品特点，建立基于区块链的产品安全追溯体系，能有效保障最终客户的产品安全，提供上下游各环节间统一的数据可信共享方法，提升企业竞争力及自身品牌价值。

产品安全追溯系统包括可信数据采集、可信数据存储、可信数据通信、可信数据查验四大模块。

8.1　可信数据采集

所有养猪生产过程产生的数据由生产系统与追溯系统对接，实现实时采集实时上链，不经过任何人为修改、转换和加工，上链数据包括以下5个方面。

（1）肥猪追溯数据：肥猪追溯数据包括仔猪来源数据、仔猪进场数据、肥猪免疫数据、肥猪伤病及治疗数据、肥猪饲喂数据、肥猪体征测定数据、肥猪销售数据。

（2）猪肉制品追溯数据：仔猪来源数据、仔猪进场数据、肥猪免疫数据、肥猪伤病及治疗数据、肥猪饲喂数据、肥猪体征测定数据、肥猪销售数据、肥猪运输数据、肥猪检验检疫数据、肥猪屠宰数据、肉制品数据、肉制品转运数据、肉制品销售数据。

（3）仔猪追溯数据：仔猪来源数据、公猪数据、母猪数据、配种数据、妊娠数据、妊检数据、分娩数据、寄养数据、保健数据、免疫数据、伤病及治疗数据、销售数据。

（4）种猪追溯数据：种猪来源数据、种猪系谱数据、进场数据、隔离数据、后备数据、发情不配种（HNS）数据、配种数据、妊娠数据、妊检数据、分娩数据、断奶数据、免疫数据、伤病及治疗数据、销售数据。

（5）精液追溯数据：精液来源数据、公猪系谱数据、公猪采精数据、公猪免疫数据、公猪伤病数据、精液检验数据、精液包装数据、精液转运物流数据。

8.2　可信数据存储

区块链具有不可篡改的特性，数据库具有存储大规模数据信息的能力，与此同时，由于数据同步开销存在，区块链上难以存储大批量数据，而数据库往往由一家机构所有，未经多方达成共识，难以让数据具有公信力。所以，区块链与数据库之间并非替代关系，而是二者将各自发挥所长走向融合，共同在大规模数据存储的场景下发挥作用。

在数据上链的过程中，通过3大技术解决上链数据的可信性及快速访问的问题。

（1）链库适配层：解决链上数据结构与多种数据库存储适配的问题，目前可实现区块链与文档数据库的无缝对接，并对外提供可信的数据库访问新范式。

（2）双向引用：实现从数据库到区块链，以及从区块链到数据库的双向快速查询机制，并为数据完整性审计例程快速定位数据篡改位置提供了保证。

（3）数据指纹管理：区别于区块链的只追加特性，数据库对数据的正常修改操作会影响数据完整性校验，从而导致库中数据与链上指纹的不一致，需要对数据单元从时间维度进行建模并完成写时复制（Copy-on-Write）重构，对于数据指纹基于操作序列进行重新描述，从而在支持库中数据可信修改的同时，支持历史数据的版本回溯。

8.3　可信数据通信

基于状态机复制的链库一体化架构。

状态机复制原理（State Machine Replication Principle）的内涵在于，如果两个确定的处理过程，从相同的状态开始，按照相同的顺序，接收相同的输入，那么它们将会产生相同的输出，并以相同的状态结束。所谓确定的，是指处理过程与时间无关，其处理结果亦不受额外输入的影响。状态可以是机器上的任意数据，无论在处理结束后，在机器的内存中，还是在磁盘上。

从理论上分析，区块链的引入解决了两个很重要的分布式数据系统中的问题：其一是有序的数据变化，其二是数据分布式化。从而在分布式数据库系统的构建中，可以使得所有的机器做相同的操作，构建分布式的、满足一致性的 Log 系统，也即区块链系统，为所有处理系统提供输入。Log 系统的作用，就是将所有的输入流之上的不确定性驱散，确保所有的处理相同输入的复制节点保持同步。将区块链作为索引日志的时间戳，作为所有复制节点的时钟来对待。通过将复制节点所处理过的 Log 中最大的时间戳，作为复制节点的唯一 ID，这样，时间戳结合 Log，就可以唯一地表达此节点的整个状态。理论上来讲，在区块链上记录一系列的操作，或者所调用方法的名称及参数，只要数据处理进程的行为相同，这些数据集就可以保证跨节点的一致性。

与传统的单机数据库相比，基于状态机复制的链库一体化架构具有多数据库的备份容灾能力；与分布式数据库相比，基于状态机复制的链库一体化架构完成了数据的可信存储；与区块链系统相比，基于状态机复制的链库一体化架构具有更大容量的存储能力。从而达成区块链与传统的数据库技术体系的融合，真正实现分布式数据库的数据可信。

追溯数据上传至系统，但存在合同所涉及的多方数据没有公开的可能。这可能导致如下问题：①跨机构数据连通性问题，数据交互速度慢；②数据源的数据质量问题，如数据的完整性和真实性无法得到保证；③用户数据隐私性问题，包括牵涉用户隐私的数据可能被泄露或者滥用。区块链技术可以实现可信的数据流通，整合区块链技术、链互联技术、密码学方法，解决如下问题。

（1）跨链用户数据所有权，在独立的区块链系统内，用户数据所有权通过公私钥可以很好地管控数据所有权，防止数据滥用；如果在多链架构中，保证数据跨链涉及多次认证，提高认证效率和认证可靠性。

（2）多方身份认证，角色包括数据存储方、数据使用方和用户，不同角色应该对应不同的权限和功能。同时，可靠的身份认证可以有效地实现身份管理。由于在真实的认证场景中存在着大量的角色，不同的角色对应不同的数据和权限，而在使用多个数据系统连通后，不同系统的认证机制、过程各不相同。为实现可信的数据流通需要构建更为开放及自由的身份认证与权限管理机制，让得到授权的人可以自由地使用和再利用相关数据，从而打破合同参与方之间的数据壁垒。

（3）跨链数据的监管，对于用户数据，用户拥有数据的所有权，对于数据流向、被使用情况，用户应当拥有知情权，对于链上数据监管，是实现开放数据的重要一步。

同时，Open Data 模型引入了多链协议，可以连接不同的区块链系统，在提供了区块链间数据通信及交易的基础之上，可以进行区块链的横向扩展，即根据需要建立多个区块链系统，不同区块链系统之间采用多链协议进行互联互通。这种方式不仅仅解决了区块链业务方面、地域方面的扩展性，同时解决了区块链间数据交换的问题，避免了因数据不通而导致的数据孤岛问题，充分利用了数据的价值，是系统建设下一阶段的发展方向。

8.4 可信数据查验

在利用 Open Data 模式时要保证不同个体或组织之间的数据共享是可控且可信的，也需要保证在不同场景下数据共享应当是高度可控的，例如，某些数据可能关系到合同签订方的隐私，因此这些数据的授权需要多方共同参与。在利用多链技术将多条联盟链连通后，由于合同的参与方可能处于不同的系统中，而不同系统中会使用不同的认证机制，因此可以采用基于门限加密法实现的多因素身份认证技术完成多方协同认证。门限加密法将一个密钥划分为多个子密钥分布式地存储于多个服务器上，并满足如下要求：良好的服务器数量要超过门限的数值；当需要密钥重组的时候，参与的服务器数量要超过门限值。更具体来说，门限加密法的模式可以表示为（t，n），n 代表的是密钥被分解后子密钥的数量，t 是应用所规定的阈值，当拥有的子密钥数量达到 t 时，完成对密钥的重组。

Open Data 框架是通过应用程序接口为第三方机构在用户授权的情况下提供用户的数据。框架中规定了数据的生成、共享和访问机制。基于区块链的数据存储，改进了数据集中存储的弊端。Open Data 框架能够帮助用户安全共享数据，让用户安全享受第三方所提供的服务，也为研究机构提供了高质量、完整、可靠的数据，解决“数据割裂”问题。

第九章　智能监管决策系统

目前我国养殖行业逐步由传统向现代、由粗放向精细、由低效向高效的高质量发展，已经从过去的散养到规模化、标准化、现代化再到智慧化、信息化的阶段。针对当前养殖需求，通过在养殖场部署多个高清摄像机，对区域内进行无死角监控，对区域内猪只进行识别，方便对猪只进行统一核对、管理；通过物联网设备，采集空气温湿度、二氧化碳浓度、甲烷浓度、光照强度等多种环境参数并进行上传及研判；通过智慧养殖大数据平台，一图集成养殖场全方位信息，无论是猪群数量、阶段分布、疫情检测还是市场信息等多种数据，均可跃然屏上，辅助管理者对养殖场进行全方位、场景数据化监管，为其提供决策依据。实现从猪场外到猪场内、猪舍外到猪舍内、生产区到生活区，从人、物、车到猪只个体的监控，实现全方位、多角度实时监测、动态掌控、及时预警，为猪只营造舒适、健康的生产环境，达到更好的经济效益。

系统采用按业务分层分析的方式，实现了基于业务的逐层监管决策及下钻分析。智能监管决策系统包括生产监管决策、成本效益分析、风控预警、兽医服务、智能巡栏、智能巡检、精准饲喂、绩效评估等模块（图 9-1）。

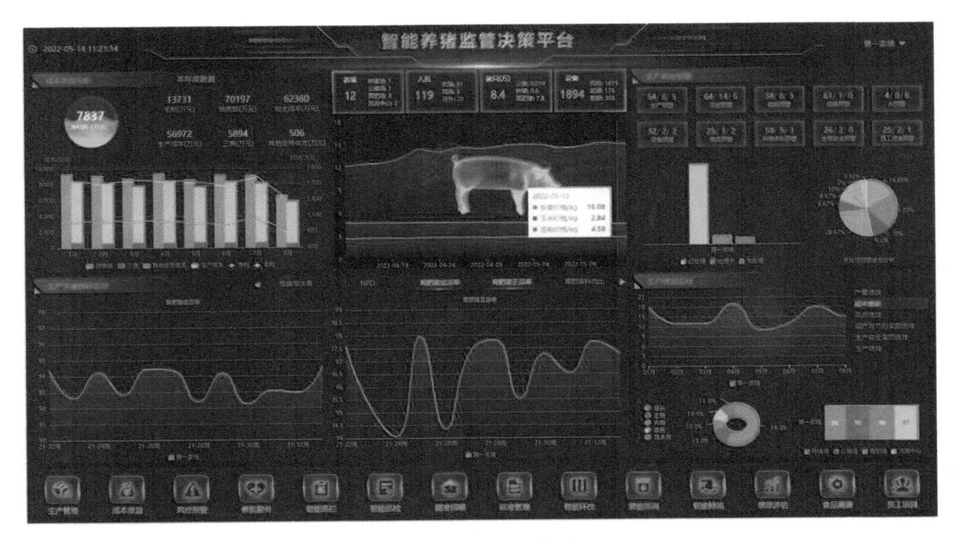

图 9-1　智能监管决策系统首页

切换不同农场，点击对应养殖场，查看养殖场平面孪生图（图 9-2），可清楚了解各养殖场各猪舍的相对大小和位置，以及水、电、气、料设备状态及用量/余量。

点击各猪舍视频及环控图标查看实时视频实景、环境实景状况及预警，点击猪舍

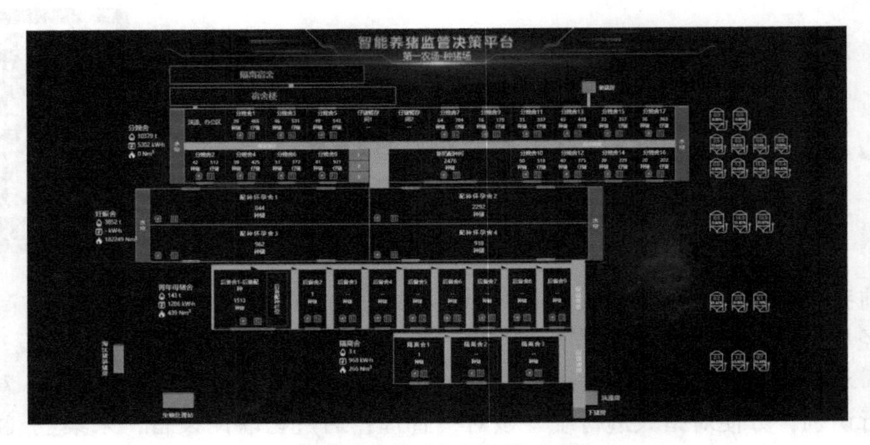

图 9-2　养殖场平面孪生图

名，弹出对应猪舍的平面孪生图（图 9-3），可一目了然地了解到本舍内有多少栏位、每个栏位内是否有猪以及猪的耳号、状态。点击栏位内猪耳号，将打开猪个体性能分析模块。

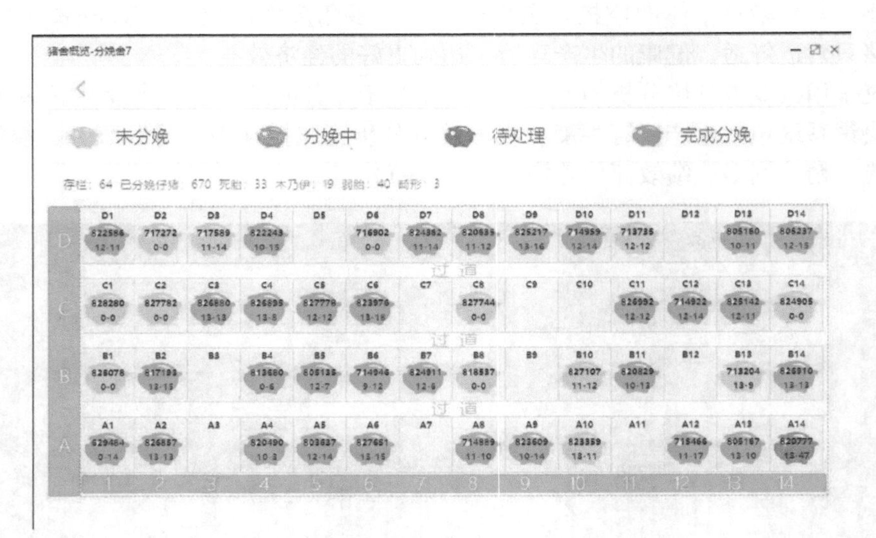

图 9-3　猪舍平面孪生图

9.1　生产监管决策

生猪养殖具有养殖流程繁多、现场实时信息反馈要求高等特点，为实现养殖过程可视化监控和管理，构建了大数据环境下的生产监管模型，大数据监管是监管提质增效的重要途径之一，通过“大数据+监管”模式，促使监管向纵深推进，为进一步提升生产效能保驾护航，为养殖场决策层提供多维度、多层次的决策数据。

生产监管决策完成种公猪、种母猪、育肥猪及仔猪的核心关键业务生产监管，如存栏对比、种猪生产性能监控（分娩趋势分析、流产返情空怀趋势分析）、AI 预警、生产预警、实景监控、体温预警、工单分析、生产性能监控。

基于农场维度的生产监管决策（图 9-4），可手动更换农场和时间，查看农场维度的监管决策内容。

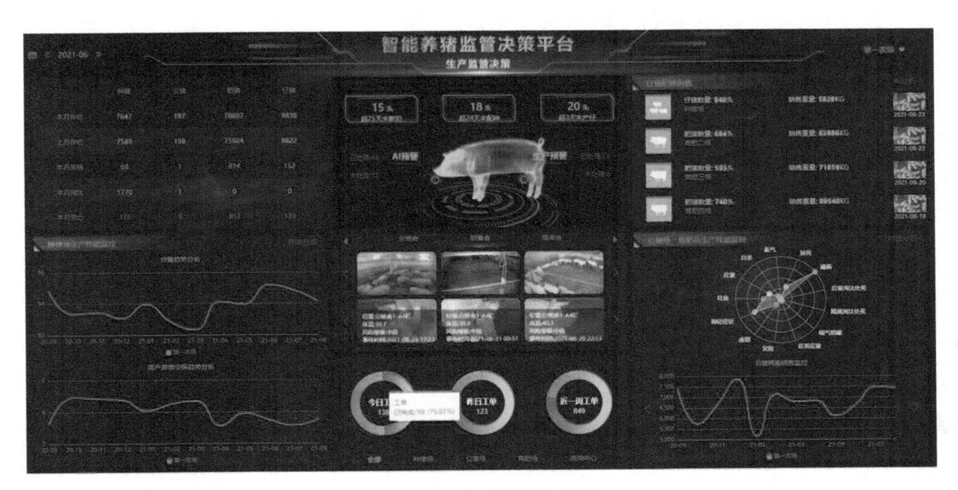

图 9-4　生产监管决策

仔猪肥猪销售，可以点击查看每次销售称重 AI 自动计数的过程（图 9-5）。

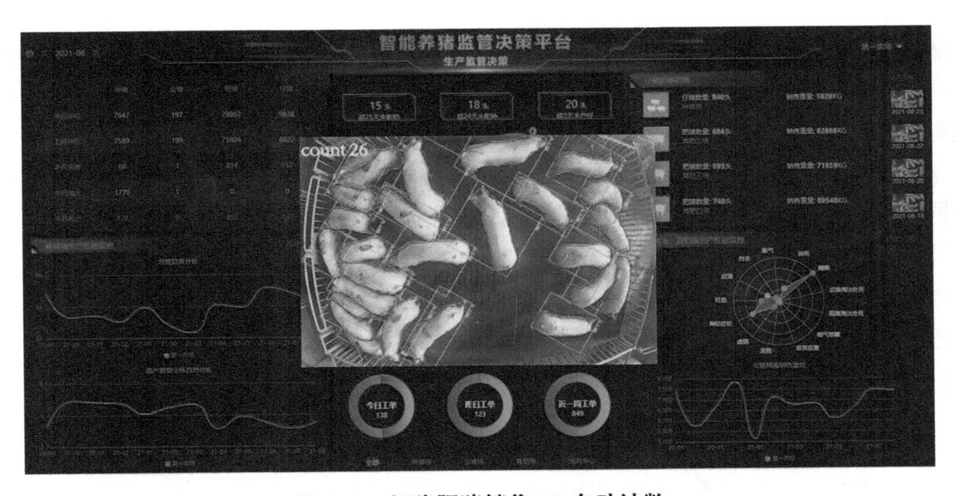

图 9-5　仔猪肥猪销售 AI 自动计数

点击查看具体数据后，会下钻至具体类型舍的生产监管决策页面（图 9-6），包括各类型猪存量与变化量、生产性能监控、环境监控、场景视频及控制、智能预警、能源及饲料耗用等。

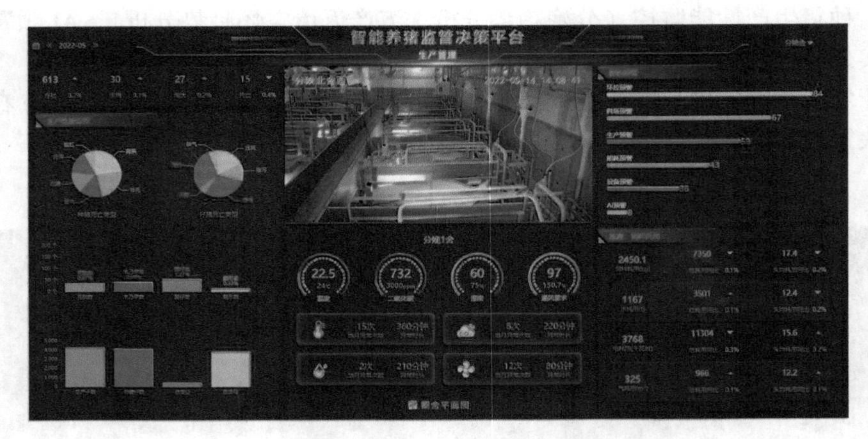

图 9-6　分娩舍生产监管决策

9.2　成本效益分析

养殖大数据构建的成本效益分析是降低养殖成本、提高经济效益的重要方法与途径。因为养殖大数据有着高容量、异质性和数据变化快的特征，使得它在数据分析应用中必不可少，基于成本-效益视角的效益分析，可建立基于不同维度的决策变量与经济效益（包括净利润、销售额、管理费用、销售费用、财务费用、毛利、完全成本、生产成本等）之间的关联模型，通过模型对当前数据获取和维护策略进行改进，从而提高总体效益。

成本效益分析监管决策完成各农场到各生产场的成本效益分析。自动核算各生产场的净利润、销售额、管理费用、销售费用、财务费用、毛利、完全成本、生产成本、其他业务收支以及具体各项成本的占比和精确到天的成本。

基于农场维度的成本效益分析，可手动更换农场和时间，查看农场维度的不同农场和不同时间的成本效益分析结果（图 9-7）。

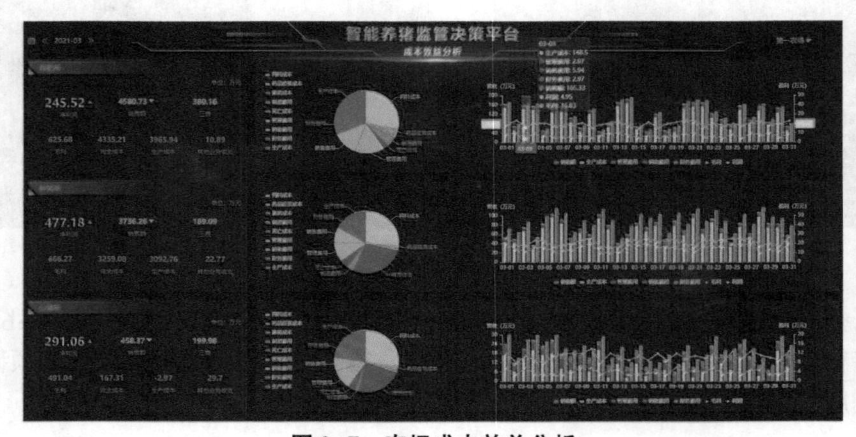

图 9-7　农场成本效益分析

可查看各生产场维度的成本效益分析，手动更换生产场和时间，查看生产场维度的不同生产场和不同时间的成本效益分析结果（图 9-8）。通过成本效益关系图可清楚看到养猪生产中各生产成本和最终利润之间的关系，以及各类型成本占比。成本效益日详情能了解到各生产场每天的完全成本、生产成本、管理费用、销售费用、财务费用和其他业务收支情况。

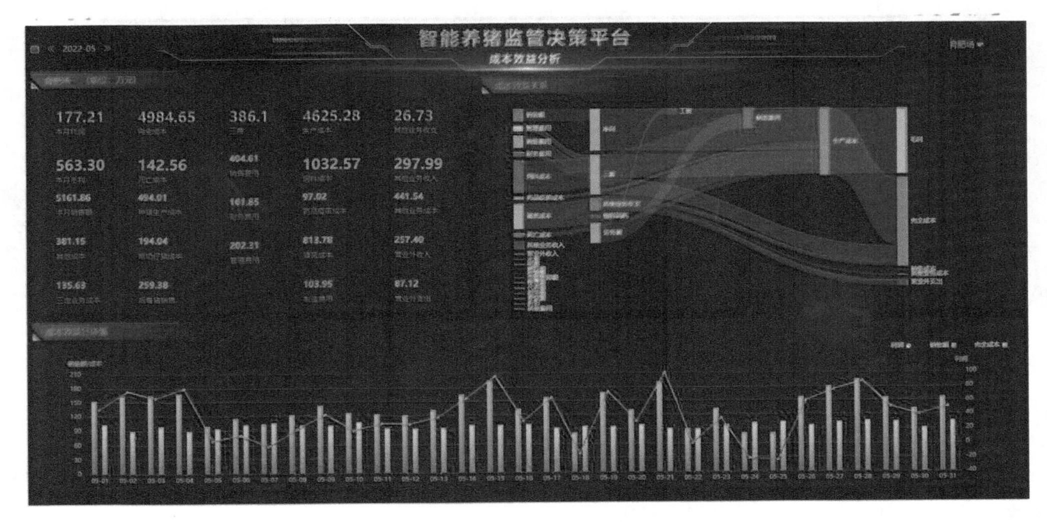

图 9-8　生产场成本效益分析

9.3　风控预警

智慧养猪就是利用物联网技术、大数据技术、云计算、自动化控制等技术收集生猪养殖的环境参数、生长过程、采食饮水等全方位养殖数据，并对养殖措施的执行过程进行跟踪管理，根据对猪只生长的实时监测进行数据分析与预警，保证整个养殖过程的数据追溯，优化改善养殖方案。

风控预警包括生产预警、AI 预警、环控预警、能耗预警、料塔余料预警、生物安全预警、员工进舍预警、设备预警、疾病监控。通过风控预警模块，可实时掌握各农场、各生产场生产异常/待处理业务状态以及是否已经有人了解并处理异常/待处理业务。

9.3.1　生产预警

点击“生产预警”，查看生产预警内容，包括所属场、栋舍、数量、预警、时间、是否知悉、知悉时间、知悉人（图 9-9）。

图 9-9　生产预警

9.3.2　AI 预警

通过 AI 视频监控设备自动对异常情况进行识别、上报及预警。预警类型包括区域跨越、火情、非法闯入、合规检测等。

点击 AI 预警项，查看具体预警内容及过程视频（图 9-10、图 9-11）。

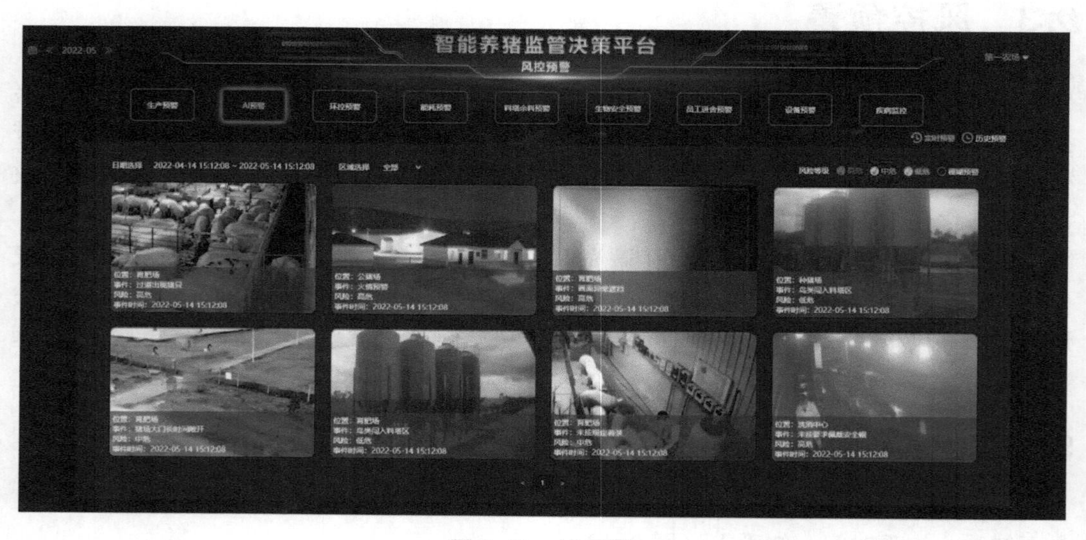

图 9-10　AI 预警

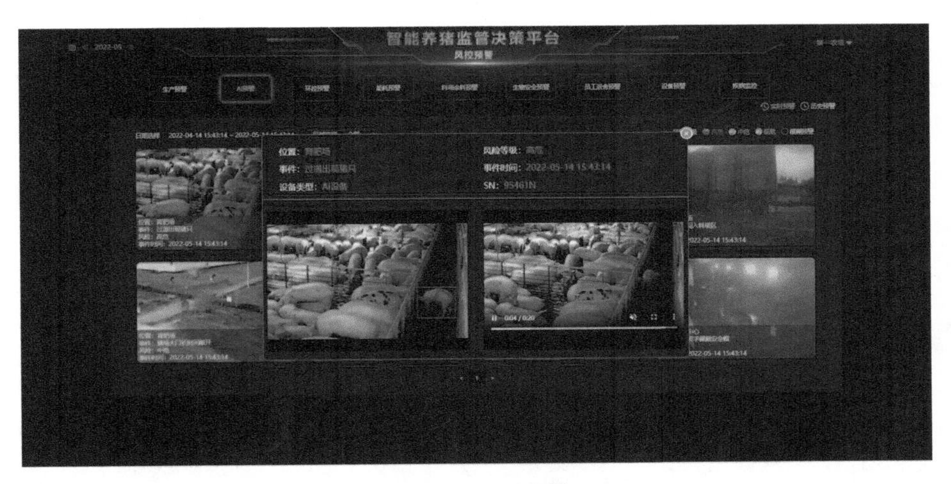

图 9-11　AI 预警

9.3.3　环控预警

对发生的环控异常进行预警（图 9-12），干系人在系统后台、“智慧养猪”APP 或“养猪协作”APP 上会自动收到预警，干系人知悉后应在一定时间内上报上一级主管，如果超过指定时间仍未能处理预警，系统自动上报上级主管。

图 9-12　环控预警

9.3.4　能耗预警

养殖场主要能耗包括水、电和天然气 3 种，养殖场内各舍每日能耗在一定的阈值范围内，如果超过阈值，会立即预警，通知相关干系人检查是否存在错用或泄露的情况（图 9-13）。

图 9-13　能耗预警

9. 3. 5　料塔余料预警

各料塔均设置了余料预警阈值，当余料少于设定阈值后，将自动提醒干系人补充饲料（图 9-14）。饲料用完才发现需要补充饲料易造成生产事故，料塔余料预警可有效避免这一问题。

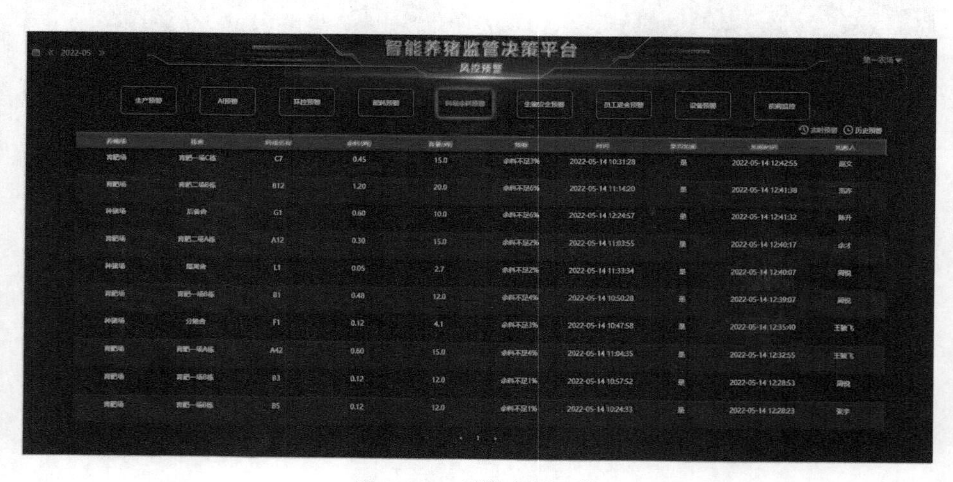

图 9-14　料塔余料预警

9. 3. 6　生物安全预警

生物安全预警是通过各种手动检测到的生物安全相关信息进行预警，系统自动将预警信息推送至干系人进行处理（图 9-15）。

图 9-15　生物安全预警

9.3.7　员工进舍预警

养殖场远离市区，人为监管较困难，洗消后通过刷脸才可进舍，系统自动监测员工是否进舍参与生产活动，以及在舍内工作时长。根据不同岗位及工作性质对舍内工作时长进行定量分析，对进舍工作时长不达标的人员进行预警（图 9-16）。

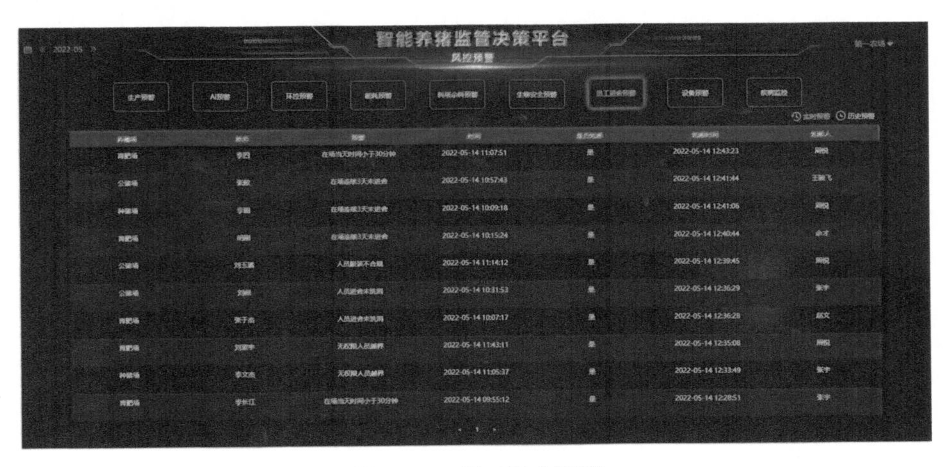

图 9-16　员工进舍预警

9.3.8　设备预警

对设备读数异常、离线等情况进行预警，保证传感设备、视频设备、环控设备、网络设备等正常运行，保障智慧养猪生产安全（图 9-17）。

智能养猪监管决策平台

风控预警

养殖场	栋舍	设备类型	预警	时间	是否知晓	知晓时间	知晓人
育肥场	育肥一场A栋1单元	机电设备	长时间离线	2022-05-14 11:38:14	是	2022-05-14 12:42:55	张宇
种猪场	后备舍1	视频设备	离线超过24小时	2022-05-14 10:39:18	是	2022-05-14 12:42:41	赵文
种猪场	后备舍5	Ap设备	离线超过24小时	2022-05-14 12:11:39	是	2022-05-14 12:42:30	[illegible]
育肥场	育肥一场A栋3单元	机电设备	长时间离线	2022-05-14 12:25:40	是	2022-05-14 12:41:17	王辉
种猪场	分娩舍6	料塔设备	余料未上报	2022-05-14 11:00:44	是	2022-05-14 12:40:19	[illegible]
育肥场	育肥六场B栋1单元	环控设备	读数异常	2022-05-14 10:52:53	是	2022-05-14 12:38:54	[illegible]
育肥场	育肥一场C栋1单元	环控设备	读数异常	2022-05-14 11:17:50	是	2022-05-14 12:34:31	[illegible]
育肥场	育肥二场A栋1单元	机电设备	长时间离线	2022-05-14 12:24:11	是	2022-05-14 12:34:28	王骏飞
育肥场	育肥一场B栋2单元	机电设备	长时间离线	2022-05-14 10:59:20	是	2022-05-14 12:32:52	赵文
公猪场	公猪舍	机电设备	在线但未收到数据	2022-05-14 11:11:57	是	2022-05-14 12:31:11	[illegible]

图 9-17　设备预警

9.3.9　疾病监控

对猪群疾病进行监控和预警，整体把控疾病治愈率，降低发病率和淘汰率（图 9-18）。

智能养猪监管决策平台

风控预警

养殖场	栋舍	症状	数量	发病率	治愈率	淘汰率	时间	是否知晓	知晓时间	知晓人
育肥场	育肥一场A栋4单元	发烧	5	0.1%	100%	0%	2022-05-14 11:19:41	是	2022-05-14 12:43:47	[illegible]
种猪场	分娩舍14	不食	0	0.0%	100%	0%	2022-05-14 12:18:07	是	2022-05-14 12:43:43	[illegible]
育肥场	育肥三场B栋1单元	拉稀	178	2.0%	94%	0.11%	2022-05-14 12:27:08	是	2022-05-14 12:43:13	王骏飞
种猪场	分娩舍5	跛行	0	0.0%	100%	0%	2022-05-14 11:40:30	是	2022-05-14 12:42:23	[illegible]
种猪场	分娩舍1	拉稀	0	0.0%	100%	0%	2022-05-14 09:58:01	是	2022-05-14 12:39:13	张宇
育肥场	育肥二场B栋4单元	拉稀	22	0.2%	100%	0%	2022-05-14 10:05:31	是	2022-05-14 12:37:11	[illegible]
育肥场	育肥一场A栋3单元	咳嗽	80	0.9%	97%	0.03%	2022-05-14 09:59:40	是	2022-05-14 12:34:17	[illegible]
育肥场	育肥三场A栋2单元	咳嗽	1	0.0%	100%	0%	2022-05-14 11:40:36	是	2022-05-14 12:32:45	赵文
种猪场	分娩舍9	咳嗽	1	1.8%	100%	0%	2022-05-14 11:49:49	是	2022-05-14 12:31:18	[illegible]
育肥场	育肥四场A栋3单元	[illegible]	136	1.5%	96%	0.07%	2022-05-14 10:09:20	是	2022-05-14 12:27:57	[illegible]

图 9-18　疾病监控

9.4　兽医服务

养殖场是动物防疫工作的重要场地，规模化猪场工作的重心必须全面落实在生猪疫病防控基础上，兽医服务贯穿于养殖场生猪养殖的整个过程，对于降低养殖场发病率、提高养殖场效益起着重要作用。但是，随着养殖场转型升级，养殖场兽医的服务内容也发生较大改变，养殖场兽医只有转变服务观念，创新服务方式，才能更好地满足养殖场服务需求。通过系统采集的养殖数据、疾病数据，将传统动物疫病数据分析方法与处理大量数据的复杂算法相结合，对加强疫病监测和提高预测预警能力，为兽医提供多维度、多层次的“智能决策”数据，以及促进猪群健康具有重要作用。

从疾病监测、疾病症状分布、药品余料预警、药品用量统计、体温异常监测、病原体检测、免疫及抗体检测、各生产场淘汰原因分析、死亡原因分析等方面为兽医提供整体监测服务，帮助兽医实时掌握猪群疾病、抗体水平动态，为群体治疗和群体免疫决策做参考（图 9–19）。

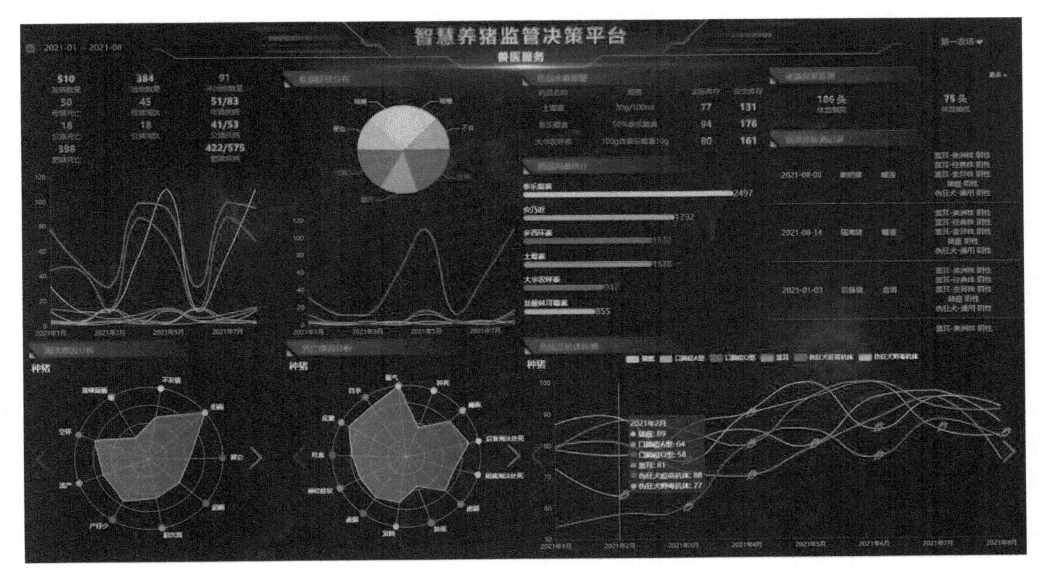

图 9–19　兽医服务

9.5　智能巡栏

巡栏管理是保证猪群整体健康和检测各项管理工作得当与否的关键，包括猪只健康、设施设备、日常工作进展程度、各项基本工作效果等。在传统巡栏过程中一旦发现问题，养殖人员需立刻拿记号笔标记，所以猪场日常巡栏工作强度大，异常情况无法及时处理，无法 24 h 巡栏监控，而且养殖人员频繁查看猪的状况会干扰猪的作息。通过在猪场内各点位部署智能摄像头，对猪场场区进行 360°无死角、24 h 智慧化无人值守，搭载红外热成像对重点猪舍的生猪进行全方位的巡检监控，对猪舍内的情况实时记录，实时预警猪的体温，形成真正意义上减员高效的智慧养猪模式。

通过智能巡栏机器人的主动巡栏，对人工巡栏进行有效补充。智能巡栏机器人搭载 RFID 标签读取设备、可见光视觉设备、热成像视觉设备、声音采集设备、通信设备等。实现智能 AI 巡栏，自动检测体温异常、声音异常以及存栏异常（图 9–20）。

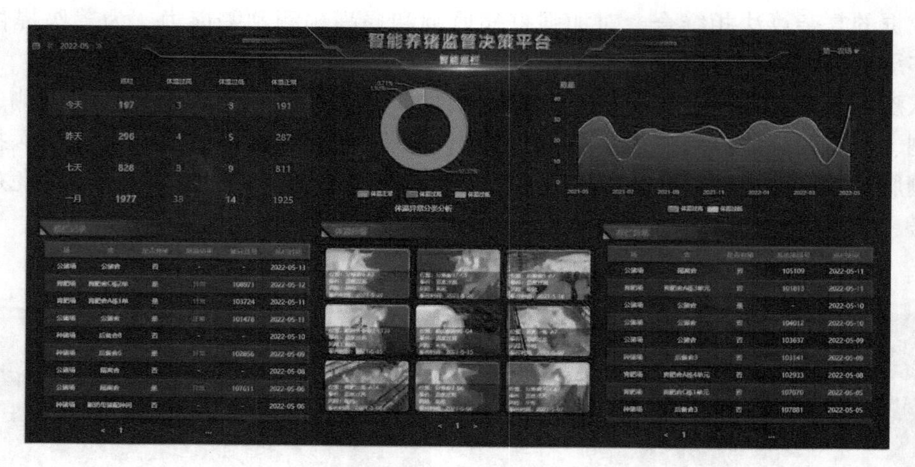

图 9-20　智能巡栏

9.6　智能巡检

自动化养猪设备是目前养猪行业经常使用的设施，养猪设备在猪的养殖中起了重要的作用，使猪只有更好的生长环境。目前多数养殖场采用的是设备被动维护策略，这种方法通常被称为“救火式”维护方法，缺点是维护需求和对生产的影响是无法预测的，一旦发生设备故障，可能会直接影响生产或猪群健康。通过智能巡检系统，对联网设备进行自检，非联网设备定时检测预警，预防性维护可及时发现设备故障，降低设备故障的概率，将设备故障对生产的影响降到最低。

智能巡检实现设备的自动智能巡检，对电子设备进行通信自检，非电子设备进行人工检测，主要包括环控设备、视频设备、料塔设备、边缘计算网络设备、分布式节点、能源设备及机电设备。点击对应设备类型，可查看本类型下的各设备实时状态（图 9-21）。

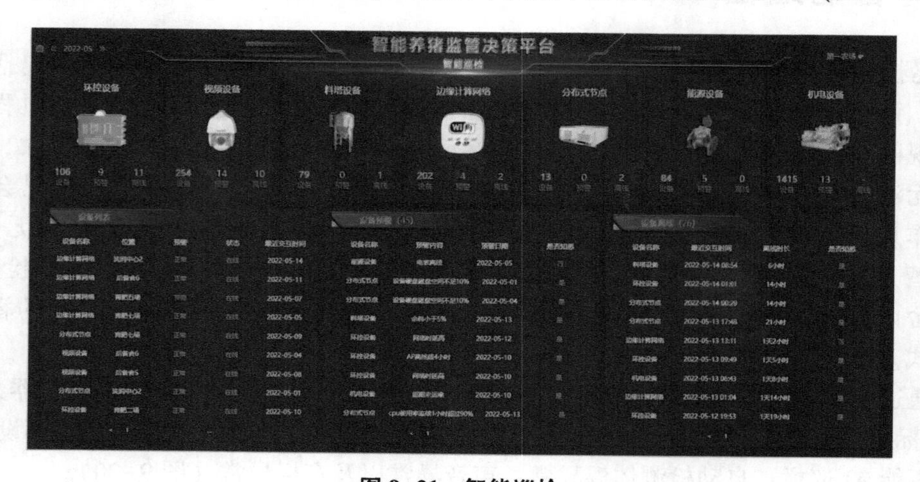

图 9-21　智能巡检

9.7　精准饲喂

精准饲喂是影响猪场收益的一个重要因素。人工饲喂过程中，难免出现饲料浪费、人猪接触频繁，可能还会造成营养不均衡，通过采集猪只头数、日龄、采食、饮水等数据，自动化计算采食需求，制订采食计划，调整饲喂时间，匹配水料配比，既满足猪只采食需求，又不让猪只“暴饮暴食”，实现猪只吃得刚刚好、长肉速度快的目标，提高猪只的饲喂效率，降低猪场的养殖成本。

实现对各农场各生产场各舍的饲喂监测，包括饲料总用量、日均饲料用量、头均饲料用量、饮水总量、日均饮水量、头均饮水量等，进行分料号用量分析、同类型生产场对比分析、以天为单位的饲喂曲线分析等（图 9–22）。

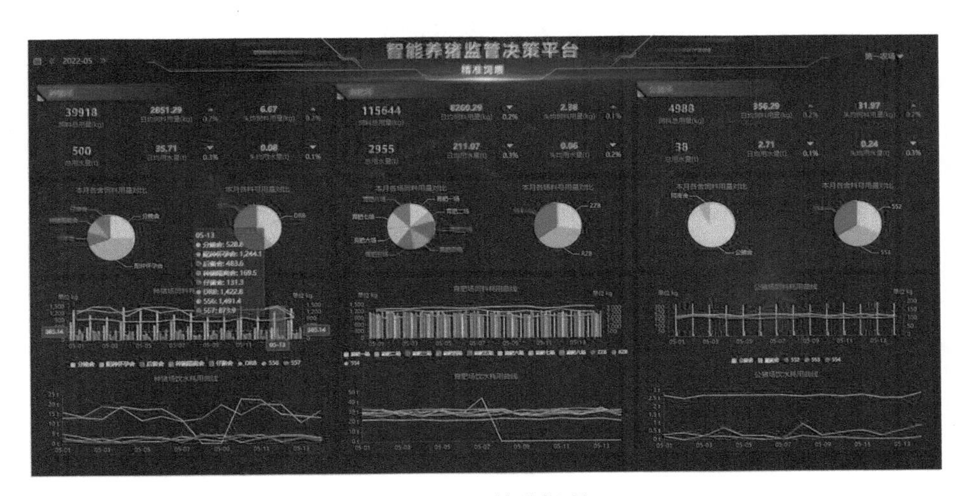

图 9–22　精准饲喂

9.8　绩效评估

猪场人力资源管理中的绩效考评也是工作中的重中之重，它涉及员工切身的经济利益，还影响到员工情绪，与员工稳定性相关联。为了更好地提高猪场驻场员工的积极性，做到奖罚分明，提高猪场管理水平和生产成绩，通过绩效评估系统，采用大数据的形式从各维度挖掘员工的工作效率和工作完成情况，为猪场人力决策层提供丰富、有效的考评数据。

通过任务工单完成率及工单评分等综合分析，系统自动对各员工进行绩效评价。同时对各工种、各类型工单、各生产场等进行横向对比分析，实现对各生产场工作情况的实时把控（图 9–23）。

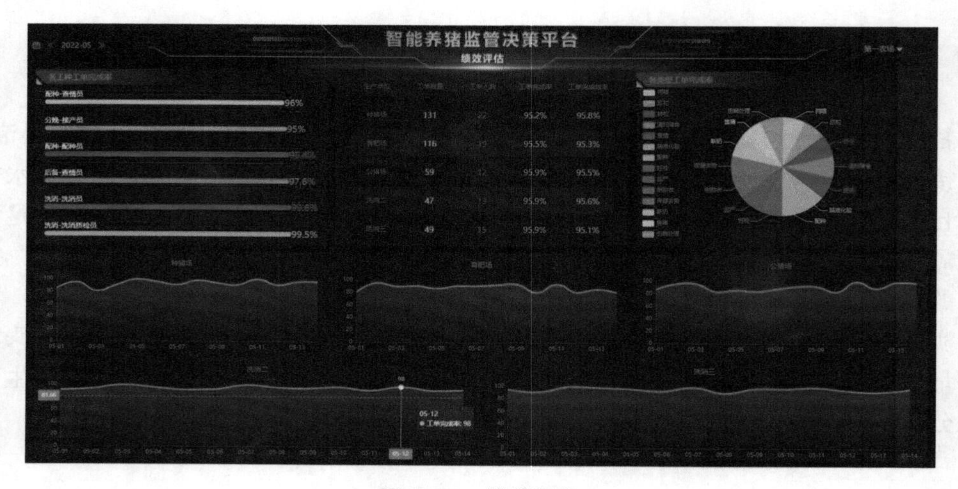

图 9-23　绩效评估

第十章　云诊疗系统

随着信息技术的发展，越来越多的日常生活从线下转移到了线上，线上会议、线上教育、线上看病、远程医疗服务被越来越多的人所熟知。传统猪场的生产管理水平较低，饲养员和兽医、猪场管理人员直接联系不够紧密，沟通不足、不及时，最终导致猪群的死亡率升高。

通过云诊疗系统，建立大数据分析模型，为猪场提供疾病精准诊断数据；充分利用人工智能和机器自我学习功能，创建在线智能诊断系统；建立远程诊疗方式进行疾病的诊断，通过互动直播的方式进行视频就诊，专家和养殖户可通过手机实现疾病的问诊、诊断和开方，提高猪场疫病防控能力。

云诊疗系统作为独立的诊疗系统，能与养殖平台进行深度集成，以独立系统或“智慧养猪平台”云诊疗系统的形式体现。深度集成具体体现在界面集成、用户集成、数据集成、业务集成、知识共享 5 个方面。

界面集成：显示界面与“智慧养猪平台”无缝集成，可在云诊疗系统和智慧养殖系统间自由切换。

用户集成：可集成“智慧养猪平台”或其他养殖平台的用户认证，实现单点登录，无须在各系统间切换时多次登录。

数据集成：“智慧养猪平台”的猪基础数据、实景数据、个体体征等数据均可无缝集成到云诊疗系统，作为云诊疗系统的诊疗基础数据存在。

业务集成：对生产业务过程进行集成，实现针对于生产业务的诊疗调用，同时可以将实时生产过程数据作为诊疗判定依据。

知识共享：提供诊疗见习功能，与业务系统的诊疗及处方深度融合，能结合入驻养殖平台的全部农场的诊断及处方数据，对自诊断模型进行优化，并应用于全部农场。

10.1　自诊断

目前生猪疫病防治与诊疗依靠兽医完成，而这种方式主观性强、人工劳动强度大。同时，经验丰富、诊断准确及时的专业兽医数量远远不足，往往当集中出现大规模生猪死亡或明显疾病症状时，才从外地预约兽医专家问诊，这样极大延误了诊断和治疗窗口时间，易造成大规模疾病流行与生猪死亡，随着信息化技术与人工智能技术的发展，计算机在统计先验知识数据、模拟人类经验模型方面表现十分出色，通过构建神经网络模型，将采集的猪理化指标、表观指标和环境指标等输入模型，通过模型的计算，自动输出诊断结果和建议，随着猪场数据和疾病案例的积累，模型自我迭代、优化，最终实现机器自我学习、自我迭代、自我智能诊断目标。

自诊断通过 RFID 扫描/选择猪/诊断范围、表现出的多个症状以及症状图片，对猪疾病进行诊断，并给出诊断结果和治疗方案。通过不断的知识积累将实现高准确率的自诊断。

当遇到猪状态异常无法确定病因的时候，养殖场工作人员可打开云诊疗模块，进入“自诊断”界面，通过扫描/选择/输入猪耳号，系统自动获取猪信息并显示，如果存在明显外观症状的可拍照上传症状照片，然后根据实际选择猪目前的病症症状，点击“开始诊断”进行云诊疗。诊疗结果以列表的形式呈现，左侧症状图片为该疾病的典型临床表现，中间显示猪疾病名称和疾病症状，右侧显示系统自动匹配的猪疾病置信度（图 10-1）。

图 10-1　自诊断界面

点击对应的诊断结果，查看疾病详情，包括疾病介绍、治疗方案、病例等，可作为养殖场普通员工和驻场兽医的猪病判定参考依据。

系统支持历史记录功能，用户可看到自己发起的自诊断历史记录（图 10-2）。

图 10-2　自诊断记录

10.2　在线问诊

猪病无小事，任何一种猪病都不能被轻视。在线下兽医下猪场受阻的情况下，在线问诊便捷性不言而喻，养殖户随时随地就可以向专家在线问诊，即使猪场发生大规模猪病，也不会因错过最佳治疗时间，而给养殖户造成巨大的经济损失。

在线问诊由生产人员/初级驻场兽医发起，选择在线的一个或多个专家进行问诊。通过 RFID 扫描/选择猪/诊断范围，配合高清晰度的视频、语音通话和标记交互，实现高灵活性的远程问诊。

用户切换至在线问诊页，点击“历史诊疗”的某一项具体诊疗，可以查看历史诊疗记录。点击“发起诊疗”，进入发起诊疗页，发起人可修改诊疗名称，修改诊疗预计时长，诊疗结束时间同步变化。系统自动显示诊疗创建者姓名，发起人选择诊疗对象，是具体“个体”还是某个“舍”（群体）。通过扫描猪耳标/栏标，选择当前在线的专家，点击“发起诊疗”按钮开始诊疗（图 10-3）。

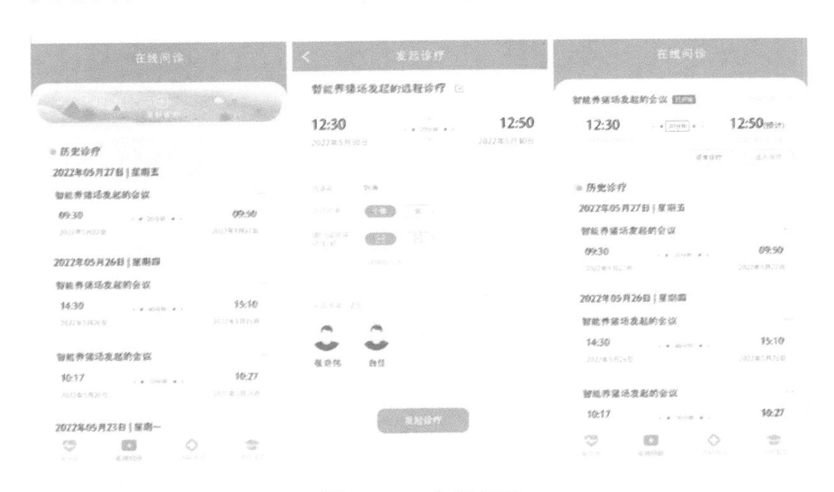

图 10-3　在线问诊

如果进入在线问诊后有未完成的诊疗，系统会显示正在进行的诊疗，可以选择“结束诊疗”或“进入诊疗”继续。

10.3　远程会诊

远程会诊功能授权于行业专家，专家和养殖户可通过手机实现疾病的问诊、诊断和开方，使养殖户、养殖企业看病更容易，节约经济开支，解决猪场疾病诊断效率和治疗效果的问题，为猪场健康养殖保驾护航。

远程会诊由具备兽医资质的用户使用，当收到生产人员/初级驻场兽医的问诊请求时，开始与多个专家一起会诊。系统自动显示猪个体详情（耳号、品种、月龄、所在栏位、是否疾病、最近一次接种疫苗时间等）、环境详情（所处环境的当前和历史环境实景)、场景详情（所处猪舍的当前场景)、过程详情（疾病历史、免疫历史以及生产业务时间轴）等信息，结合当前猪只的视频及声音状态来综合诊断猪疾病。

远程会诊由于局限于手机屏幕显示大小，全量业务功能在 PC 端方可使用，云诊疗 APP 实现了诊疗的主要功能。

专家点击“远程会诊”标签页，查看“邀请我”的诊疗，包括“已开始”和“已结束”两种状态，针对“已开始”的诊疗，专家可选择“进入诊疗”开始诊疗；对“已结束”的诊疗，专家可以在线“开处方”。同时，专家也可以查看自己的历史会诊记录（图 10-4）。

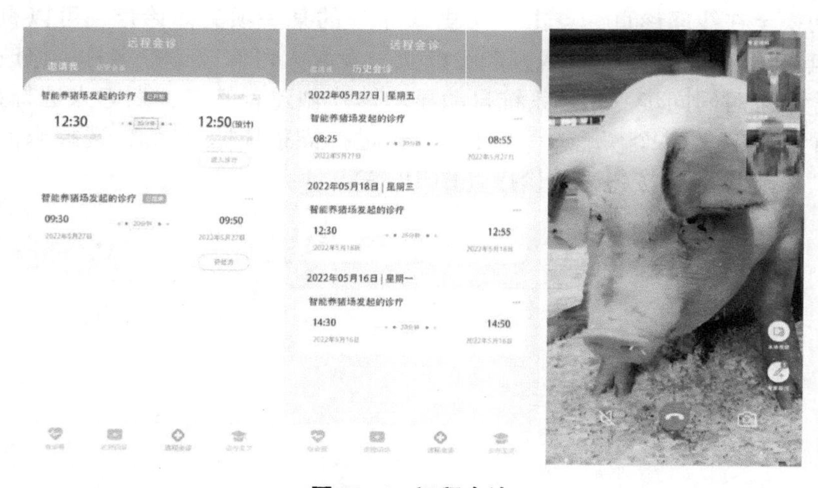

图 10-4　远程会诊

10.4　诊疗见习

产学研融合发展的目的是促进教学、科研与产业融合，通过高度融合促进生猪养殖产业升级与加快技术进步速度，培养出更多适合生猪养殖产业发展需求的有用人才，加快科技成果转化，提高养猪生产效率和管理水平。通过诊疗见习系统，对猪只疾病诊疗的过程进行全程精细化记录，生猪养殖企业享受猪只疾病治疗服务的同时，为高校提供更贴合生产实践的学习数据，深化产教融合，将企业与高校紧密联系起来，培养的优秀学子即为养殖企业输送的人才。

对历史诊疗的整个过程进行全程精细化记录，可以有权限控制并针对不同农场、不同角色和不同人员进行授权开放。

点击“诊疗见习”标签页，进入“诊疗见习”功能模块（图 10-5)。所有的历史诊疗根据最终确诊的疾病进行分类显示，首页显示各类型疾病的临床表现图、疾病名称、疾病症状以及可以见习的诊疗次数。界面顶部提供根据疾病名称的搜索功能。点击疾病症状后，进入详情页，显示每次诊疗的名称、时间段、参加人等。见习人员可根据需要查看诊疗过程和处方。

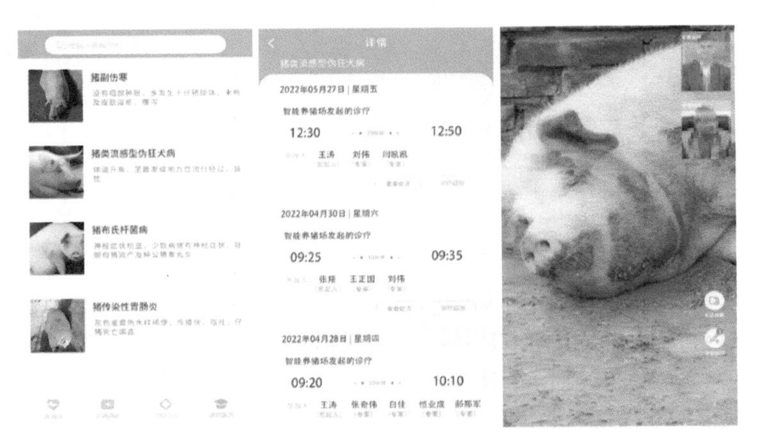
猪副伤寒
猪类流感型伪狂犬病
猪布氏杆菌病
猪传染性胃肠炎
详情
2022年05月27日 | 星期五
智能养猪场发起的诊疗
12:30
12:50
王涛
刘伟
2022年04月30日 | 星期六
智能养猪场发起的诊疗
09:25
09:35
王正国
刘伟
2022年04月28日 | 星期四
智能养猪场发起的诊疗
09:20
10:10
王涛
白佳

图 10-5　诊疗见习

第十一章　云培训系统

智慧养猪对养猪员工的技能要求更高，不仅需要掌握常规的猪养殖技能，还需要掌握智慧化养猪软件的使用及设备的运维。而且随着科技的进步，养殖技术及信息技术都在不断优化和调整，建立针对养殖场一线员工的高效培训体系至关重要。

养猪场一般远离市区，进出流程烦琐，非生产人员跨农场频繁进出将会增加生物安全风险。所以利用云计算、直播、虚拟仿真等技术，建立线上远程培训，使员工身临其境地融入学习环境及考核体系中，能极大地提升智慧养猪生产培训效率，使员工技能与企业生产实践同步提升。培训系统支持与“智慧养猪平台”深度集成，统一登录认证，也支持以独立应用的形式部署。

云培训系统包括在线学习、四维实景培训、直播培训、在线考试、虚拟仿真培训、模拟养殖。

11.1　在线学习

在线学习为猪场员工提供了一个高质量的自主学习平台，员工在业余时间可以根据自身需求或企业要求学习相关课程，实现了企业内部知识的沉淀、管理、传播和创新。多类型课件支持，图片、文档、视频、音频及站外链接任意选择，使企业员工以更低成本了解更多知识，以更快速度进行学习，进而提高了生产效率和工作效率，实现了任何时间、任何地点、任何人学习任何课程的个性化培训。

在线学习平台支持在线指定课程学习，员工根据自己的时间制订学习计划，安排时间进行学习，对学习效果进行考核，支持检测学习进度（图 11-1）。学习形式包括 PDF 文档、PPT、图片、文档、视频、音频、讨论、作业、练习等形式（图 11-2）。

11.2　四维实景培训

通过与智能生产管理系统联动，实现实际生产现状以四维实景的形式搬入培训课程，让学员身临其境地参与学习，四维实景分别是场景实景、环境实景、过程实景、个体体征实景。

场景实景：实时了解养猪场真实场景，实时学习现场规范操作。

环境实景：实时了解养猪场各场景环境标准及自动化环控体系。

过程实景：对照场景实景，实时学习全产业链各生产环节详细生产业务流程。

个体体征实景：实时了解猪只个体生产性能。

图 11-1　在线学习课程主页

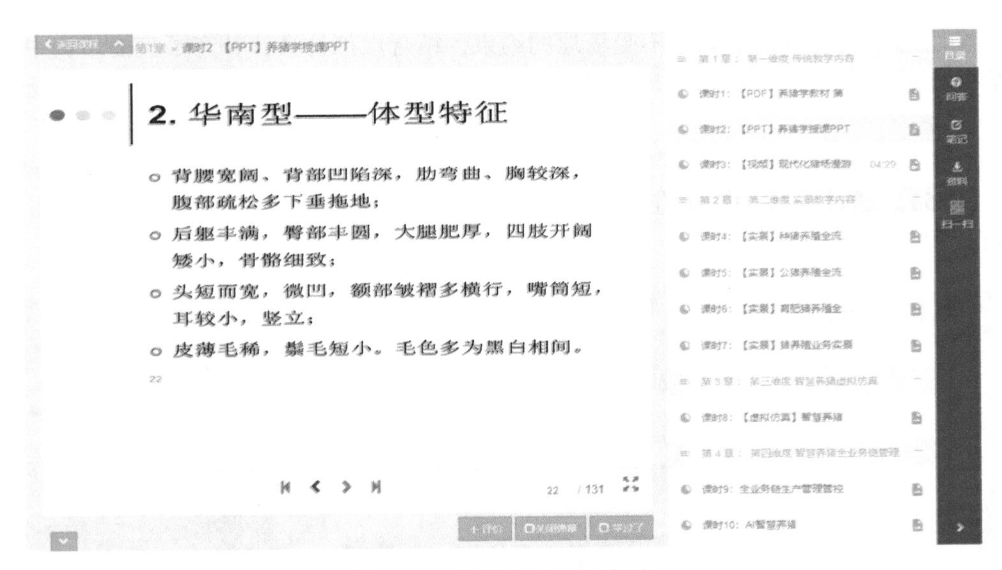

图 11-2　在线学习 PPT 课程

智慧养猪系统将采集到的数据进行过滤、清洗，将无效数据去除，通过 AI 分析计算后绘制成可视化图形界面，可视化图形界面可以对外提供服务，通过认证后可以将可视化图形界面引用到系统中。

培训系统支持实时接入养殖系统四维实景，将四维实景的可视化图形界面引入到培训章节中，结合其他培训理论和实操信息进行授课培训，实现基于生产四维实景的培训

(图 11-3)。

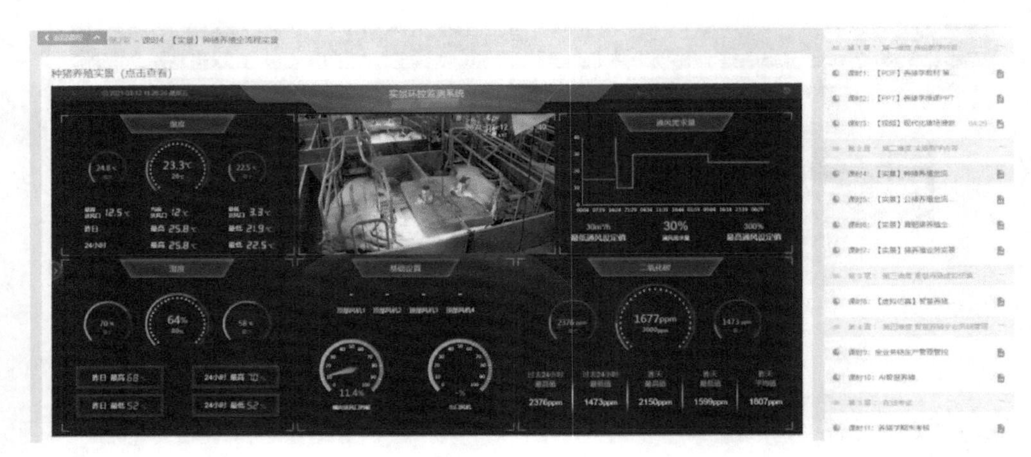

图 11-3　实景引用

11.3　直播培训

直播培训是云培训中最重要的培训方式。直播培训很好地解决了以往线下培训的生物安全隐患，同时直播培训又不受场地的约束，结合虚拟仿真，补齐了直播培训中实操内容的短板。在保证培训课程质量的情况下，能够安全、高效、方便地进行猪场员工培训。

直播培训分教师直播客户端（图 11-4）、直播服务支撑端以及直播课程(图 11-5)。通过在后台创建直播课程，教师登录培训客户端共享系统桌面/应用界面进行远程直播授课。

图 11-4　教师直播客户端

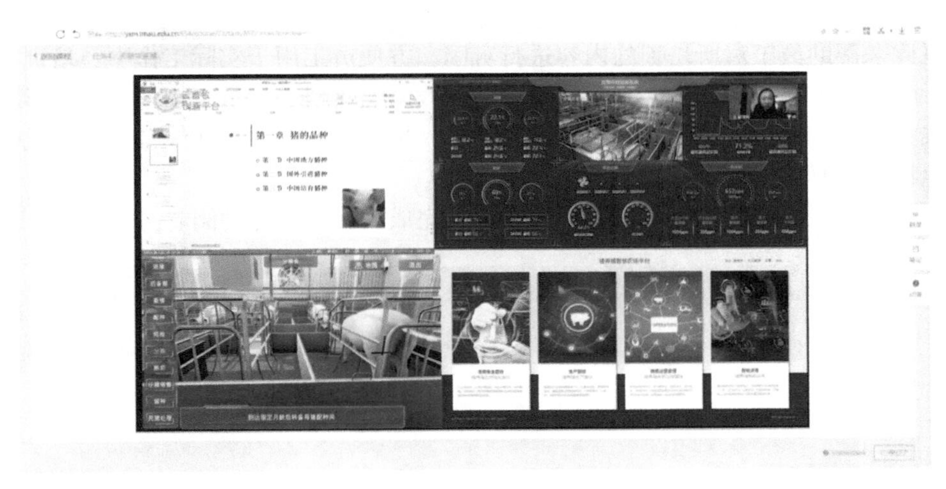

图 11-5　直播课程

直播客户端支持多镜头切换、视频直播培训、音频直播培训、多媒体文件直播培训、软件窗口直播培训、直播培训画面自定义、直播培训音视频管理以及直播培训监控等功能。

多镜头切换：提供多镜头切换功能，客户端能实现 4 个镜头的多镜头无缝切换，直播培训用户可快速切换显示场景如电脑桌面、应用程序、用户视频等。

视频直播培训：提供培训端视频设备接入直播，具备同时多个视频设备接入能力，能实现重要视频参数自定义。

音频直播培训：提供培训端音频设备接入直播，具备同时多个音频设备接入能力，能实现重要音频参数自定义。

多媒体文件直播培训：客户端能实现多媒体音视频文件接入直播，兼容常见主流音视频格式；能实现图片文件接入直播，兼容常见主流图片格式。

软件窗口直播培训：客户端能实现 Windows 指定软件窗口接入直播，能实现 Windows 桌面整体接入直播，可选择是否捕捉光标。

直播培训画面自定义：客户端能实现接入画面的自定义大小、层级顺序、旋转、翻转、自适应和移除。

直播培训音视频管理：客户端提供直播输出音视频模式、参数自定义配置功能；客户端能够配置启用、禁用 Windows Aero 效果。

直播培训监控：客户端提供培训计时，培训过程视频、网络、主机状态实时监控功能。

直播客户端推流至直播服务支撑端，由直播服务支撑端进行分发和服务支撑，最终用户打开云培训系统，通过网页实时直播学习。

11.4　在线考试

在线考试模块能够提升员工的培训效果，培训系统中有数据分析功能，培训管理人员能够查看每个员工培训学习的进度，而且还能够在课程结束后安排相对应内容的测试，以此来帮助员工对所培训的内容进行巩固，方便员工用于实际工作中，培训系统还能够对学习效果进行考核评估，确定培训学习效果的落地，让员工培训不流于形式。通过在线方式进行考核，节省了线下考试的环节，更加灵活，并且在线考试的方式也符合猪场生物安全要求（图 11-6）。

系统支持在线题库出题，在线考试，考试完成后客观题自动阅卷。

图 11-6　在线考试

11.5　虚拟仿真培训

云培训系统最大的创新就是虚拟仿真的接入，猪养殖培训有很多的内容是需要根据实际情况出发，并且需要进行实操，而虚拟仿真的接入就能够很好地解决传统培训中无法进行实操的缺点，让培训内容能够直观地展现在培训中（图 11-7）。

图 11-7　虚拟仿真培训

虚拟仿真培训结合实际场景，构建出了和实际场景相同的环境，接入了实际生产过程中的实景，实现了虚实结合的效果，让培训能够和实际生产紧密连接起来。

系统支持虚拟仿真培训接入，可将虚拟仿真培训内容直接接入培训课程中，以培训课程章/节的形式出现，结合四维实景培训体系，实现虚实结合培训。

11.6　模拟养殖

云培训系统考虑到生产技术和生产过程联系紧密，设备工作环境、生物安全、实操等都依托于养殖过程。为了能够将养殖的重要环节和养殖技术结合并展现出来，模拟养殖依托猪养殖流程和养殖标准，将养殖技术融入到养殖流程中，按照养殖流程讲述养殖技术，同时使用虚拟仿真技术将养殖流程以 3D 动画的形式提供给养殖场员工来学习。

以虚拟仿真技术为依托，打造智慧养猪模拟养殖系统，实现基于 3D 虚拟技术的全流程模拟养殖。系统分为种公猪模拟养殖、种母猪模拟养殖及育肥猪模拟养殖 3 个系统。

11.6.1　种公猪模拟养殖

11.6.1.1　进猪

使用浏览器访问“智慧养殖虚拟仿真平台”，点击“智慧养猪虚拟仿真系统”，系统自动加载虚拟仿真程序，加载成功后进入“智慧养猪虚拟展厅”（图 11-8），按下键盘“W”键前进、“S”键后退、“A”键左移、“D”键右移，按下鼠标右键拖拽鼠标可旋转角度。

图 11-8　智慧养猪虚拟展厅

点击右上角“地图”图标，选择“公猪场”虚拟场景（图 11-9），系统开始加载

“公猪场”虚拟仿真场景（图 11-10）。

图 11-9　选择“公猪场”虚拟场景

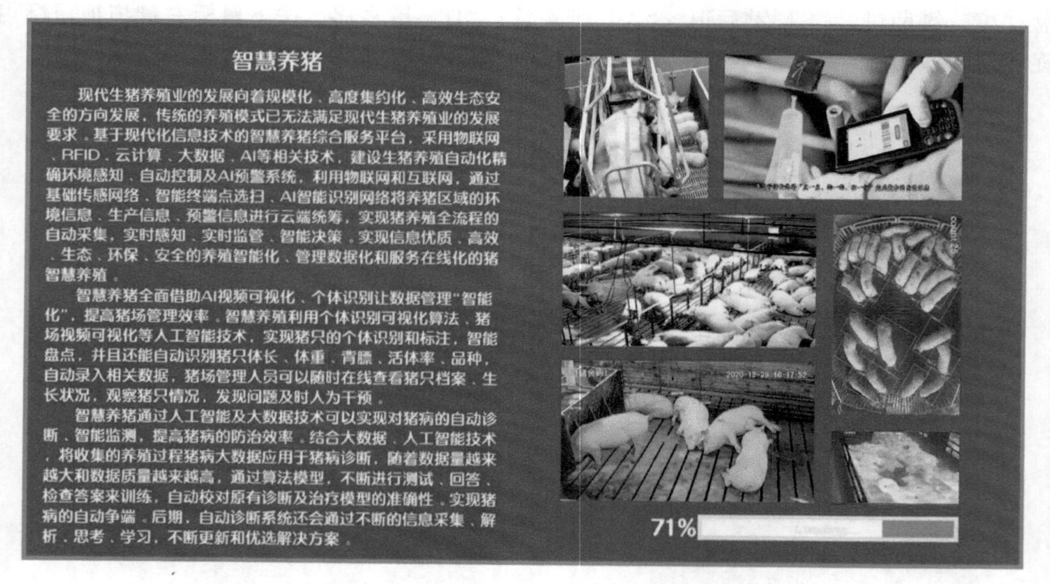

图 11-10　加载“公猪场”虚拟场景

场景加载成功后进入智慧养猪（公猪）实训基地场景（图 11-11），左侧为公猪养殖流程，点击可直接进入相应场景，点击右上角“展厅”图标可返回“智慧养猪虚拟展厅”，点击左侧“进猪”图标进入公猪进猪流程（图 11-12）。

图 11-11　智慧养猪（公猪）实训基地场景

图 11-12　公猪进猪场景

点击左侧车辆中的猪只，猪只自动进入进猪房（图 11-13~图 11-15）。

图 11-13　猪只正在进入进猪房（1）

图 11-14　猪只正在进入进猪房（2）

图 11-15　猪只进入进猪房（3）

猪只进入进猪房后，点击猪只，使用手持终端扫描电子耳标进行猪只基础数据登记（图 11-16）。

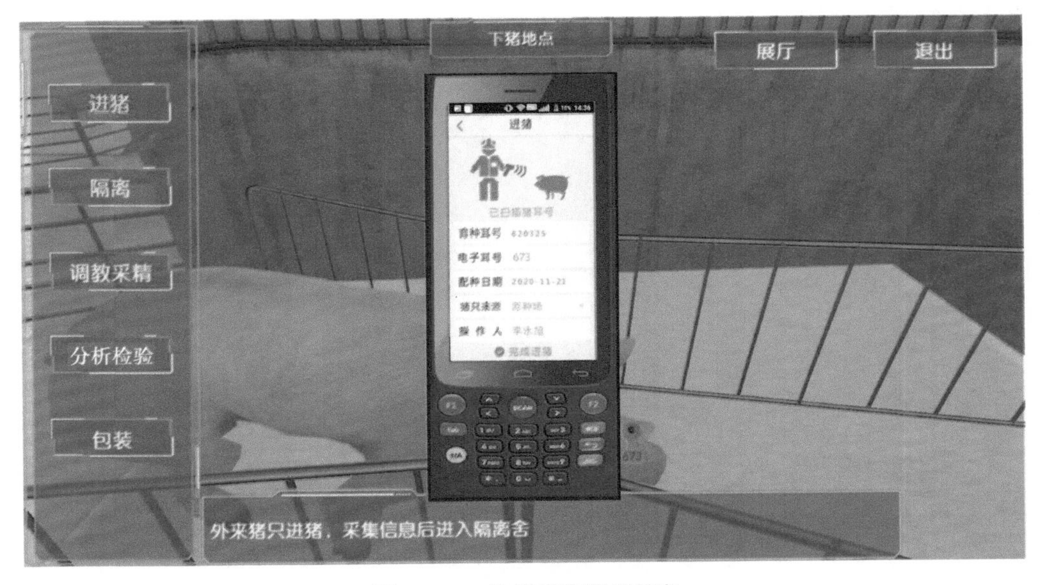

图 11-16　终端采集猪只信息

采集完成后，猪只通过隔离通道进入隔离舍（图 11-17）。

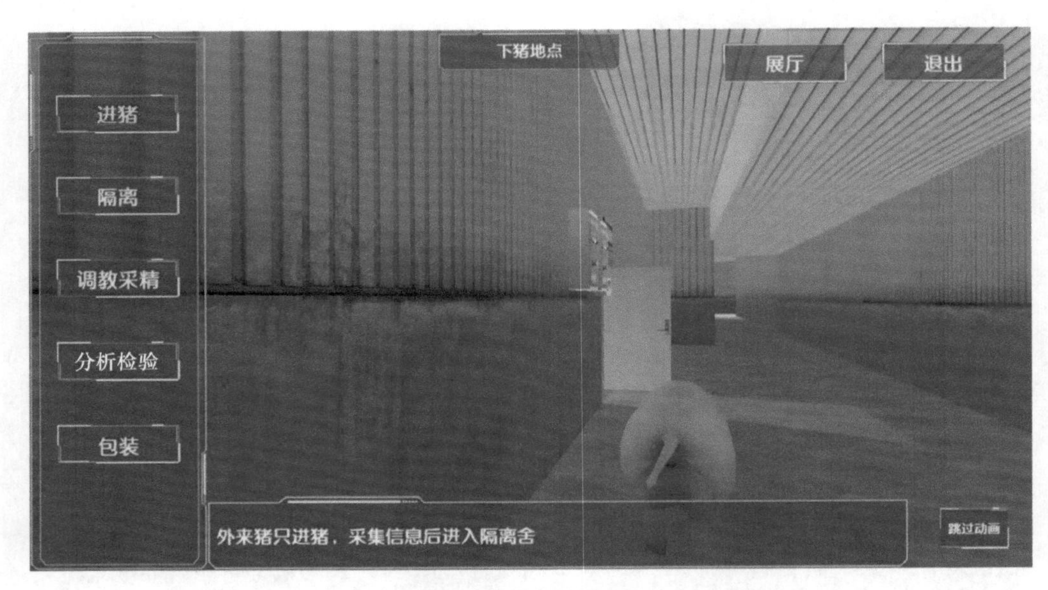

图 11-17　猪只进入隔离舍

11.6.1.2　隔离

猪只进入隔离舍后，点击猪只开始对猪进行免疫（图 11-18），动画模拟注射器给所有猪只进行注射免疫（图 11-19），免疫结束后使用手持终端扫描猪只电子耳标，录入猪只免疫信息（图 11-20）。

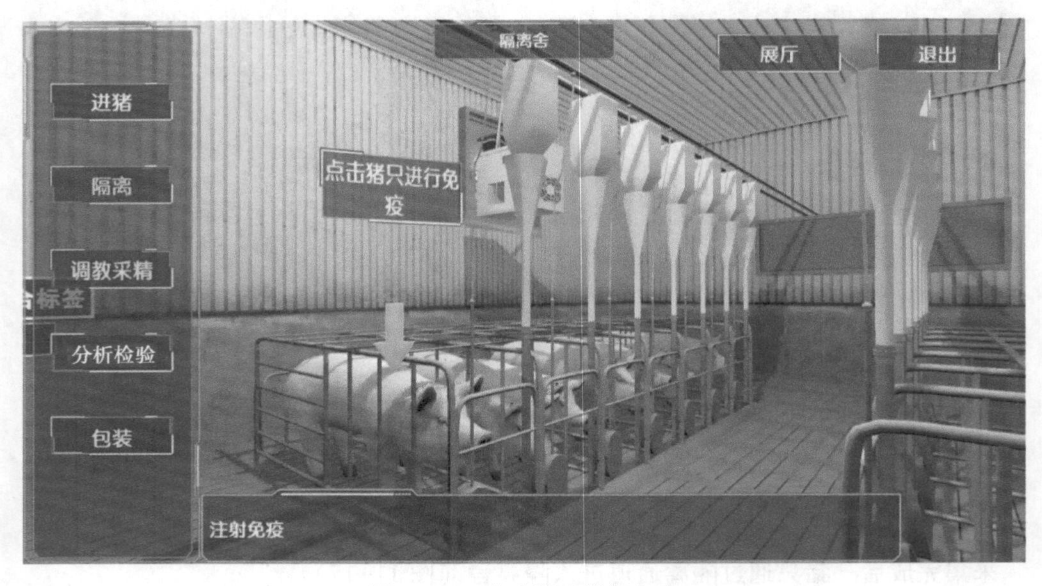

图 11-18　点击猪只进行免疫

图 11-19　模拟注射免疫

图 11-20　终端录入免疫信息

使用手持终端扫描猪舍墙壁上的综合标签（图 11-21），获取猪舍信息（图 11-22），点击猪只开始抽取猪只血液、唾液、精液或环境拭子，进行病原及抗体检测（图 11-23）。

图 11-21　终端扫描综合标签

图 11-22　终端获取猪舍数据

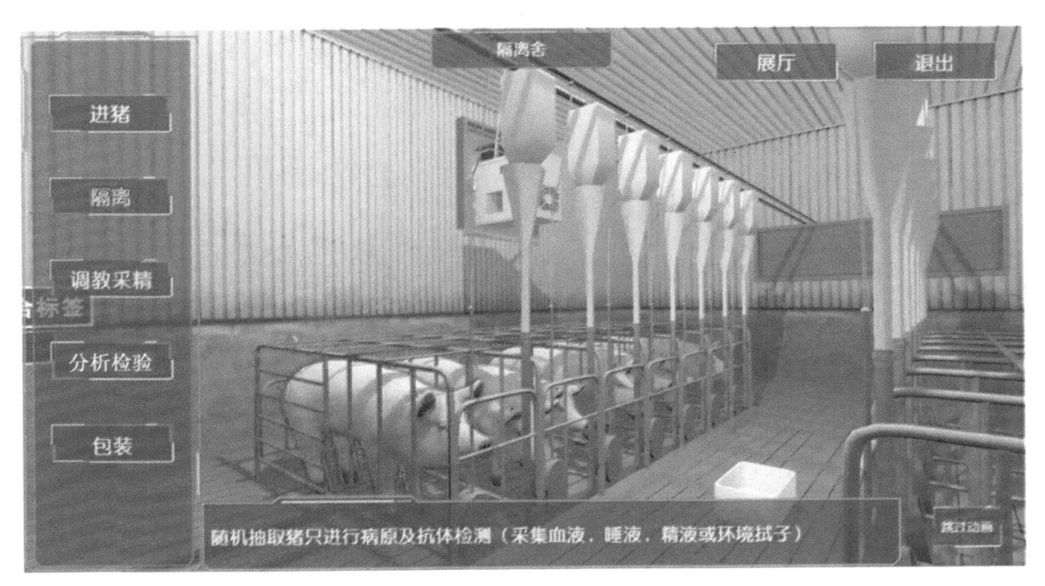

图 11-23　采集猪只血液

采样结束后，使用手持终端扫描猪只电子耳标，录入采样数据（图 11-24）。

图 11-24　录入采样数据

猪只在隔离舍进行为时 30 天的隔离，系统动画模拟隔离周期，隔离结束后点击“确定”按钮确认隔离结束，转入公猪舍（图 11-25），动画模拟公猪经过隔离通道进入公猪舍（图 11-26）。

图 11-25 隔离结束

图 11-26 转公猪舍

11.6.1.3 调教采精

点击猪只进行调教采精，动画模拟猪只进入调教采精区（图 11-27）。

图 11-27　猪只进入调教采精区

在调教采精区观看调教采精演示动画后点击“下一步”按钮，系统动画演示采精过程实景（图 11-28），观看完毕后点击“下一步”按钮进入分析检验过程。

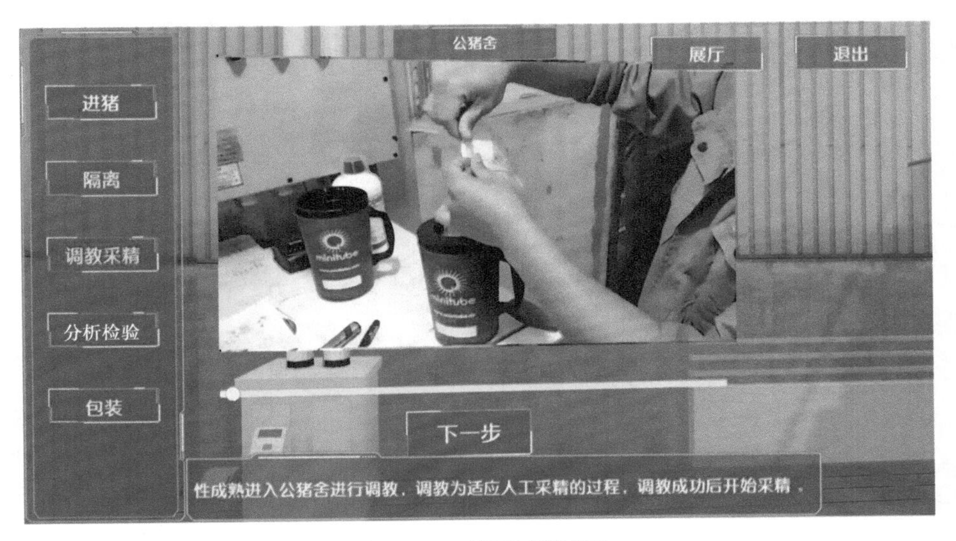

图 11-28　采精过程实景

11.6.1.4　分析检验

在分析检验实验室观看精液接收实景（图 11-29），观看完毕后点击“下一步”按钮开始播放精液稀释、品质检测实景（图 11-30），观看完毕后点击“下一步”按钮进入 17 ℃储藏室。

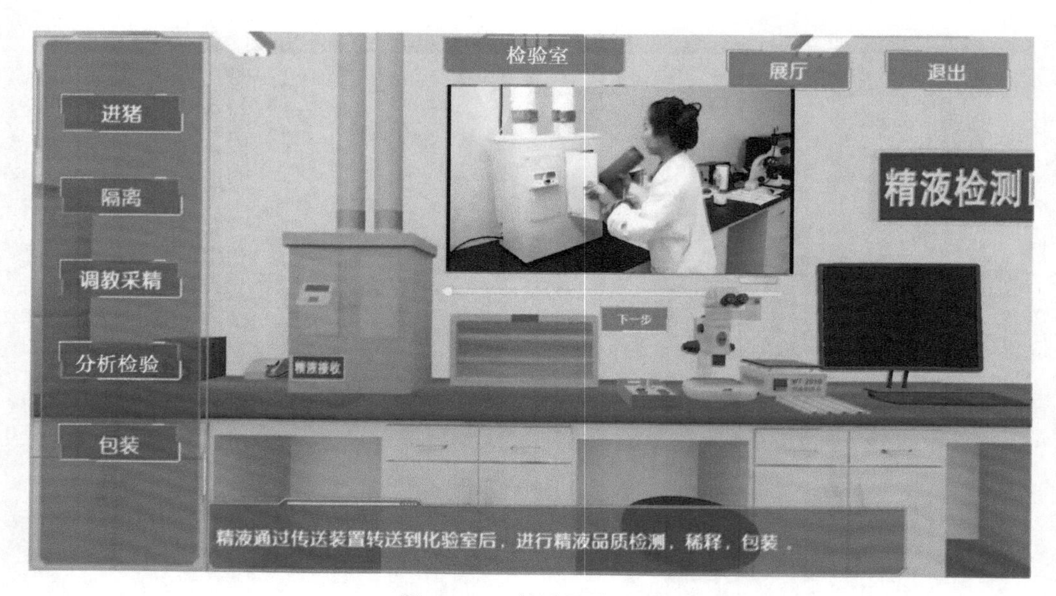

图 11-29　精液接收实景

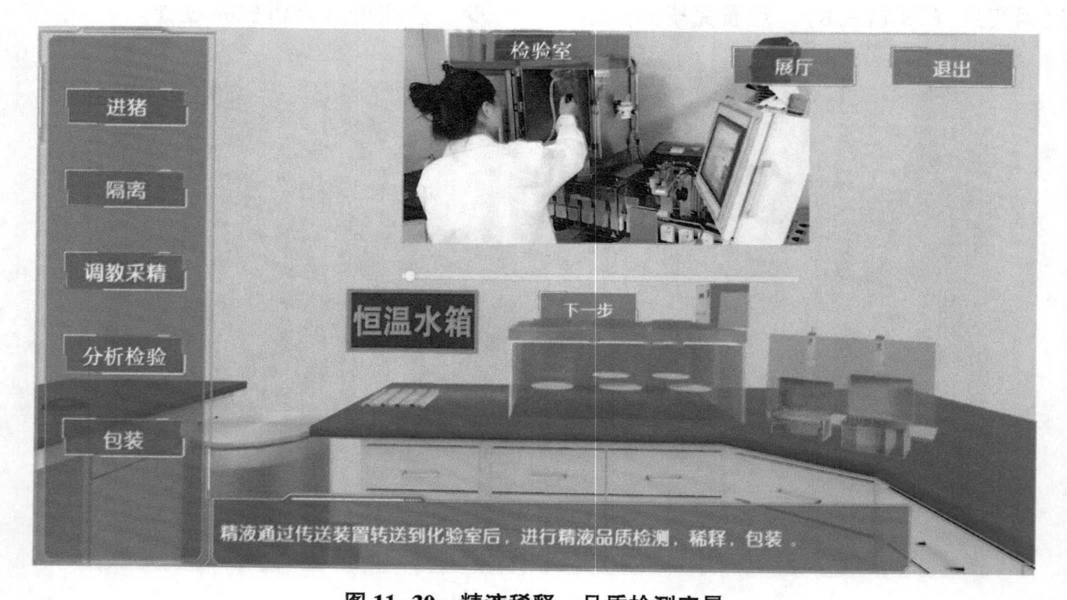

图 11-30　精液稀释、品质检测实景

11.6.1.5　包装

进入 17 ℃ 储藏室后点击包装箱，然后用手持终端扫描精液袋上的条码（图 11-31），扫码成功后将精液摆放在包装箱中，包装结束后在手持终端中点击“发货”按钮（图 11-32）。

图 11-31　扫描精液袋条码

图 11-32　手持终端发货

点击“包装箱”，将恒温水袋放入包装箱中，点击“确定”按钮，将包装箱放于取货口，完成精液发货（图 11-33）。

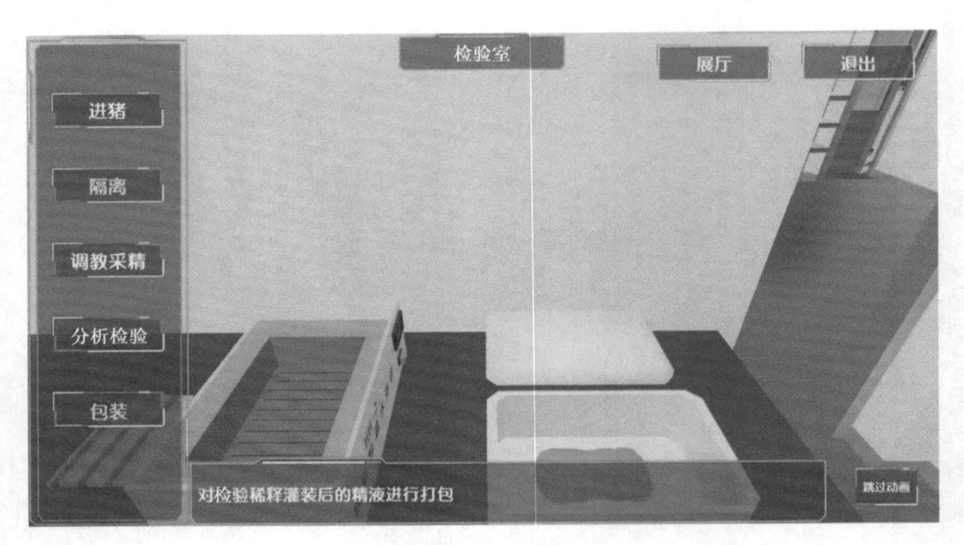

图 11-33 打包发货

11.6.2 种母猪模拟养殖

11.6.2.1 进猪

使用浏览器访问“智慧养殖虚拟仿真平台”，点击“智慧养猪虚拟仿真系统”，系统自动加载虚拟仿真程序，加载成功后进入“智慧养猪虚拟展厅”（图 11-34），按下键盘“W”键前进、“S”键后退、“A”键左移、“D”键右移，按下鼠标右键拖拽鼠标可旋转角度。

图 11-34 智慧养猪虚拟展厅

点击右上角“地图”图标，选择“种猪场”虚拟场景（图 11-35），系统开始加载“种猪场”虚拟仿真场景（图 11-36）。

图 11-35　选择“种猪场”虚拟场景

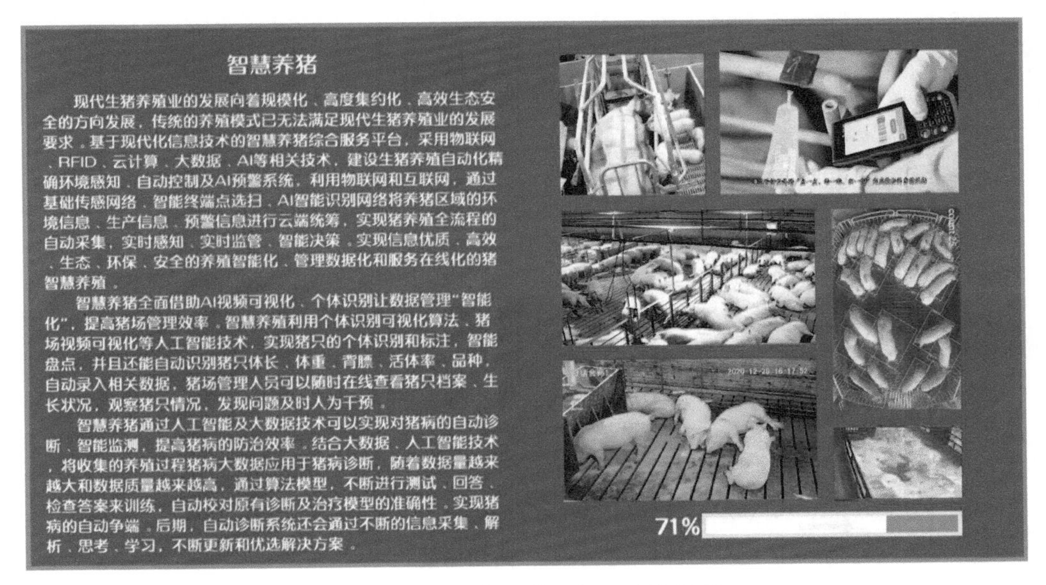

图 11-36　加载“种猪场”虚拟场景

场景加载成功后进入智慧养猪（种猪）实训基地场景（图 11-37），左侧为种猪养殖流程，点击可直接进入相应场景，点击右上角“展厅”图标可返回“智慧养猪虚拟展厅”，点击左侧“进猪”图标进入种猪进猪流程（图 11-38）。

图 11-37 智慧养猪（种猪）实训基地场景

图 11-38 进猪场景

点击左侧车辆中的猪只，猪只自动进入进猪房。猪只走到挡板处后，点击猪只耳标，使用手持终端扫描猪只电子耳标录入猪只基础信息（图 11-39、图 11-40）。

图 11-39　进猪登记

图 11-40　手持终端录入猪只信息

猪只信息录入成功后，猪只通过隔离通道进入隔离舍（图 11-41）。

图 11-41 猪只进入隔离舍，完成进猪

11.6.2.2 隔离

（1）隔离期介绍。完成进猪后点击“确定”按钮自动进入隔离期介绍场景（图 11-42），认真阅读隔离期介绍信息后，点击“确定”按钮进入猪只免疫场景。

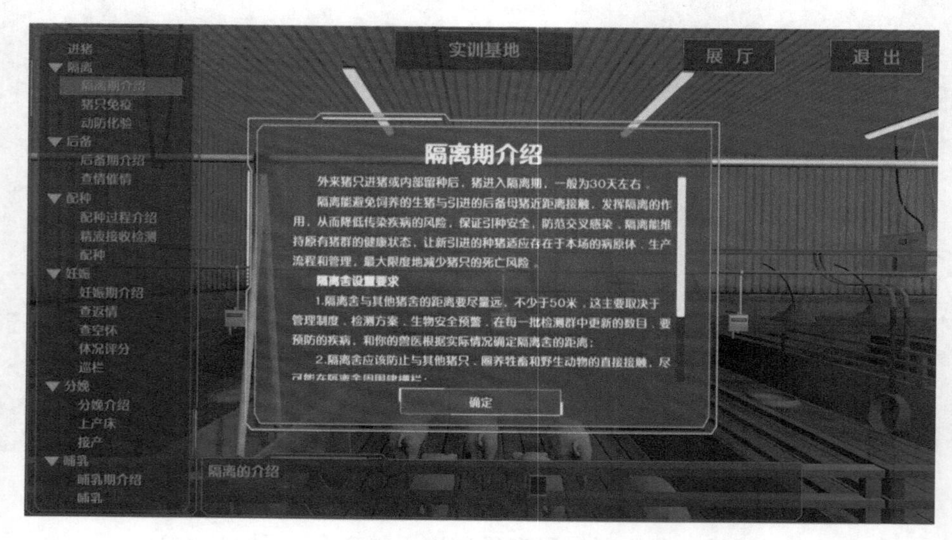

图 11-42 隔离期介绍

（2）猪只免疫。在猪只免疫场景中，点击大栏中的母猪，使用注射器给母猪进行注射免疫（图 11-43、图 11-44）。免疫结束后，使用手持终端扫描母猪电子耳标，将

免疫信息录入系统中（图 11-45）。点击“确定”按钮后进入动防检验场景。

图 11-43　待免疫母猪

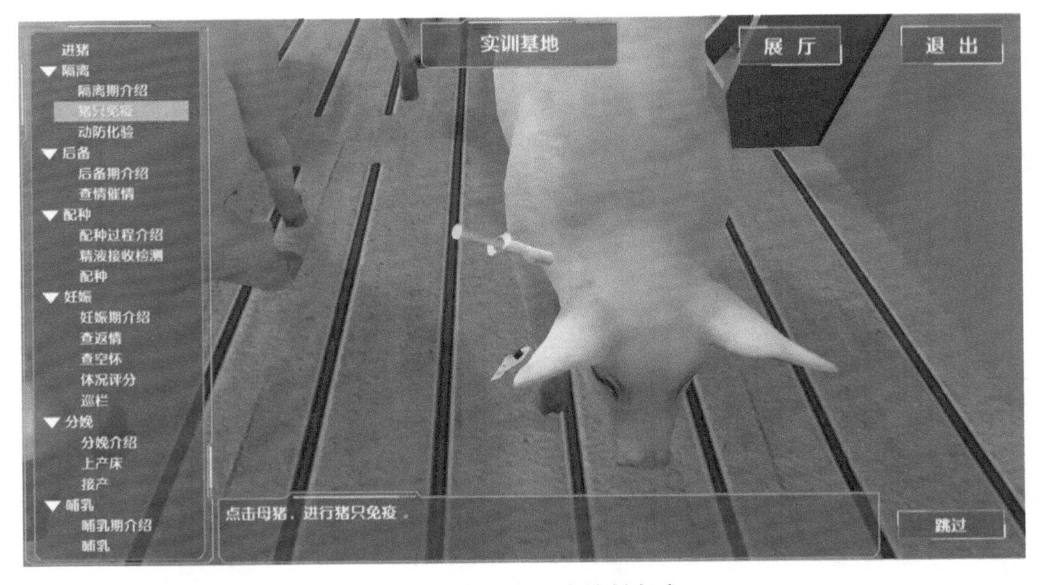

图 11-44　颈部肌内注射免疫

图 11-45　手持终端记录免疫信息

（3）动防检验。使用手持终端扫描栏位上的电子标签，在手持终端中点击“去采集”按钮（图 11-46），然后点击母猪，使用注射器采集母猪血液（图 11-47），采集完成后点击“完成采集”按钮（图 11-48）。

图 11-46　扫描栏位标签采集样本

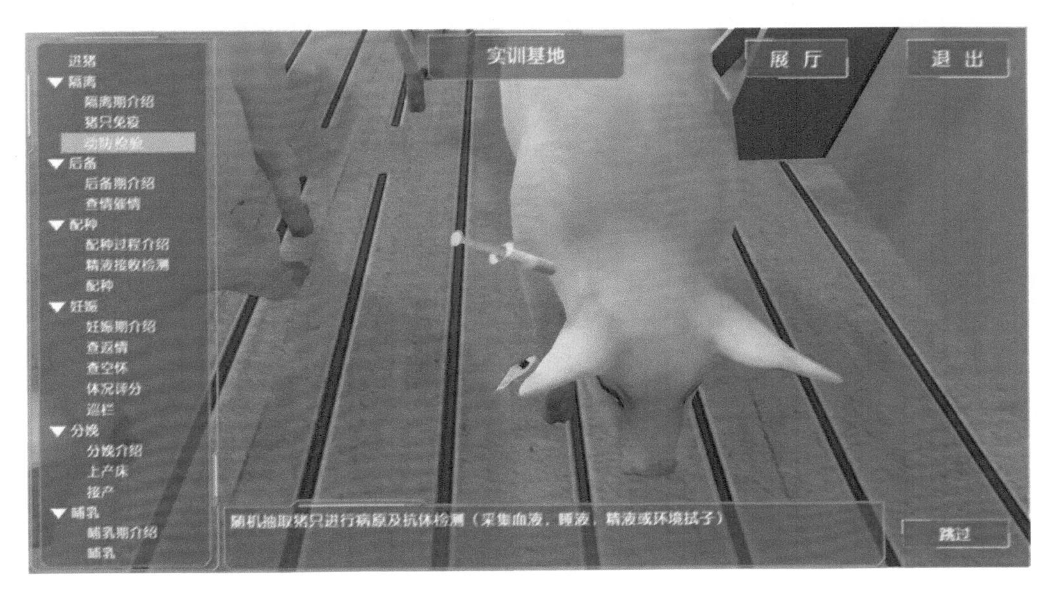

图 11-47　采集血液样本

图 11-48　采集完成

采集完成后，等待检验中心的体测结果（图 11-49），猪只在隔离舍进行为时 30 天的隔离，系统动画模拟隔离倒计时，隔离结束后点击“确定”按钮确认隔离结束，转入后备舍。

图 11-49　体测结果

11.6.2.3　后备

（1）后备期介绍。隔离结束后，猪只进入后备舍场景，查看后备期介绍信息后（图 11-50），点击“确定”按钮进入查情催情场景。

图 11-50　后备期介绍

（2）查情催情。点击后备舍场景大栏中左侧的母猪，开始对其进行发情检测，发现已出现静立反射，说明已发情（图 11-51），使用手持终端扫描母猪电子耳标，录入猪只发情信息（图 11-52）。

图 11-51　出现静立反射为已发情

图 11-52　记录发情信息

点击右侧母猪进行发情检测，未出现静立反射（图 11-53）时，使用注射器注射 PG600 诱导发情（图 11-54）。

图 11-53　未出现静立反射为未发情

图 11-54　注射 PG600 诱导发情

11.6.2.4　配种

（1）配种过程介绍。已发情的猪只将进行配种，阅读配种过程介绍信息场景（图 11-55），点击“确定”按钮进入配种场景。

图 11-55　配种过程介绍

（2）精液接收检测。种猪场工作人员使用手持终端内置的“智慧养猪”APP 查看精液订单状态，点击“确认收货”接收精液（图 11-56），点击“精液盒”图标取出少许精液放于显微镜中进行检验（图 11-57），如精液质量有问题，可使用手持终端内置的“智慧养猪”APP 进行反馈。

图 11-56　精液接收

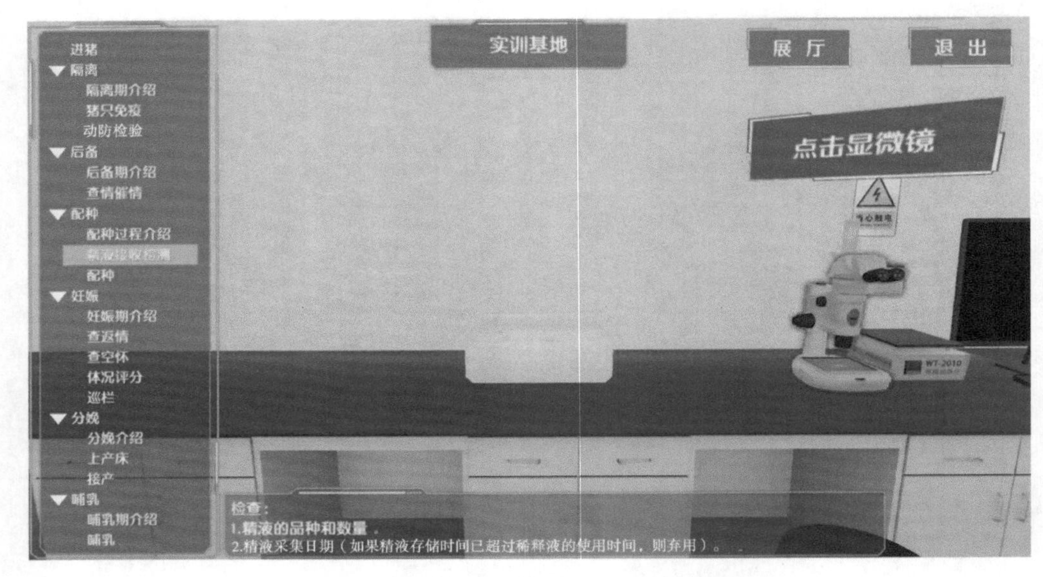

图 11-57　点击“显微镜”图标检验精液

（3）配种。精液接收并检测完成后（图 11-58），进入配种场景，点击“精液盒”图标拿出精液，使用手持终端扫描精液袋条码（图 11-59），再次使用手持终端扫描待配种母猪所在栏位电子标签（图 11-60），配种结束后，使用手持终端录入母猪的配种信息（图 11-61、图 11-62）。

图 11-58　完成精液接收

图 11-59　精液袋扫码

图 11-60　手持终端扫描栏位电子标签

图 11-61　PCAI 方式配种录入配种信息

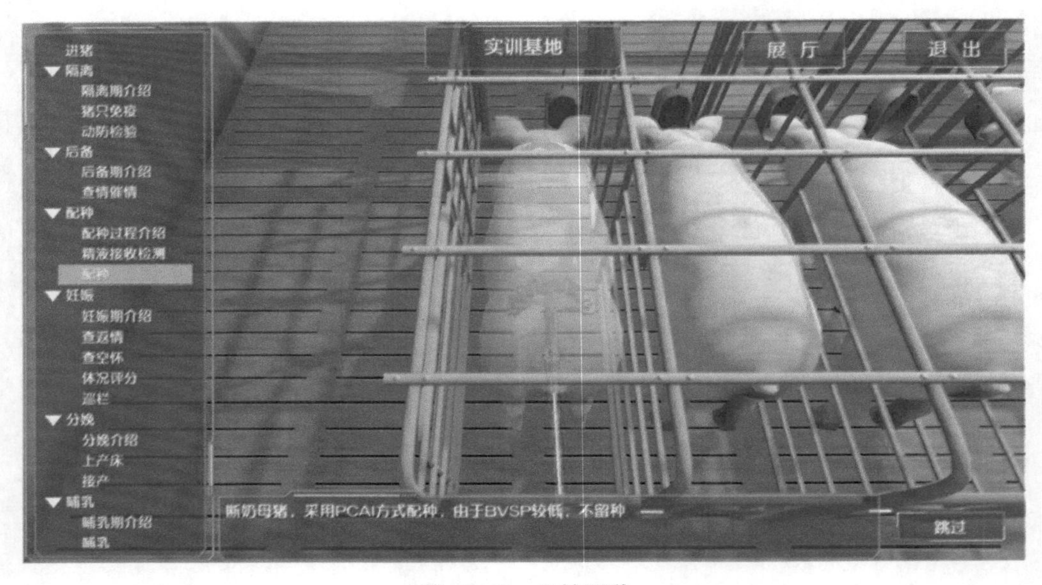

图 11-62　开始配种

若采用 AI 方式配种时，先使用手持终端扫描栏位标签，若母猪为留种猪只，手持终端“智慧养猪”APP 背景变成绿色，提示精液所属公猪耳号必须与上次配种公猪耳号保持一致才能配种（图 11-63）。

图 11-63 留种方式配种

11.6.2.5 妊娠

（1）妊娠期介绍。认真阅读妊娠期介绍信息场景（图 11-64），点击“确定”按钮，进入查返情场景。

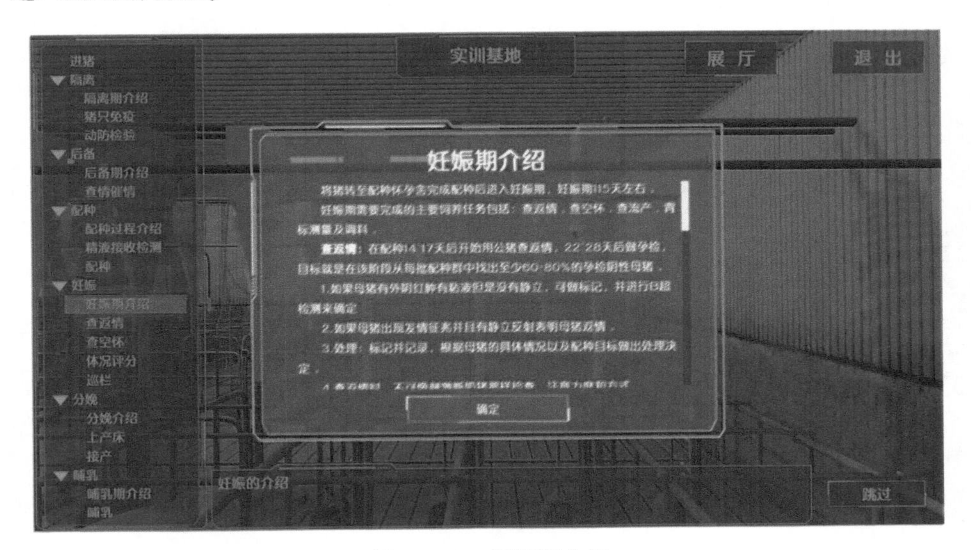

图 11-64 妊娠期介绍

（2）查返情。进入查返情场景后，点击过道中的公猪，公猪开始沿过道前进，当发现母猪出现精神不安、不停叫唤时说明母猪出现返情（图 11-65）。使用手持终端扫描返情母猪栏位标签（图 11-66），录入返情数据（图 11-67），将返情的母猪移动至观察栏进一步处理。

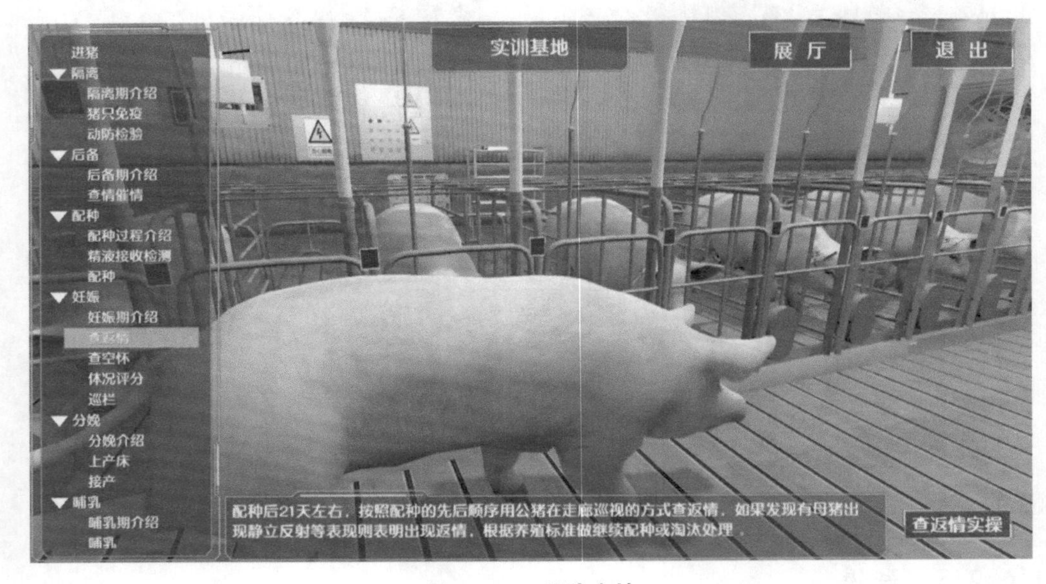

图 11-65　公猪查情

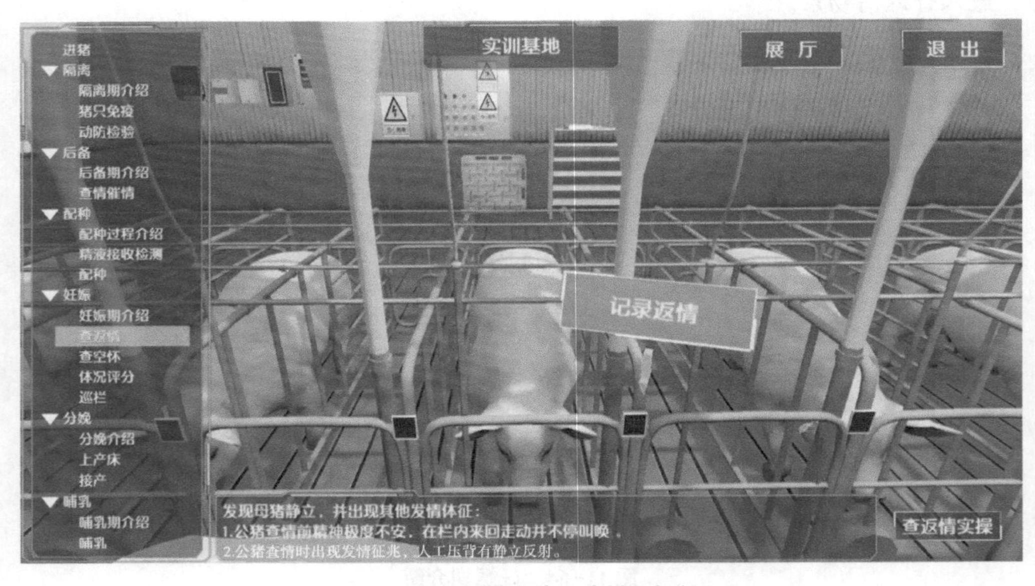

图 11-66　扫描返情母猪栏位标签

图 11-67　录入返情信息

（3）查空怀。点击“B 超机”图标（图 11-68），动画模拟使用 B 超机检测母猪是否空怀（图 11-69），若母猪空怀，使用手持终端“智慧养猪”APP 的妊娠功能录入母猪空怀信息（图 11-70），并将母猪移至观察栏等待进一步处理，若该母猪多次空怀，使用手持终端“智慧养猪”APP 的淘汰功能录入多次空怀母猪淘汰信息（图 11-71）。

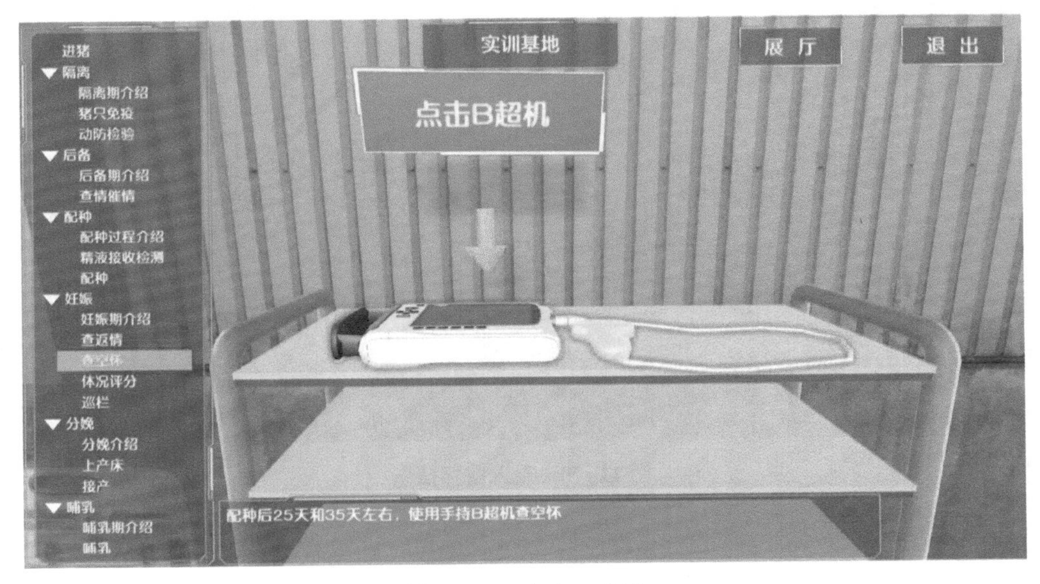

图 11-68　点击 B 超机

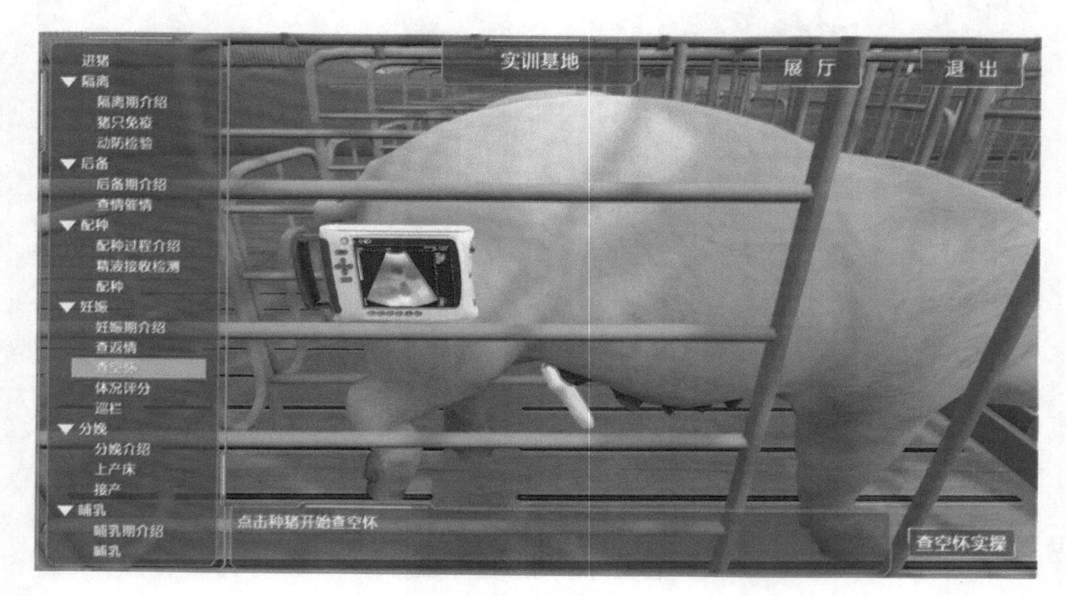

图 11-69　猪空怀检测

图 11-70　录入空怀信息

图 11-71　录入多次空怀母猪淘汰信息

（4）体况评分。点击“B 超机”图标（图 11-72），在猪背上涂抹耦合剂（图 11-73），使用 B 超头检测母猪（图 11-74），使用手持终端“智慧养猪”APP 的体况评分功能录入体况评分结果（图 11-75）。

图 11-72　点击 B 超机

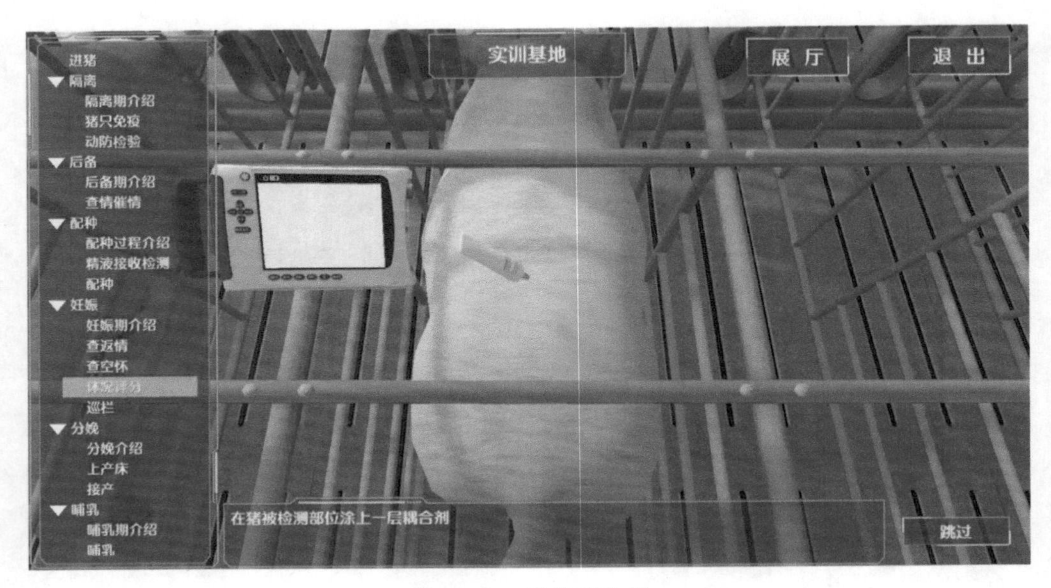

图 11-73 涂抹耦合剂

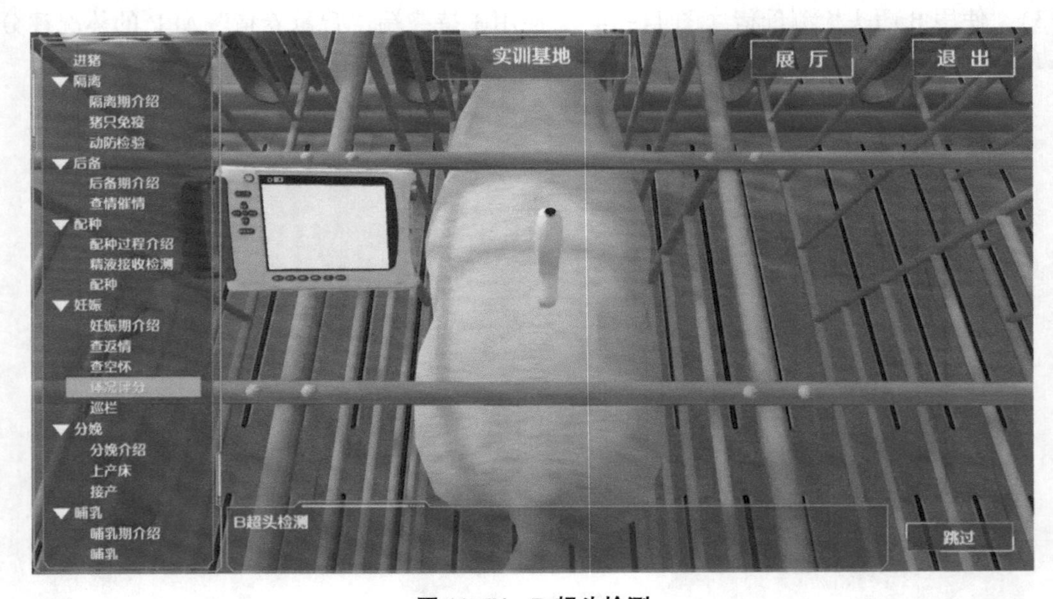

图 11-74 B 超头检测

图 11-75 录入体况评分结果

（5）巡栏。在巡栏场景中，动画模拟巡栏过程（图 11-76），发现母猪出现伤病时，使用手持终端扫描母猪电子耳标，通过伤病记录功能录入母猪伤病信息（图 11-77），治疗结束后录入伤病治疗信息（图 11-78、图 11-79）。

图 11-76 巡栏

图 11-77　录入伤病记录

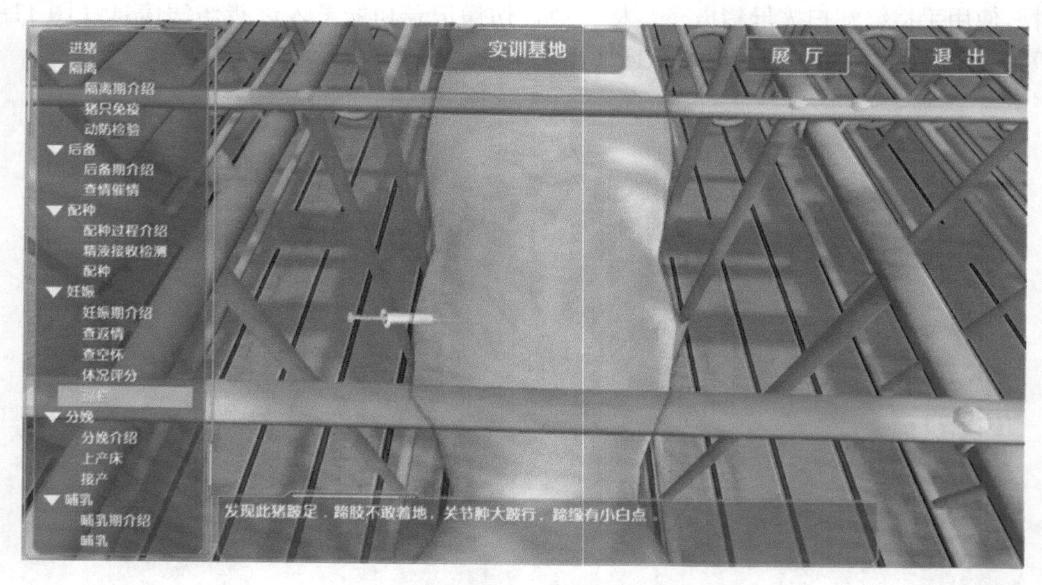

图 11-78　伤病治疗

图 11-79　录入伤病治疗记录

在巡栏过程中，若发现限位栏中出现异物（图 11-80），点击母猪，使用手持终端扫描母猪电子耳标，录入流产信息（图 11-81）。

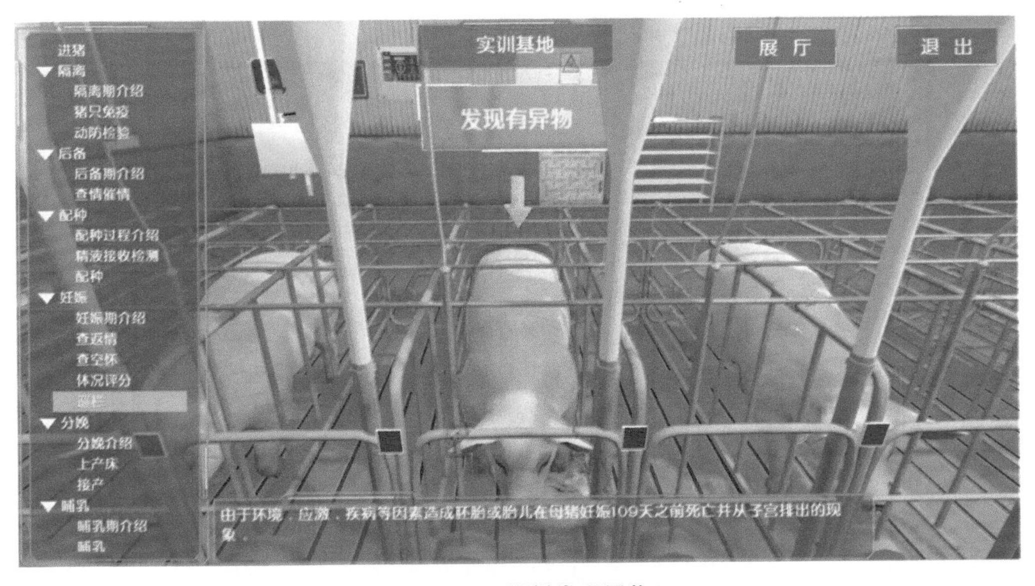

图 11-80　巡栏发现异物

图 11-81　录入流产信息

在巡栏过程中，若发现死猪（图 11-82），使用手持终端扫描母猪电子耳标，并录入母猪死亡信息（图 11-83），此时进入生物处理站场景，动画模拟死亡猪只被生物处理的过程（图 11-84）。

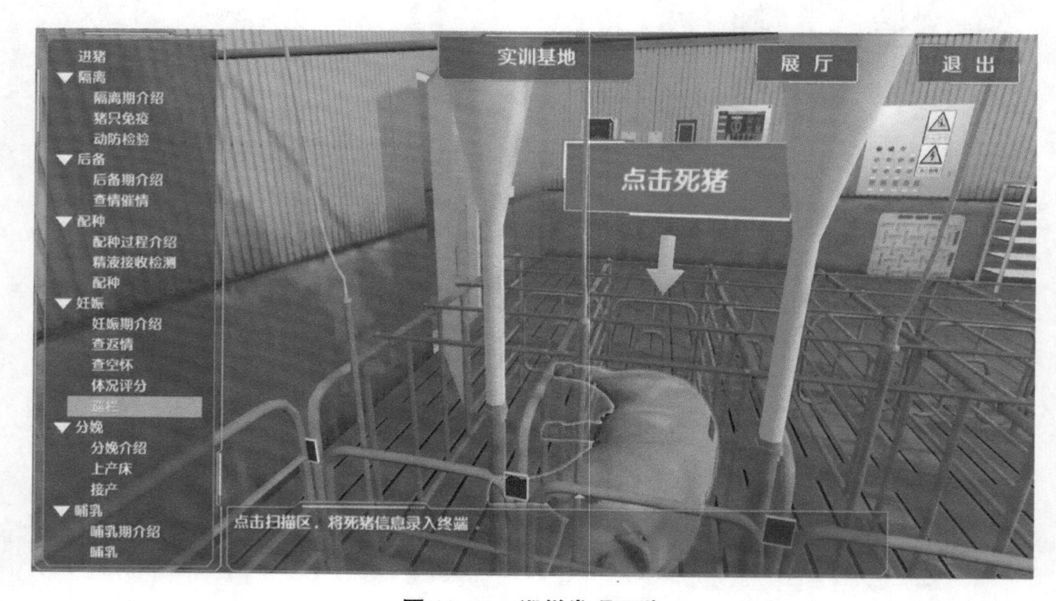

图 11-82　巡栏发现死猪

图 11-83　录入猪死亡信息

图 11-84　死猪生物处理

11.6.2.6　分娩

（1）分娩介绍。即将分娩的母猪将转入分娩舍，认真阅读分娩介绍信息场景（图 11-85），点击“确定”按钮进入分娩场景。

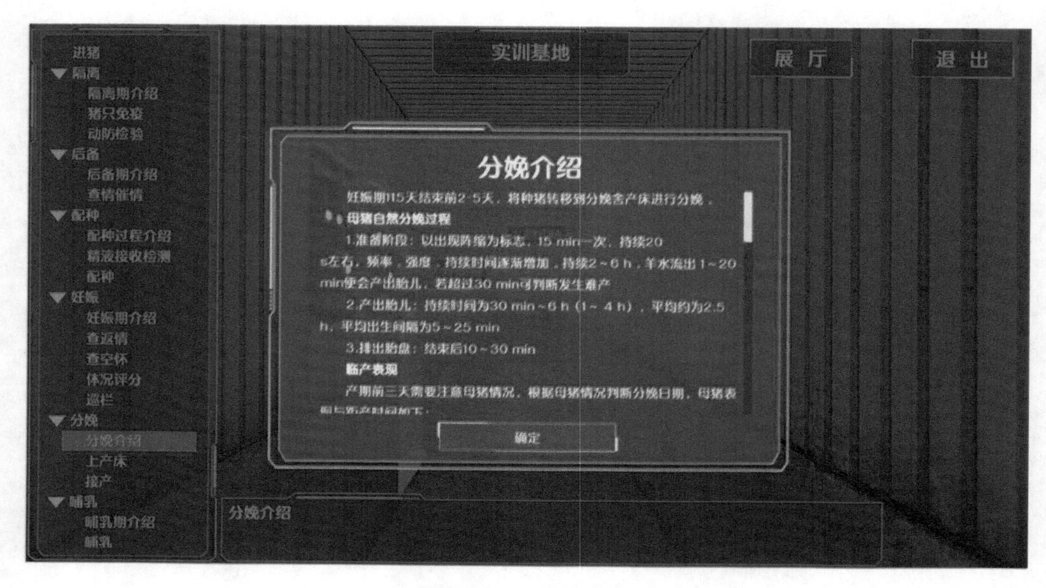

图 11-85　分娩介绍

（2）上产床。妊娠110天左右母猪将移至分娩舍（图11-86），使用手持终端扫描母猪电子耳标及分娩舍栏位标签，完成转栏操作（图11-87）。

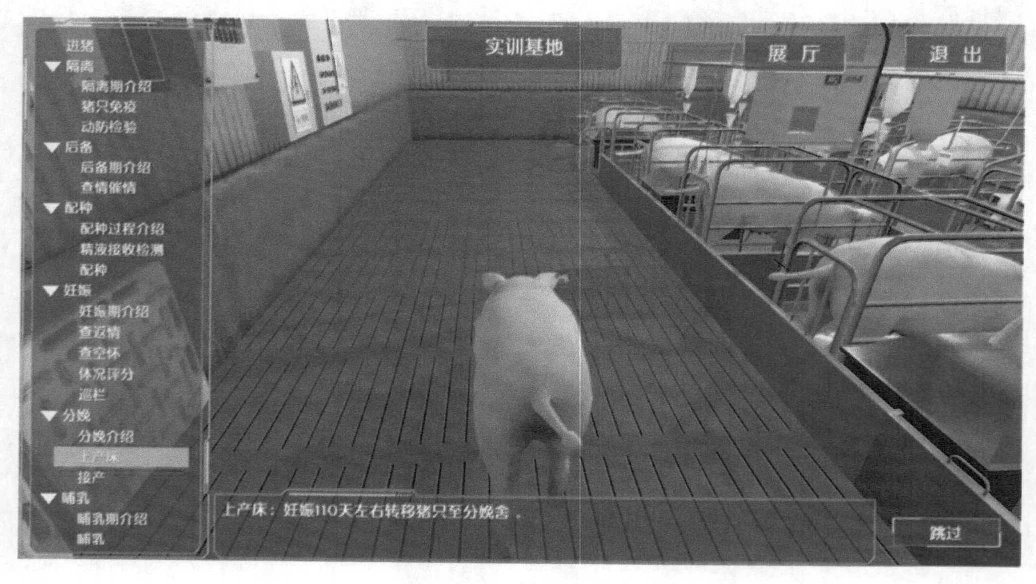

图 11-86　转到分娩舍

图 11-87　录入转栏信息

（3）接产。在接产场景（图 11-88）中，点击母猪，系统播放母猪分娩过程实景（图 11-89、图 11-90），播放完成后点击关闭按钮，使用手持终端扫描分娩母猪电子耳标，录入分娩数据（图 11-91）。

图 11-88　接产场景

图 11-89　分娩过程实景

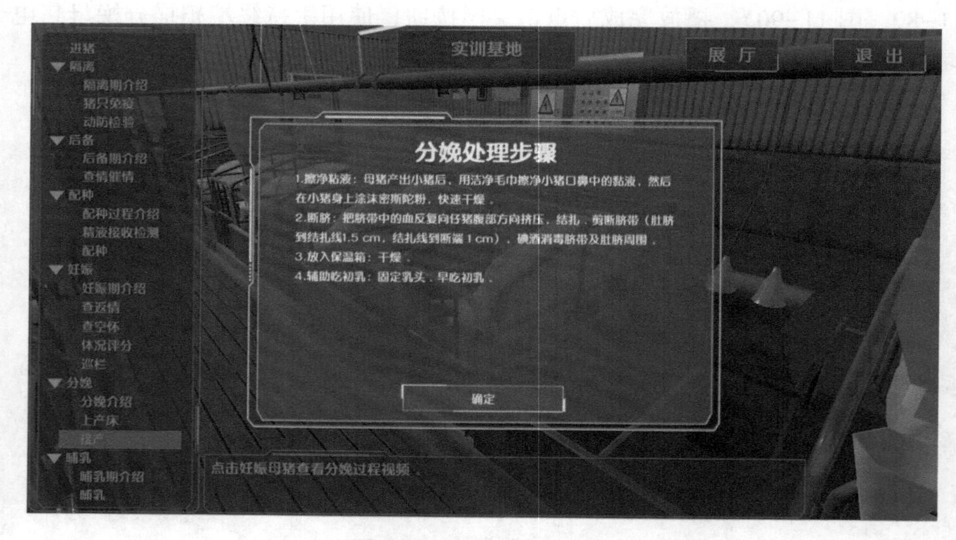

图 11-90　分娩处理步骤

图 11-91　录入分娩信息

11.6.2.7　哺乳

（1）哺乳期介绍。认真阅读哺乳期介绍信息场景（图 11-92），点击“确定”按钮，进入哺乳场景。

图 11-92　哺乳期介绍

（2）哺乳。进入哺乳场景，系统播放哺乳实景场景（图 11-93），观看结束后点击

“关闭”按钮，进入仔猪保健场景。

图 11-93　哺乳实景

（3）仔猪保健。进入仔猪保健场景，系统播放断尾实操场景实景（图 11-94），观看结束后点击“关闭”按钮，系统动画播放去势实操场景实景（图 11-95），观看结束后点击“关闭”按钮，系统动画播放剪犬齿剪耳缺补铁实操场景实景（图 11-96），最后使用手持终端扫描母猪栏位标签（图 11-97），录入断尾、去势等信息（图 11-98）。

图 11-94　断尾实操

图 11-95　去势实操

图 11-96　剪犬齿剪耳缺补铁实操

图 11-97　扫描栏位电子标签

图 11-98　录入断尾、去势等信息

（4）仔猪寄养。在仔猪寄养场景中，使用手持终端扫描母猪栏位标签（图 11-99），录入寄养仔猪的数量后（图 11-100），点击“保存寄养信息”按钮，点击过道中的推车，推出移动到寄养母猪的位置（图 11-101），使用手持终端扫描寄养母猪栏位标签（图 11-102），录入寄养数量后（图 11-103），点击“保存寄养信息”按钮，完成寄养。

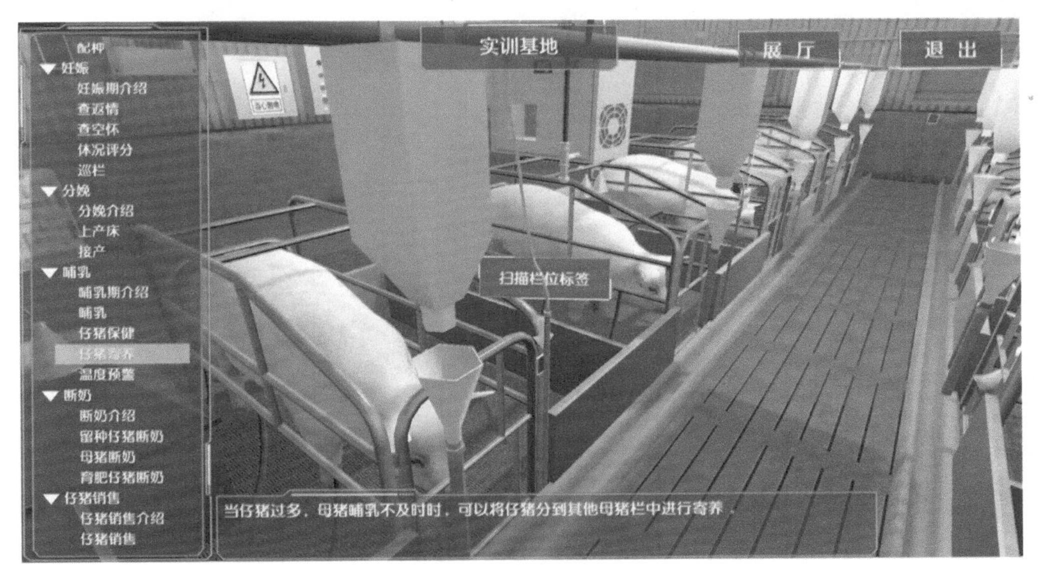

图 11-99　扫描栏位标签

图 11-100　录入寄养信息

图 11-101　移动寄养仔猪

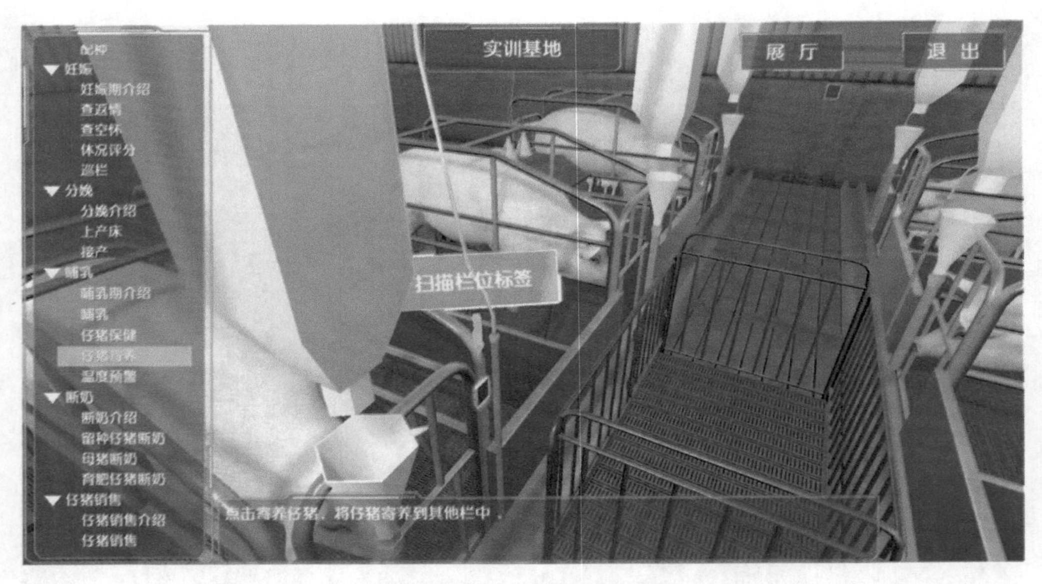

图 11-102　扫描寄养母猪栏位

图 11-103 录入寄养信息

（5）温度预警。当猪舍温度太高时，手持终端“智慧养猪”APP 会收到温度预警提示（图 11-104），点击“预警确认”按钮后开始检测场景中导致温度异常的原因（图 11-105），动画模拟水帘自动打开（图 11-106），风扇自动启动（图 11-107），温度恢复正常后手持终端会收到温度正常的提醒（图 11-108）。

图 11-104 温度预警

图 11-105　温度异常原因检测

图 11-106　水帘自动打开

图 11-107　风扇自动启动

图 11-108　温度预警消除

11.6.2.8　断奶

（1）断奶介绍。认真阅读断奶介绍信息场景（图 11-109），点击“确定”按钮进入断奶场景。

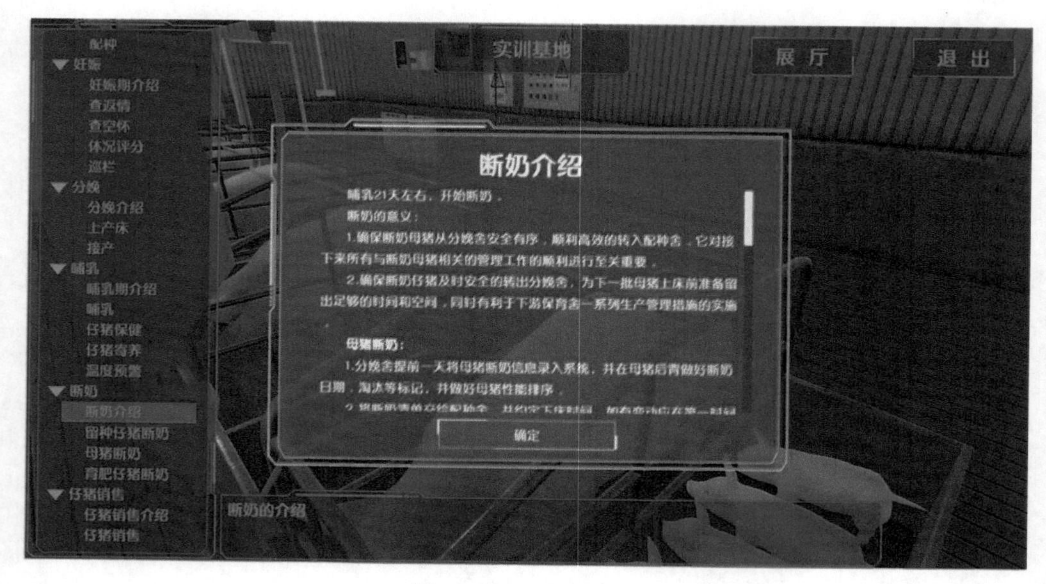

图 11-109 断奶介绍

（2）留种仔猪断奶。使用耳标钳给留种仔猪打电子耳标（图 11-110），使用手持终端扫描电子耳标（图 11-111），录入仔猪进猪信息（图 11-112），将仔猪赶到隔离舍大栏中（图 11-113）。

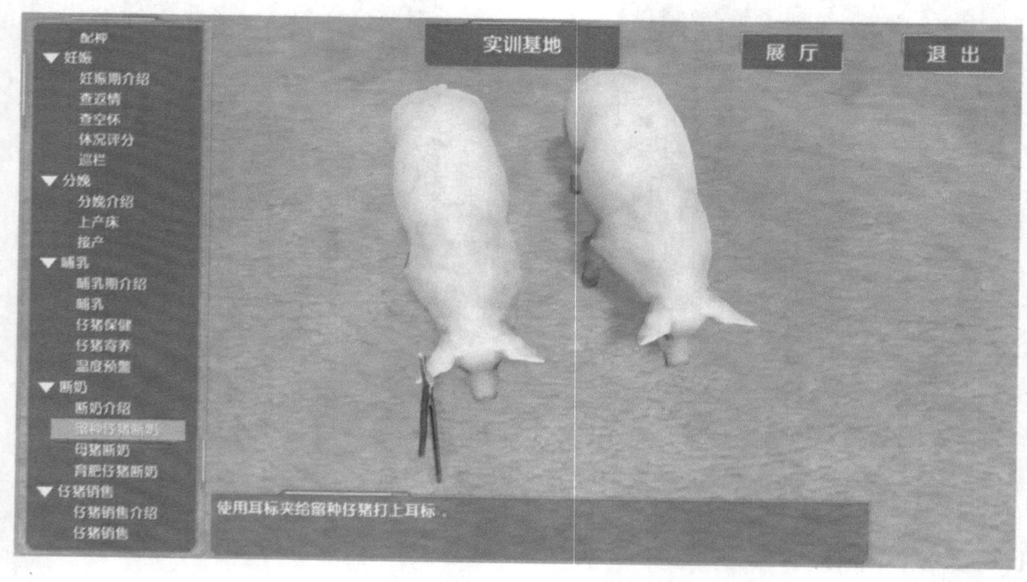

图 11-110 留种仔猪打耳标

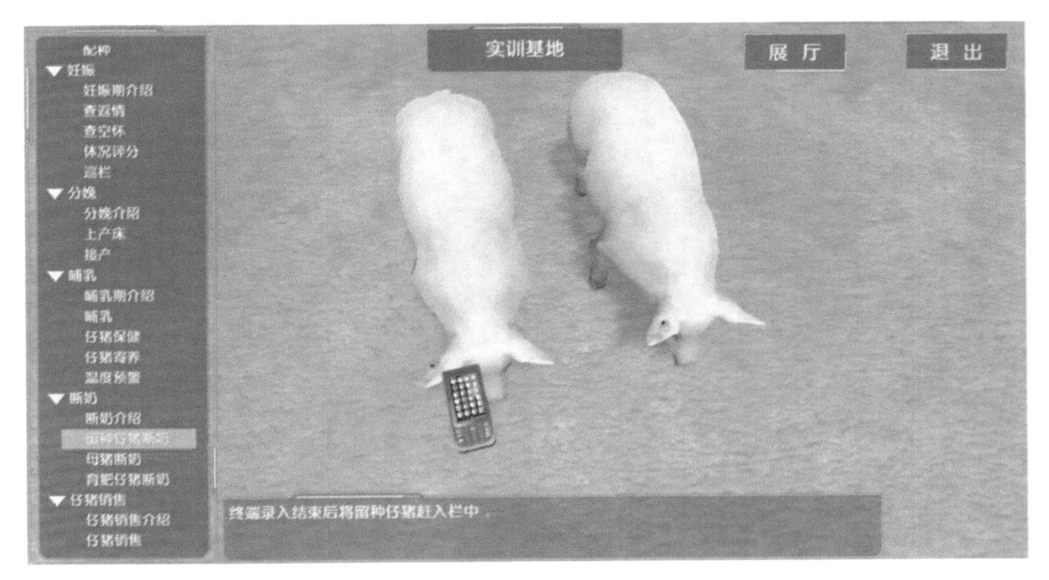

图 11-111　扫描仔猪电子耳标

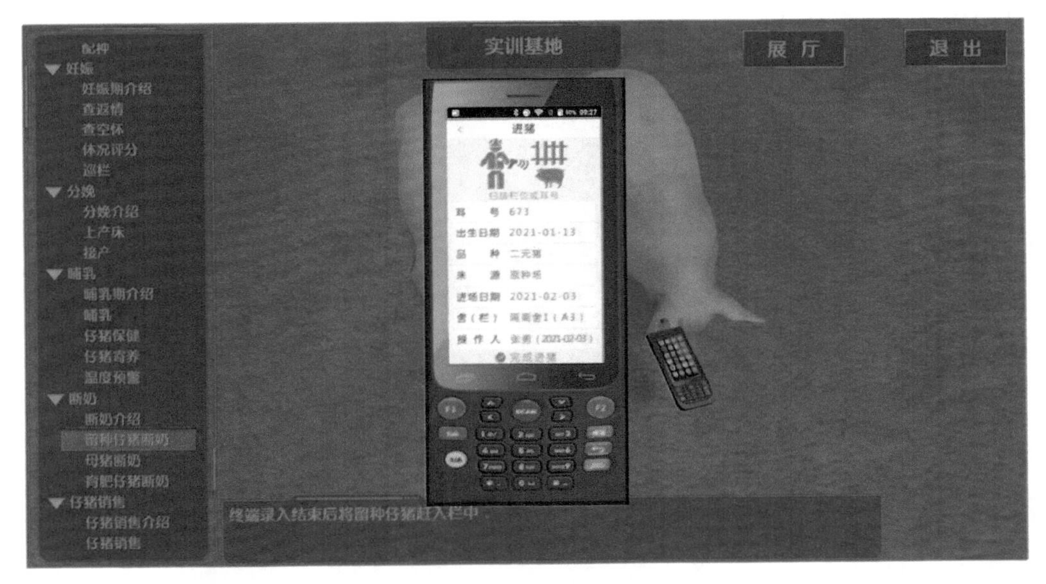

图 11-112　录入仔猪进猪信息

图 11-113　仔猪赶入隔离舍

（3）母猪断奶。点击母猪断奶场景中的母猪（图 11-114），动画模拟演示将母猪赶往断奶母猪配种舍（图 11-115）。

图 11-114　点击母猪断奶场景中的母猪

图 11-115 母猪赶往断奶母猪配种舍

（4）育肥仔猪断奶。点击育肥仔猪（图 11-116），使用手持终端扫描猪舍的综合标签（图 11-117），录入育肥仔猪断奶信息（图 11-118），点击“保存断奶记录”按钮，动画模拟将育肥仔猪赶到仔猪暂存间（图 11-119）。

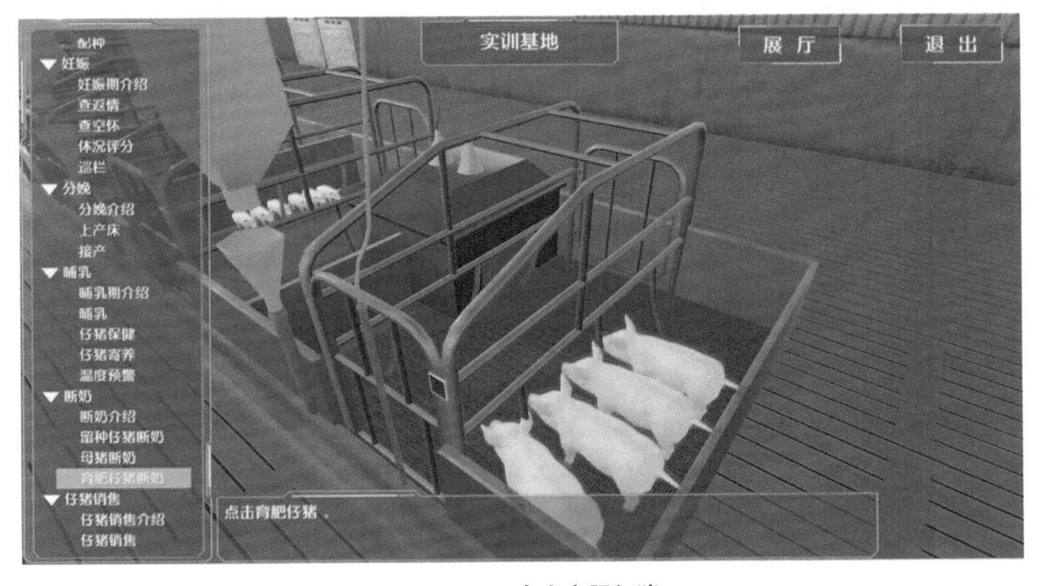

图 11-116 点击育肥仔猪

图 11-117　扫描猪舍综合标签

图 11-118　录入育肥仔猪断奶信息

图 11-119 育肥仔猪赶到仔猪暂存间

11.6.2.9 仔猪销售

（1）仔猪销售介绍。认真阅读仔猪销售介绍场景（图 11-120），点击“确定”按钮，进入仔猪销售场景。

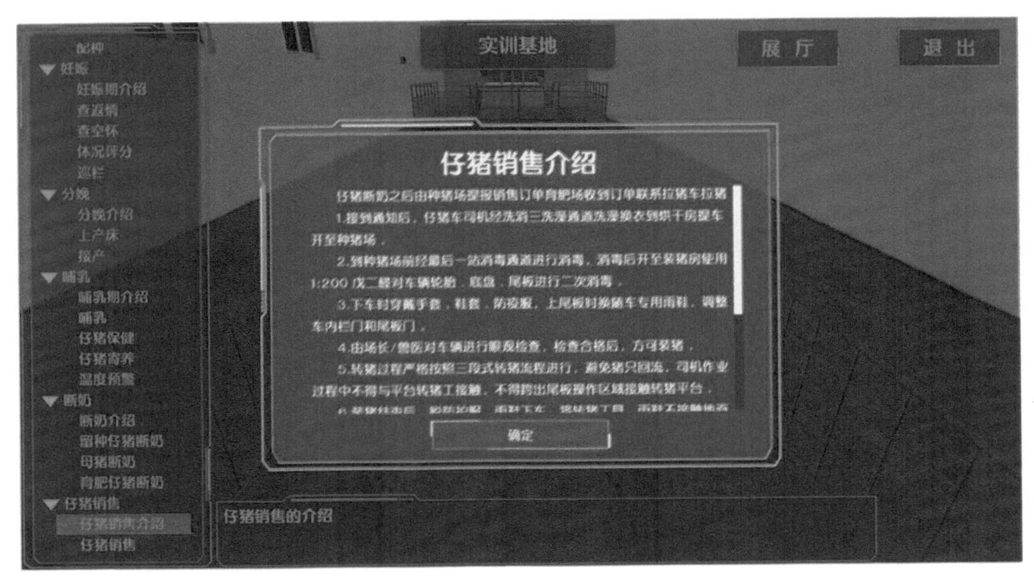

图 11-120 仔猪销售介绍

（2）仔猪销售。点击“确定”按钮后开始销售仔猪，仔猪自动进入称重台（图11-121），位于称重台上方的摄像头用 AI 自动计算仔猪数量（图 11-122），并实时将视频设备和称重设备的数据同步到称重台左侧的屏幕上以及手持终端的“智慧养猪”APP 中（图 11-123），“智慧养猪”APP 的“仔猪销售”功能中，可查看待销售仔猪出栏总数及出栏总重（图 11-124），点击“保存仔猪销售记录”按钮后录入销售数据(图 11-125)，动画模拟仔猪进入车辆后完成仔猪销售（图 11-126、图 11-127）。

图 11-121　仔猪进入称重台

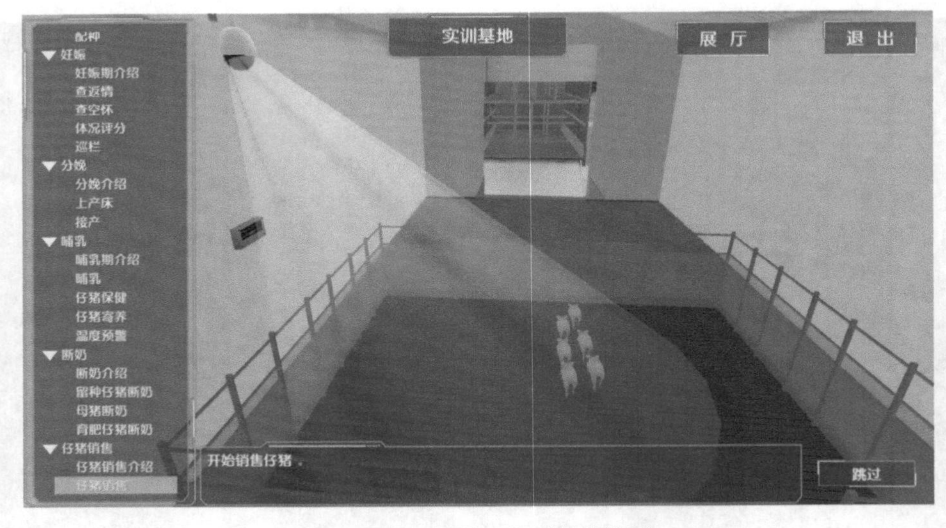

图 11-122　摄像头识别仔猪数量

图 11-123　同步视频设备和称重设备数据

图 11-124　屏幕显示仔猪出栏总数及出栏总重

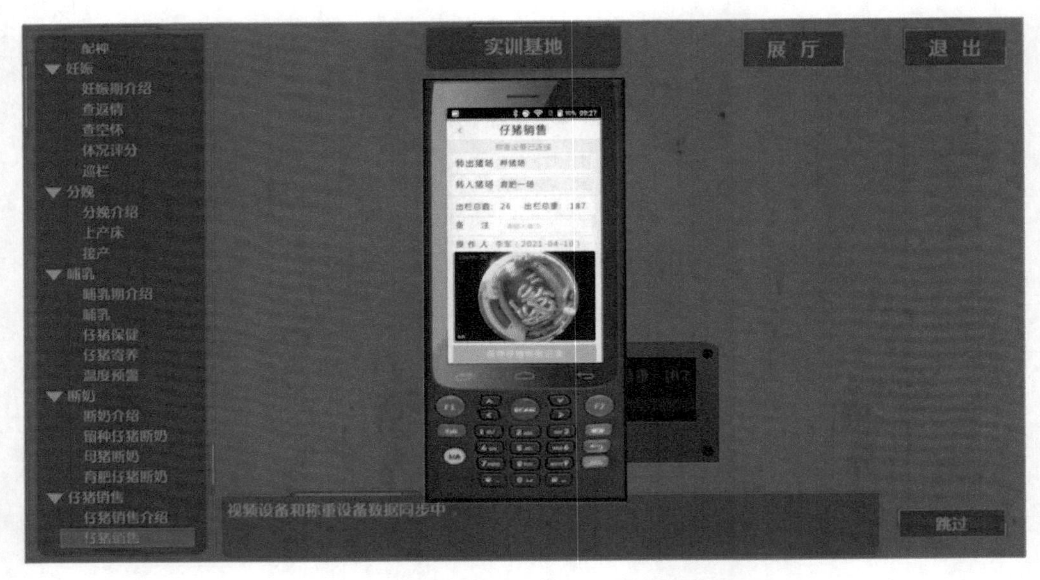

图 11-125　手持终端录入仔猪销售信息

图 11-126　仔猪上车

图 11-127　仔猪转运

11.6.3　育肥猪模拟养殖

11.6.3.1　进猪

使用浏览器访问“智慧养殖虚拟仿真平台”，点击“智慧养猪虚拟仿真系统”，系统自动加载虚拟仿真程序，加载成功后进入“智慧养猪虚拟展厅”（图 11-128），按下键盘“W”键前进、“S”键后退、“A”键左移、“D”键右移，按下鼠标右键拖拽鼠标可旋转角度。

图 11-128　智慧养猪虚拟展厅

点击右上角“地图”图标，选择“育肥场”虚拟场景（图 11-129），系统开始加载“育肥场”虚拟仿真场景（图 11-130）。

图 11-129　选择“育肥场”虚拟场景

图 11-130　加载“育肥场”虚拟场景

场景加载成功后进入智慧养猪（育肥）实训基地场景（图 11-131），左侧为育肥猪养殖流程，点击可直接进入相应场景，点击右上角“展厅”图标可返回“智慧养猪虚拟展厅”，点击左侧“进猪”图标进入育肥进猪流程（图 11-132）。

图 11-131　智慧养猪（育肥）实训基地

图 11-132　进猪场景

点击车辆中的猪只，动画模拟猪只进入进舍装栏（图 11-133），工作人员打开手持终端的“智慧养猪”APP，登录账号，在下方选择“功能”，点击“仔猪接收”图标进入仔猪接收页，选择种猪场提交的销售订单，系统自动显示该订单的仔猪数量，如仔猪出现死亡、体重不足、腿部问题、长毛猪、苍白猪、颤抖猪、皮肤问题、疝气去势、残疾猪或其他问题，手动填写问题猪只数量，点击图片标识上传问题图片，点击“提交接收信息”按钮完成仔猪接收（图 11-134）。

图 11-133　仔猪进入进舍装栏

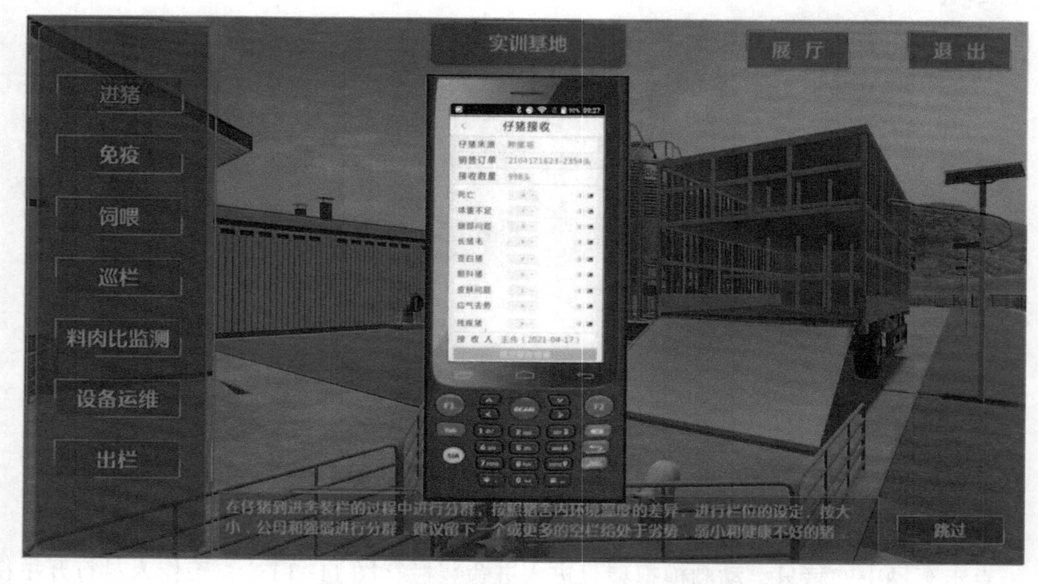

图 11-134　手持终端录入仔猪接收信息

仔猪经过下猪房进入隔离舍，使用手持终端“进猪管理”功能，选择种猪场销售订单，系统自动显示接收数量和待进数量，选择猪只转入舍（单元），系统自动显示该舍（单元）当前存栏数，填写进舍数量，选择进舍日期及猪只出生日期，点击“保存进猪信息”按钮即完成育肥猪进猪（图 11-135）。

图 11-135　录入进猪信息

11.6.3.2　免疫

使用注射器给仔猪进行注射免疫（图 11-136），免疫完成后，使用手持终端扫描隔离舍栏位电子标签（图 11-137），选择本次免疫计划及免疫计划项，保存免疫信息（图 11-138）。

图 11-136　免疫注射

图 11-137 手持终端扫描栏位电子标签

图 11-138 录入免疫信息

11.6.3.3 饲喂

点击“智慧猪舍打料设备”面板（图 11-139），右侧显示屏开始显示猪舍料塔称重重量（图 11-140），动画模拟自动打料过程，饲料通过料管自动进入猪舍料槽（图

11-141)，使用手持终端的“饲喂”功能录入饲喂信息（图 11-142)，完成饲喂工作。

图 11-139　智慧猪舍打料设备面板

图 11-140　显示屏显示猪舍塔料称重重量

图 11-141　自动打料

图 11-142　录入饲喂信息

11.6.3.4　巡栏

位于猪舍栏位上方的视觉设备及热成像设备可以智能巡栏（图 11-143），当监测到体温异常猪只时会及时通知养殖人员（图 11-144），养殖人员使用手持终端录入猪只伤病信息（图 11–145），点击猪只进行注射治疗（图 11–146），治疗完成后使用手持终端录入治疗信息（图 11–147）。

图 11–143　智能巡栏

图 11–144　监测到体温异常猪只

图 11-145　录入猪只伤病信息

图 11-146　注射治疗

图 11-147　录入治疗信息

如视觉设备及热成像设备巡栏过程中监测到死猪（图 11-148）会及时通知养殖人员，点击死猪进入死猪处理场景（图 11-149）。点击“处理死猪”按钮（图 11-150），动画模拟死猪无害化处理过程（图 11-151）。养殖人员使用手持终端录入死猪信息（图 11-152），完成死猪处理。

图 11-148　监测到死猪

图 11-149 进行死亡处理

图 11-150 处理死猪

图 11-151　无害化处理

图 11-152　录入死猪信息

11.6.3.5　料肉比监测

点击“进行料肉比监测”（图 11-153）按钮，猪只自动饮水（图 11-154），饮水结束后经过单向通道（图 11-155）进入吃料区域，猪只自动吃料（图 11-156），吃料结束后进入自动称重通道（图 11-157），猪只数据自动同步到数据库，养殖人员使用手持终端即可查看猪只料肉比数据（图 11-158）。

图 11-153　料肉比监测

图 11-154　猪只自动饮水

图 11-155　经过单向通道

图 11-156　猪只自动吃料

图 11-157　猪只经过自动称重通道

图 11-158　查看猪只料肉比数据

11.6.3.6　设备运维

使用手持终端扫描设备的电子标签（图 11-159），可查看设备详情以及设备维修记录并进行维修填报（图 11-160~图 11-162）。

图 11-159 扫描设备电子标签

图 11-160 查看设备详情

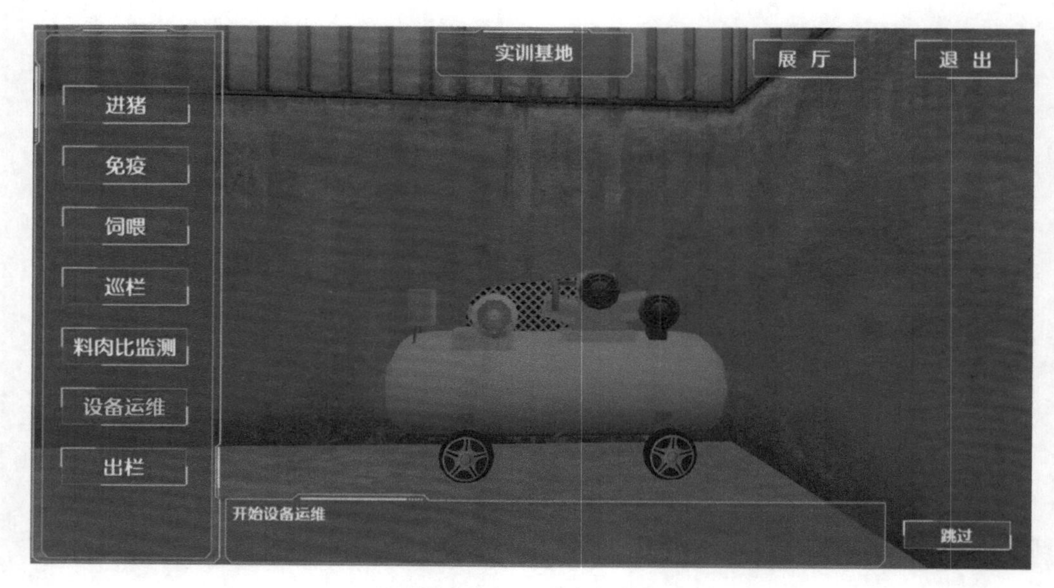

图 11-161　设备运维

图 11-162　设备维修记录

11.6.3.7　出栏

育肥猪自动进入称重台（图 11-163），位于称重台上方的摄像头用 AI 自动计算育肥猪数量（图 11-164），并实时将视频设备和称重设备的数据同步到称重台左侧的屏幕上以及手持终端的“智慧养猪”APP（图 11-165）中，“智慧养猪”APP 的“育肥出栏”功能中可查看育肥猪只出栏总数及出栏总重（图 11-166），点击“保存出栏信息”按钮后录入出栏数据（图 11-167），动画模拟育肥猪进入车辆后（图 11-168），完成育肥猪出栏（图 11-169）。

图 11-163　猪只进入称重台

图 11-164　摄像头识别猪只数量

图 11-165　同步视频设备和称重设备数据

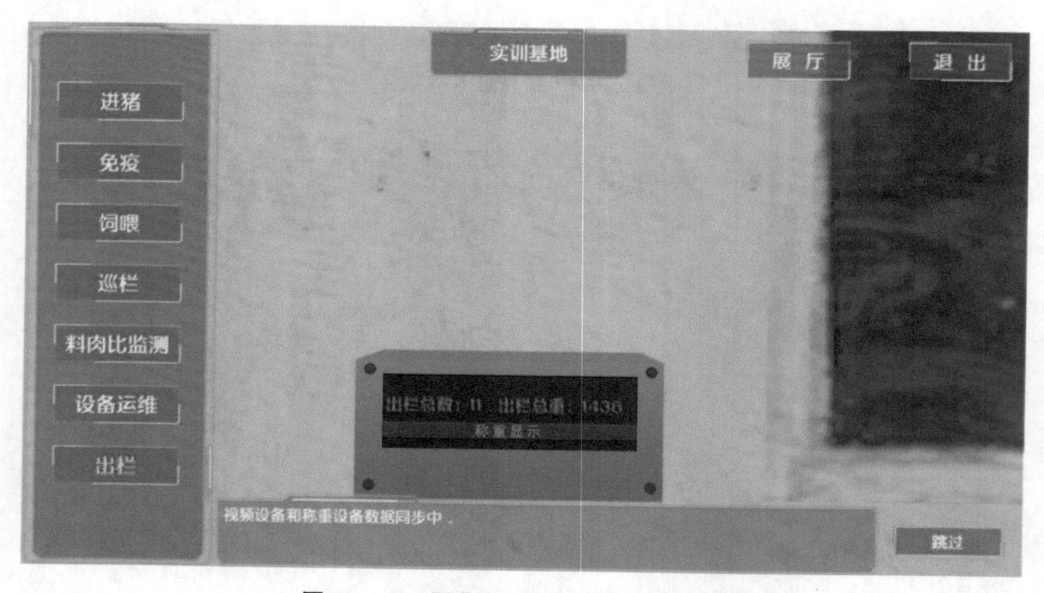

图 11-166　屏幕显示出栏总数及出栏总重

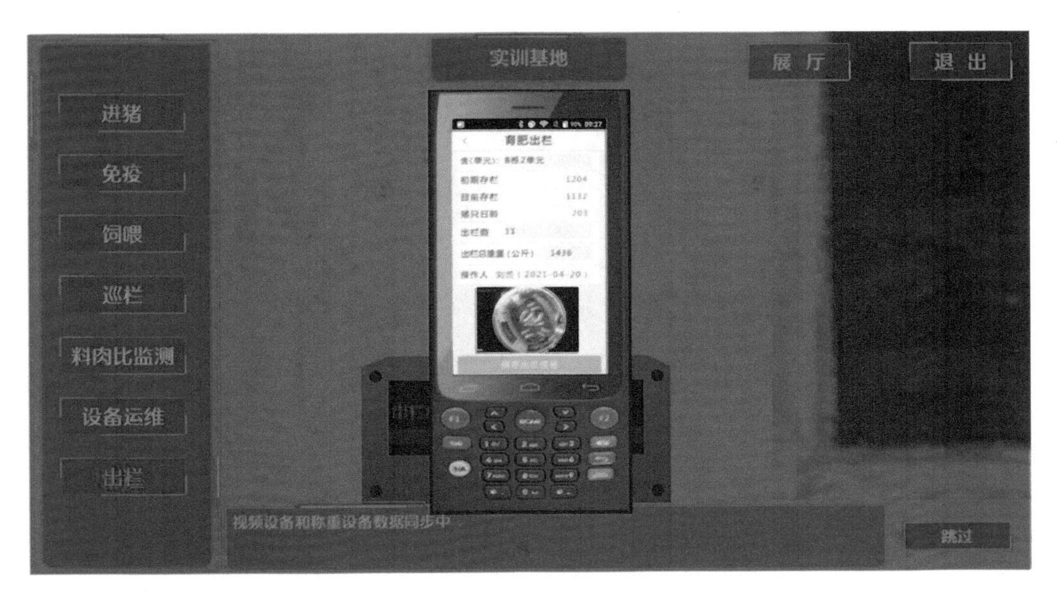

图 11-167　手持终端录入出栏信息

图 11-168　育肥猪出栏上车

图 11-169 车辆离开育肥场

第十二章　云商城系统

标准化规模养殖与产业化经营相结合，才能实现生产与市场的对接，产业上下游才能贯通，畜牧业稳定发展的基础才更加牢固。智慧养猪平台覆盖了整个养猪的全产业链，销售环节是最后一环，也是其中非常重要的一环。

目前，畜产品的销售从线下渠道销售为主的销售模式逐步转向线上、线下结合销售的模式，而且越来越趋向于线上销售。线上销售更加高效，精简了线下渠道销售的销售模式，省去中间运输、存储等流程，企业直接对接用户，价格更具竞争力，同时企业能够快速掌握用户的需求，可针对用户需求实时调整产品方向。线上销售能够渗透到更多的用户中，不受地域、人群影响，拓宽了销售面，同时具备更快的推广速度。对于食品安全方面，线上销售会结合养殖流程进行溯源，有利于提高商品的竞争力、建立品牌效应、提高品牌形象。

云商城系统提供了销售平台，同时针对养猪业的特殊性，建立了实景溯源云商城、VR（虚拟现实）远程种猪销售等销售方式提升销售质量，提高用户对商品的认可。

养猪业最终产品包括肥猪、猪肉制品、仔猪、种猪、精液等。针对各产品特点，建立针对性的线上远程销售平台，能有效节约销售成本、拓宽销售渠道、提升销售效率。

云商城系统主要包括实景溯源云商城、VR 远程种猪销售、拍卖商城、精液商城。

12.1　实景溯源云商城

近些年来，食品安全已经成为用户购买的首选指标。随着互联网的发展，传统的宣传类广告已不能满足用户的需求，用户对食品安全提出了更高的要求。实景溯源能够追溯每一件肉类产品的生产过程，从猪养殖环节一直到肉类产品的生产、包装、运输等环节，保证了肉类食品的安全，提升了肉类产品的竞争力。

实景溯源云商城以销售猪肉及猪肉制品为主，以产品安全追溯系统为依托，所有产品均可追溯在线实景（图 12-1）。

图 12-1　实景溯源云商城

12. 2　VR 远程种猪销售

目前国内所有的种猪销售流程是：有意向的购买人员洗消隔离 48 h 之后，进入种猪场现场选购合适的种猪，故存在以下 4 个问题，严重影响种猪交易安全、交易效率及交易成本。

第一，确认成本高。需要前往现场，隔离，选购。差旅费、时间成本、隔离成本（食宿）太高，一般情况下，很难一次找到满足买方实际需求的种猪场，造成选购成本大幅上升，最终影响整个产业链的成本及健康发展。

第二，购买周期长。从确认、签合同、付款、运输、验货到后续服务，均在线下完成，交易周期长，造成成本进一步上升，严重影响正常生产。

第三，选购困难。对于绝大多数育肥猪场，专业选购人员不足，而且选购时间有限、手段单一、选购信息有限和缺乏对养殖过程的了解，难以选择到满足买方真实需求的种猪。

第四，安全难以保障。最先进的种猪场采取了洗消隔离及玻璃墙选购窗口等安全手段，确保了非工作人员在非免疫情况下进入场区的问题，但是绝大多数种猪场还无法达到先进企业管理水平，因此选购过程会造成巨大安全隐患，一次现场意向选购，可能造成种猪场大面积疫病传播甚至整场覆灭的安全事故发生。

所以建立 VR 远程种猪销售商城，结合猪场四维实景，将远程养猪场搬至线上，可实时身临其境地进行种猪的在线选购（图 12-2），有效避免传统种猪销售导致的问题。

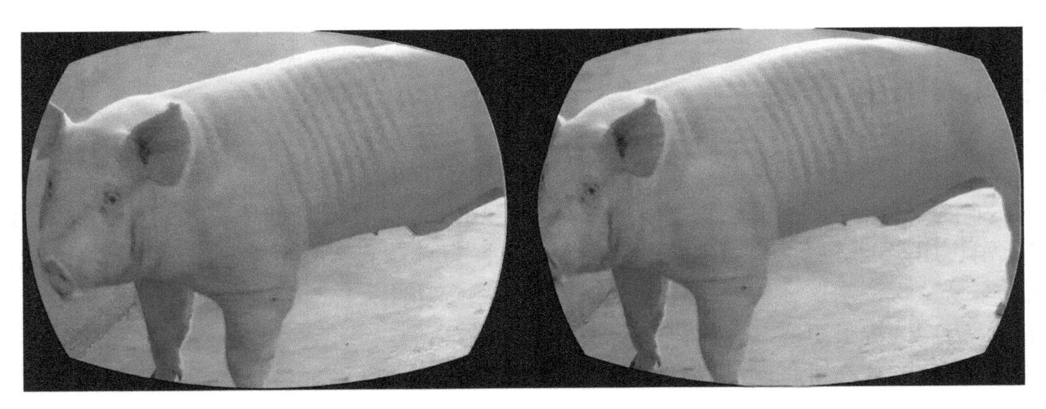

图 12-2　VR 远程种猪销售

12.3　拍卖商城

拍卖商城（图 12-3），支持种猪在线拍卖、生猪在线拍卖、仔猪在线拍卖。以拍卖的形式对种公猪、种母猪、育肥猪、仔猪在线拍卖，使农场利益最大化。

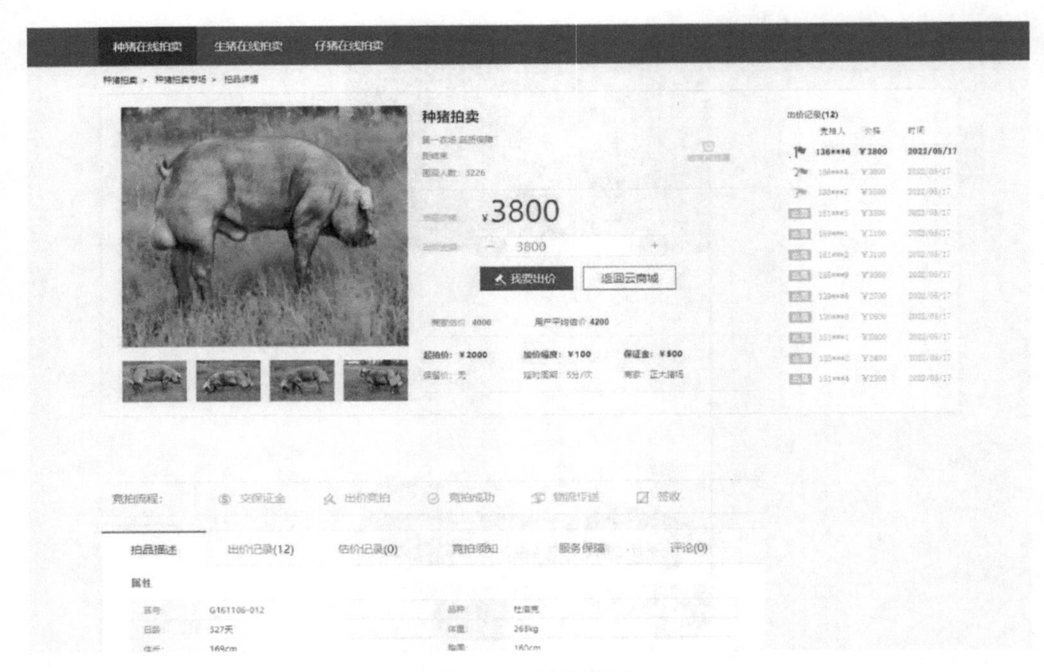

图 12-3　拍卖商城

12.4　精液商城

精液商城依托于公众号，转变传统的销售模式，从线下销售转为线上销售。精液商城有别于其他网络商品的销售，针对的是特定用户，同时精液的库存信息会实时更新，线上销售用户能够更加快速地获取到库存信息，订单信息实时反馈至生产端，极大地简化了交易过程。商城还提供了评价、反馈、开票等功能，能够及时获取用户需求及反馈信息，为后续提供更高品质精液、更快捷服务做准备。

公猪场精液会进行网络销售，包括网络销售下单、开发票、收货、评价等内容。

12.4.1　个人中心

用户点击公众号，打开精液商城时，就会提示用户要获取微信用户信息，点击"允许"后，用户微信信息存入数据库，下次再点开页面时，判断用户数据是否已存在，存在则直接登录。

要进行精液购买时，可以在个人中心的收货地址和个人信息设置中进行信息完善。

（1）个人信息设置。修改个人基础信息，为后续发货、开票、联系提供基础信息（图 12-4）。

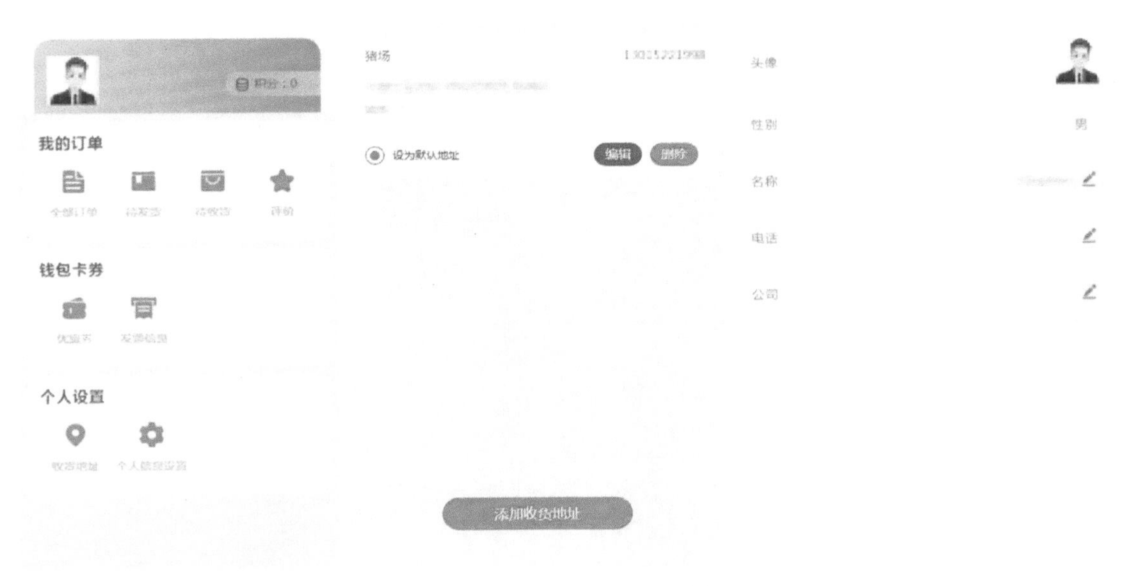

图 12-4　精液商城个人中心-个人信息设置

(2) 发票信息。登记发票信息（图 12-5），每个账户支持多个开票信息，支持将开票信息设为默认，支持随时更新。

图 12-5　精液商城个人中心-发票信息

(3) 优惠券。由商城运营方根据业务所需优化策略发放优惠券（图 12-6），优惠券可设置使用条件，直接抵用订单金额。

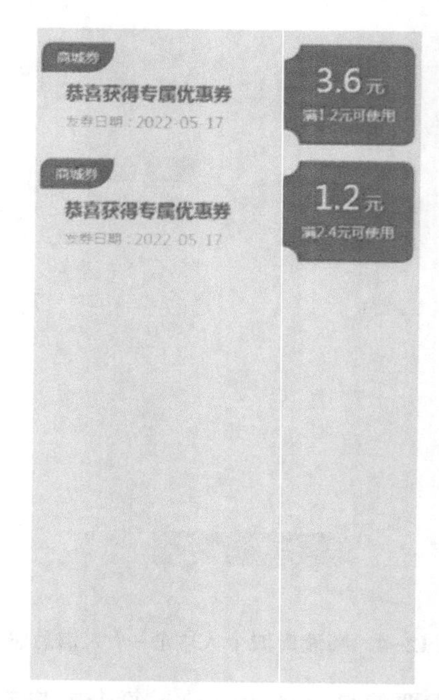

图 12-6　精液商城个人中心-优惠券

（4）订单。可以看到全部订单、代发货订单、待收货订单，可以进行订单评价，未发货订单支持申请取消订单，交易成功订单支持开发票（图 12-7）。

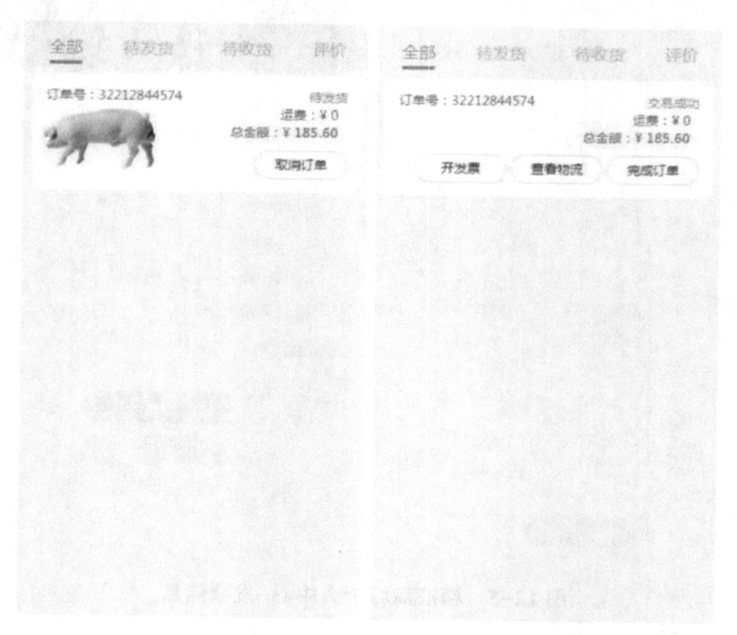

图 12-7　精液商城个人中心-订单

（5）开发票。支持交易成功订单开发票，申请开票后，后台开票并上传发票，支持下载发票（图 12-8）。

图 12-8　精液商城个人中心-订单-开发票

（6）查看物流。已发货和交易成功订单支持查看物流信息，能看到物流每个节点的详细信息（图 12-9）。

图 12-9　精液商城个人中心-订单-查看物流

（7）评价。提供对订单的评价功能，用来为运营方提供有价值的反馈，以便进一步改进产品或服务（图 12-10）。

图 12-10　精液商城个人中心-订单-评价

12.4.2　精液商城主页及购物车

精液商城主页展示了各公猪场的精液及配种用相关产品，点击左侧猪场列表切换猪场产品，点击产品右侧的“购物车”图标，商品加入购物车，可以点击“购物车”查看已加入产品，全选后点击“结算”即可（图 12-11）。

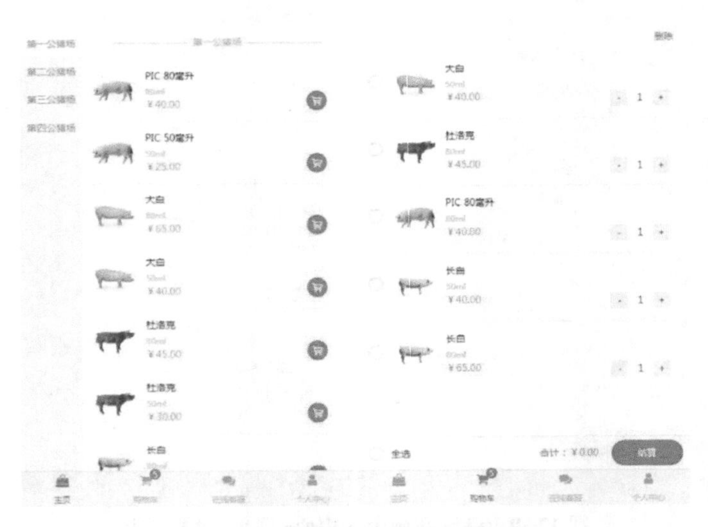

图 12-11　精液商城主页及购物车

12.4.3　FAQ（常见问题）

对常见的产品、物流、使用问题以及注意事项提供基于图文和视频的 FAQ 文档（图 12-12）。

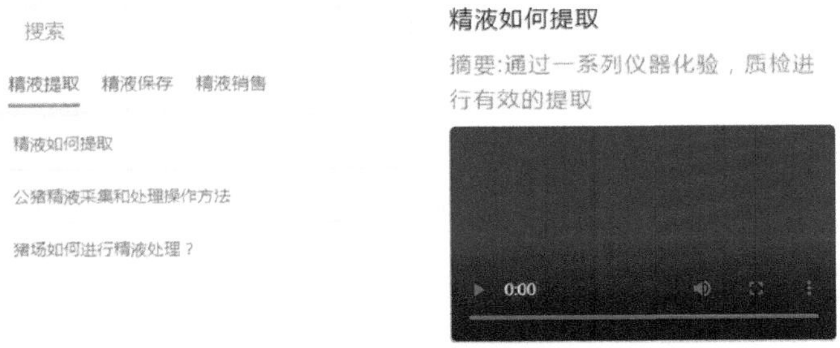

图 12-12　精液商城-FAQ